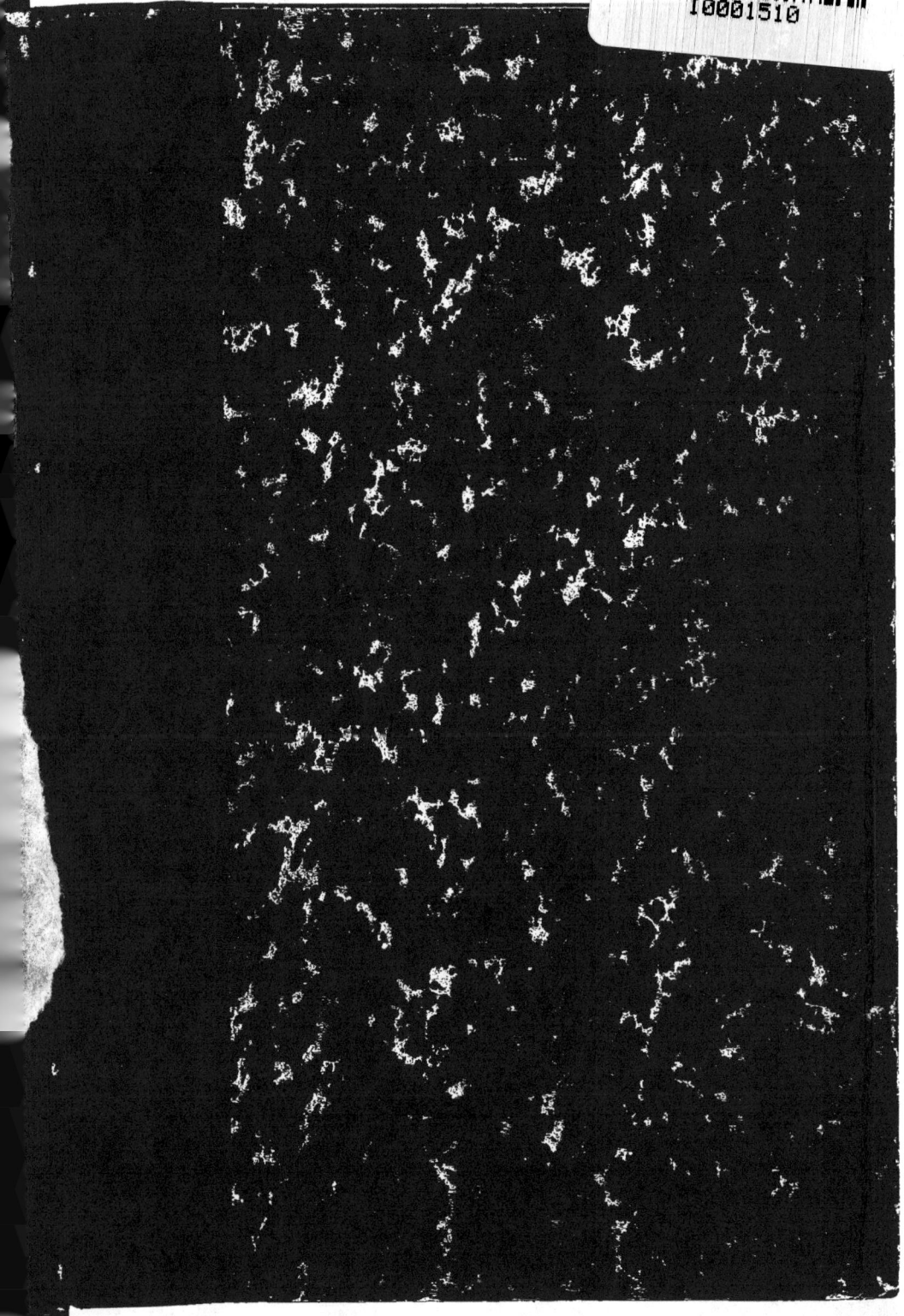

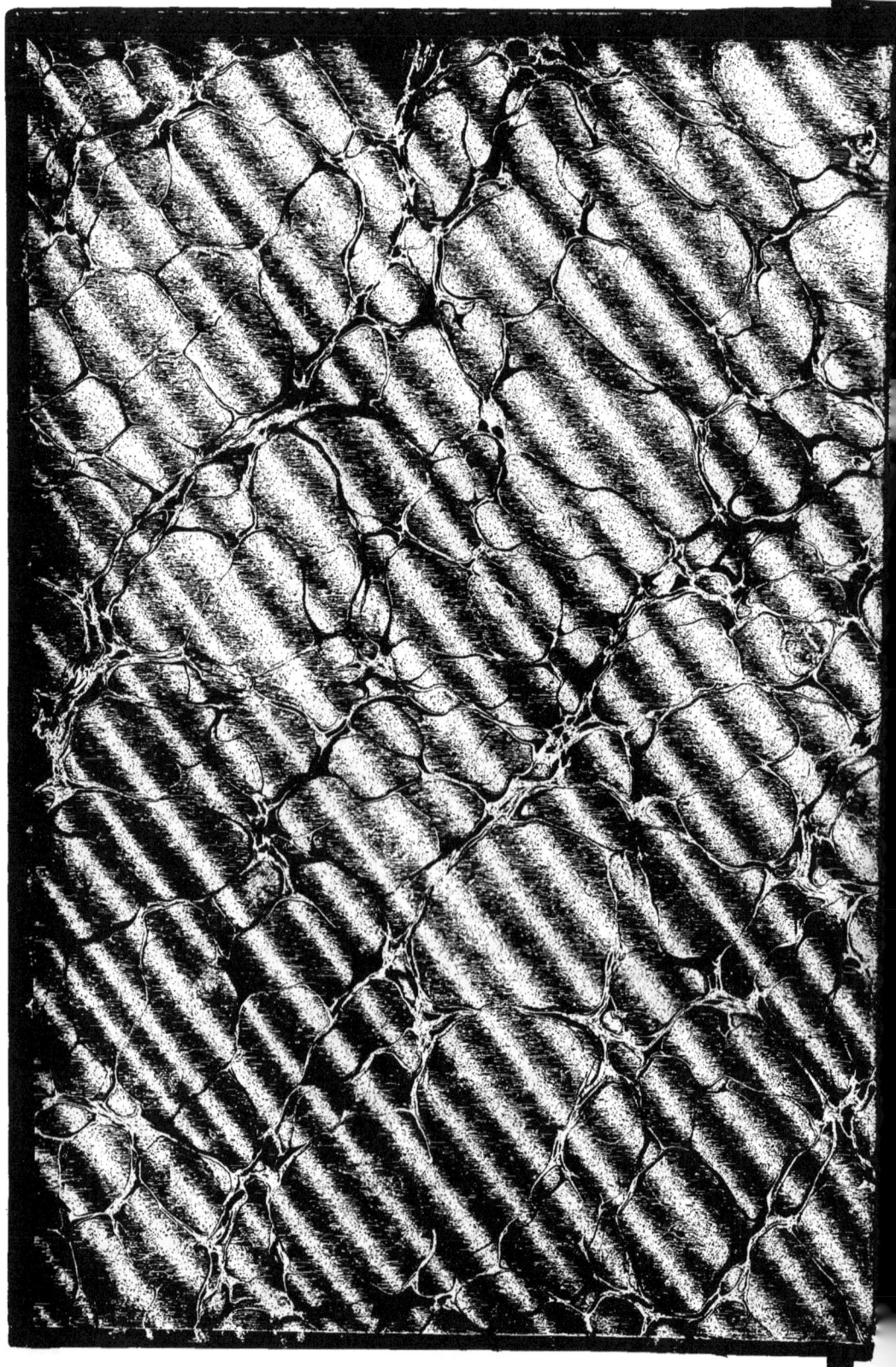

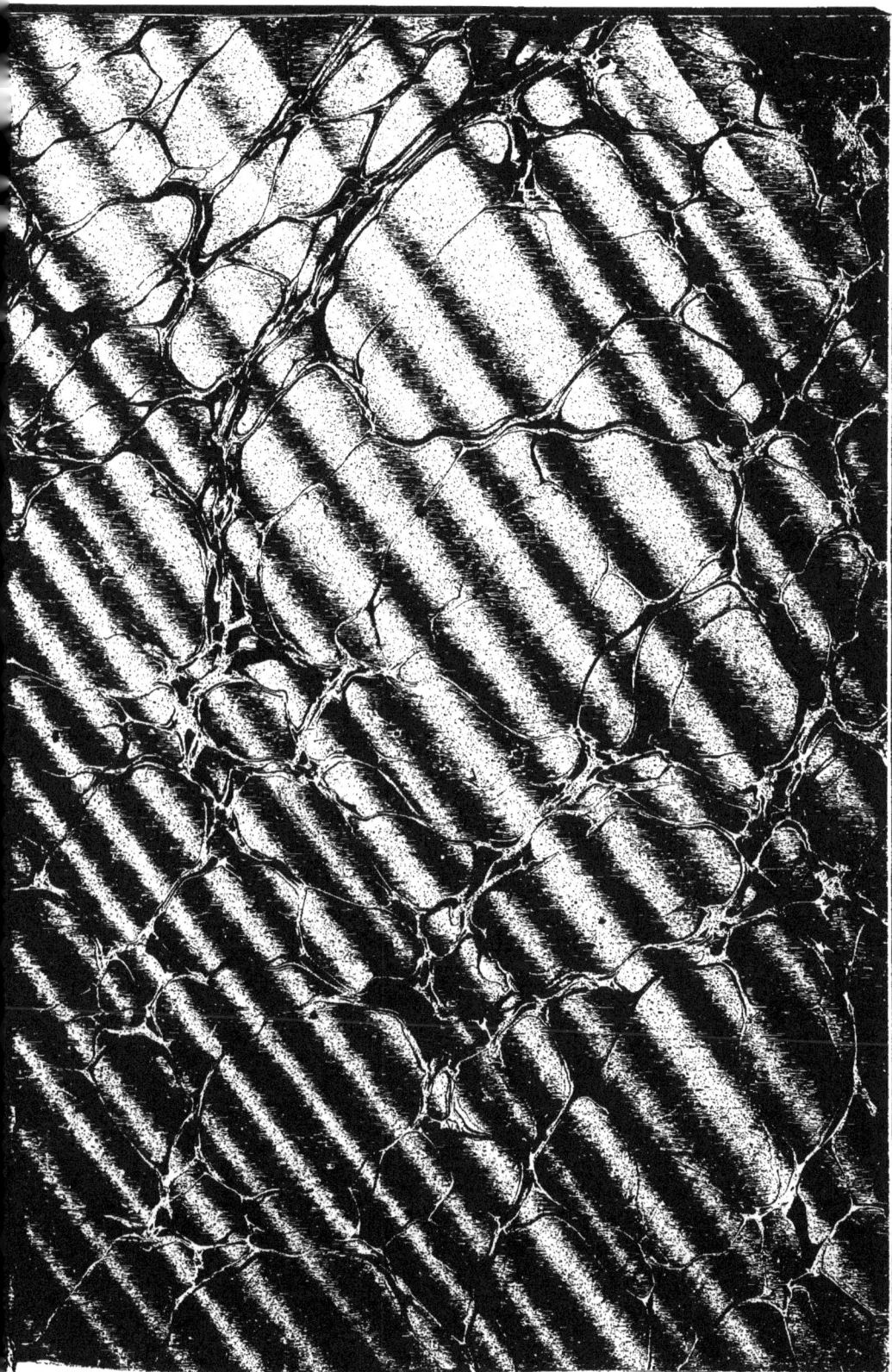

1101

Les Plantes Originales

Henri Coupin

Docteur ès sciences,
Lauréat de l'Institut.

Les Plantes Originales

> La science est l'amie
> de tous.
> *PLATON*

DEUXIÈME ÉDITION

PARIS

VUIBERT & NONY, ÉDITEURS

63, Boulevard Saint-Germain, 63

—

1905

INTRODUCTION

A côté de la Botanique, telle qu'on la trouve décrite dans les livres de vulgarisation — livres qui se répètent avec une monotonie désespérante, — il existe quant à la forme des plantes, leur mode d'existence et leur utilisation, une multitude de faits curieux et intéressants. Les connaissent seuls ceux qui s'occupent de haute science ou mieux encore ceux qui étudient la nature chez elle et peuvent ainsi apprendre à la connaître dans son infinie variété. Ce sont ces faits que je me suis efforcé de décrire ici en insistant plus spécialement sur ceux qui sont susceptibles de captiver l'attention du grand public.

Avec l'imprévu qui caractérise les pérégrinations du botaniste récoltant des plantes, nous promènerons notre fantaisie des plantes carnivores aux végétaux pique-assiette, des arbres nains aux arbres gigantesques ; nous apprendrons à connaître les divers moyens que les plantes emploient pour se défendre et nous trouverons sur notre chemin des végétaux qui ont besoin des fourmis pour se développer. Ayant toujours souci du pittoresque, nous étudierons la couleur des fleurs et leur suave parfum, la flore des pauvres gens, les plantes des hautes altitudes, les végétaux hydropiques, les plantes funéraires, etc. Quant aux produits des végétaux, ils nous fourniront l'occasion de donner des renseignements sur l'arbre à pain, l'arbre à beurre, les arbres à lait, les plantes qui sécrètent de la résine, celles que l'on transforme en papier, etc. Enfin nous donnerons une idée des plantes symboliques et des végétaux sacrés, en un mot de tout ce qu'il y a d' « original » dans le monde des plantes.

Henri COUPIN.

Les plantes vampires.

Sucer le sang des animaux comme des vampires ne paraît pas devoir être le fait des végétaux, qui, généralement, n'ont pas besoin de biftecks pour s'accroître. Le cas, cependant, se rencontre chez un certain nombre de plantes qui ont besoin de chair fraîche pour leur petit déjeuner et sont organisées pour capturer et digérer les insectes dont elles se nourrissent. Entre toutes les merveilles que nous offre l'histoire naturelle, ces plantes carnivores occupent le premier rang et je ne serais pas étonné qu'elles aient été créées spécialement pour faire admirer la Nature et orner les livres de vulgarisation.

En France, dans les endroits marécageux des landes ou des bois, il n'est pas rare, surtout dans le Midi, de rencontrer une petite plante étalée sur le sol et toute couverte de fines gouttelettes liquides qui brillent au soleil comme la rosée ; de là le nom de *rosée de soleil* ou de *rossolis* que lui donnent les paysans.

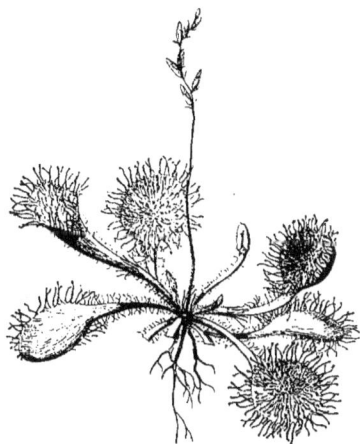

Fig. 1. — Droséra à feuilles rondes, plante carnivore de notre pays.

Les botanistes l'appellent droséra (fig. 1), d'un mot grec signifiant « couverte de rosée ». Si l'on examine avec soin un pied de rossolis, on voit qu'il est formé de nombreuses feuilles de grandeurs diverses, attachées presque toutes au même point et se dirigeant en rayonnant à la manière d'une rosette. A la fin de l'été, du centre de cette rosette s'élève une tige dont la longueur atteint à peine un décimètre et qui porte des fleurs blanches.

La forme des feuilles du droséra est tout à fait particulière. La queue de la feuille, le pétiole, comme on dit en botanique, est très mince ; mais, à son sommet, il s'évase peu à peu pour former une lame ayant l'aspect d'une cuiller. De tout le pourtour de celle-ci part un rayonnement de gros poils de couleur rouge, terminés par une petite tête renflée, souvent enveloppée d'une grosse goutte d'un liquide incolore et visqueux.

La face de la feuille tournée du côté du sol est absolument lisse ; mais toute la face qui regarde le ciel (fig. 2) est couverte de longs poils glanduleux analogues à ceux du pourtour et diminuant de grandeur à mesure qu'on se rapproche du centre. Lorsqu'on observe un pied de rossolis un peu de temps, on ne tarde pas à voir un insecte venir se poser sur une des feuilles dans l'espoir d'y trouver sa nourriture. Les pattes et les ailes engluées par le liquide de chacun des poils, il se débat désespérément, le plus souvent sans succès, pour se tirer du mauvais pas où il est tombé. Bientôt tout effort devient inutile. Les poils voisins de l'insecte s'infléchissent peu à peu vers lui de manière à venir placer leur tête visqueuse sur son corps ; il en est de même des poils qui sont un peu plus éloignés.

Fig. 2. — Feuille de droséra, au repos.

Au bout d'une heure environ, tous les poils se sont rabattus sur le malheureux insecte (fig. 3) ; il ne tarde pas à périr étouffé au milieu du liquide qui l'englue de toute part. Mais la feuille n'est pas encore satisfaite : elle se replie, en effet, sur elle-même de manière à envelopper complètement l'insecte, qui disparaît à la vue. Laissons la plante ainsi quelque temps. Au bout d'un jour ou deux, des phénomènes inverses se produisent : la feuille se déroule, les poils se relèvent l'un après l'autre et reprennent la position qu'ils avaient au début. Quant à l'insecte, il est devenu presque méconnaissable : il ne reste de lui que l'enveloppe dure qui le recouvrait, sa chair ayant absolument disparu.

Fig. 3. — Insecte capturé par une feuille de droséra.

Les restes de la victime évacués, la feuille est de nouveau apte à capturer un autre insecte.

Darwin a fait sur le droséra à feuilles rondes (drosera rotundifolia) de nombreuses observations que nous allons résumer.

Comme les droséras se procurent la plus grande partie de leur alimentation par la digestion des insectes, leurs racines sont très peu développées et elles poussent souvent dans des endroits où, sauf des mousses, aucune autre plante peut à peine exister. Les glandes des poils, outre la faculté qu'elles ont de sécréter, peuvent aussi absorber. Elles sont très sensibles à divers stimulants et principalement à des attouchements répétés, à la pression de corps très petits, à l'influence de substances animales et de divers liquides, à la chaleur et à l'action galvanique. Darwin a vu un tentacule sur la glande duquel une parcelle de viande crue avait été déposée commencer à s'infléchir au bout de dix secondes, être fortement infléchi en cinq minutes et atteindre le centre de la feuille en une demi-heure. Le limbe de la feuille se recourbe aussi très souvent dans des proportions telles qu'il forme une coupe enfermant l'objet placé sur la feuille.

Quand une glande est excitée, elle transmet non seulement une impulsion à la base de son propre tentacule, ce qui le fait s'infléchir, mais elle en transmet aussi une autre aux tentacules environnants, qui s'infléchissent également ; la partie flexible d'un tentacule peut donc être appelée au mouvement par une impulsion reçue de directions opposées, c'est-à-dire une impulsion partant de la glande qui la surmonte, ou partant d'une ou de plusieurs glandes surmontant les tentacules environnants.

Les matières animales placées sur le disque provoquent une inflexion beaucoup plus prompte et beaucoup plus énergique que des corps inorganiques ayant le même volume, ou que la simple irritation mécanique. Toutefois, il y a une différence encore plus marquée dans le laps de temps très notable pendant lequel les tentacules restent infléchis, suivant que les matières contiennent ou non des substances solubles et nutritives. Des parcelles extrêmement petites de verre, de charbon, de cheveux, de fil, de craie, etc., placées sur les glandes des tentacules extérieurs, provoquent l'inflexion de ces tentacules. Mais une parcelle, quelle qu'elle soit, ne produit aucun effet, si elle ne pénètre la sécrétion et ne touche au moins par un point la surface même de la glande. Un petit morceau de cheveu humain très fin, ayant $0^{mm},203$ de longueur et pesant seulement $0^{mmgr},000832$, bien que supporté en grande partie par la sécrétion visqueuse, suffit pour provoquer l'inflexion d'un tentacule. Des parcelles encore plus petites peuvent déterminer un léger mouvement, ainsi qu'on peut s'en assurer au moyen d'une loupe. D'autres beaucoup plus grandes que celles dont nous venons d'indiquer les mesures ne produisent aucune sensation quand on les place sur la langue, une des parties les plus sensibles cependant du corps humain.

Un attouchement, répété trois ou quatre fois sur une glande, provoque un mouvement ; mais si l'on ne touche la glande qu'une fois ou deux, bien qu'avec une force considérable et avec un corps dur, le tentacule ne s'infléchit pas. Il en résulte que la plante ne se livre pas à des mouvements inutiles, car, pendant les grands vents, il est certain que les glandes doivent être brusquement heurtées par les feuilles des plantes voisines. Bien qu'insensibles à un seul attouchement, les glandes, comme nous venons de le dire, sont extrêmement sensibles à la plus légère pression si elle se prolonge pendant quelques secondes ; cette aptitude rend évidemment de grands services à la plante pour la capture des moindres bestioles. Le plus petit insecte qui vient poser ses pattes délicates sur les glandes est rapidement saisi. Les glandes sont insensibles au poids et à la percussion répétée de gouttes de pluie, quelque grosses qu'elles soient, ce qui évite encore à la plante beaucoup de mouvements inutiles.

En étudiant les effets produits par des gouttes de divers liquides organiques azotés et non azotés placés sur le disque des feuilles, on se rend compte que ces dernières découvrent avec une certitude presque absolue la présence de l'azote. Une

décoction de pois verts ou de feuilles de chou fraîches agit presque aussi énergiquement qu'une infusion de viande crue, tandis qu'une infusion de feuilles de
chou, dont les feuilles sont restées longtemps dans de l'eau tiède, est beaucoup
moins énergique. Une décoction de feuilles d'herbe est moins efficace qu'une
décoction de pois verts ou de feuilles de chou.

Les feuilles du droséra sont aptes à une digestion véritable et les glandes
absorbent les matières digérées. Leur sécrétion agit exactement comme le suc
gastrique sur les substances, qu'elle dissout complètement, qu'elle attaque partiellement ou qu'elle laisse intactes.

Les substances digérées par le droséra agissent très différemment sur les feuilles.
Certaines substances provoquent une inflexion énergique et rapide des tentacules
et les font rester infléchis pendant beaucoup plus
longtemps que d'autres. On est donc conduit à supposer que les premières sont plus nutritives que les
secondes, de même qu'il arrive pour quelques-unes
de ces mêmes substances données aux animaux; par
exemple, la viande comparativement à la gélatine.
La dissolution rapide par la sécrétion du droséra et
l'absorption subséquente d'une matière aussi dure
que le cartilage, sur laquelle l'eau a si peu d'action,
est peut-être un des cas les plus extraordinaires que
l'on puisse citer. Toutefois, ce fait n'est certainement
pas plus remarquable que la digestion de la viande,
qui est dissoute par la sécrétion de la même manière et en passant par les mêmes degrés que sous
l'action du suc gastrique. La sécrétion dissout
les os et même l'émail des dents, mais cette dissolution est due simplement à la grande quantité d'acide sécrété et provient sans doute de l'affinité de la plante pour le phosphore. En outre,
la sécrétion attaque et dissout des substances contenues dans les graines vivantes, qu'elle tue quelquefois ou qu'elle attaque profondément.

Fig. 4. — Un droséra exotique
(drosera binata).

Les espèces de droséra les plus communes en France sont le droséra à feuilles
rondes et le droséra à feuilles longues, dont les noms indiquent suffisamment la
forme. Une espèce australienne, le droséra à feuilles dichotomes, est remarquable
par sa taille gigantesque et sa forme. Les pétioles des feuilles ressemblent à un
jonc et ont 50 centimètres de longueur. Le limbe de la feuille se bifurque à sa
jonction avec le pétiole, puis se bifurque encore deux ou trois fois et se
recourbe de la façon la plus irrégulière. Une feuille entière atteint environ
70 centimètres de long. Les deux surfaces sont légèrement déprimées, la surface
supérieure est recouverte de tentacules disposés en rangées alternes; ceux
du milieu sont courts et rapprochés les uns des autres; les tentacules marginaux

sont plus longs et atteignent même une longueur égale à deux ou trois fois la largeur de la feuille. Nous figurons (fig. 4) une belle espèce voisine, le *drosera binata*, qui a également les feuilles divisées.

*
* *

Cette dernière forme de droséra nous amène à une autre plante carnivore tout aussi curieuse, la drosophylle du Portugal (fig. 5), qui pousse sur les flancs des collines desséchées avoisinant Oporto. On la trouve toujours couverte d'insectes adhérant aux feuilles. « Les villageois, dit Darwin, connaissent parfaitement ce caractère de la plante, à laquelle ils ont donné le nom de « Gobemouches » ; ils la pendent dans leur maison pour les attraper. Un pied que j'ai cultivé dans ma serre a capturé beaucoup d'insectes de tous genres pendant la première partie d'avril, bien que la température fût assez froide et les insectes fort rares ; le *drosophyllum* doit les attirer fortement. Dans le courant de l'automne, j'ai trouvé que huit, dix, quatorze et seize petits insectes, principalement des mouches, adhéraient aux quatre feuilles encore toutes petites d'une plante toute jeune.

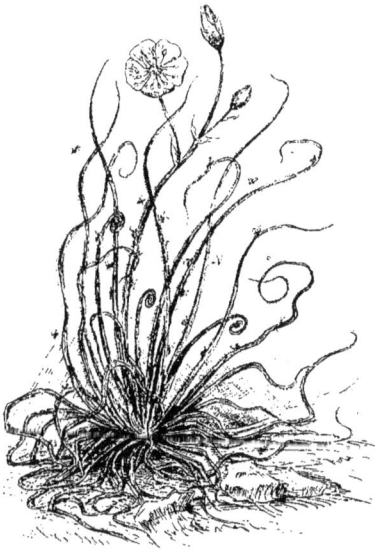

Fig. 5. — Le gobe-mouches *(drosophyllum)*.

« Les feuilles linéaires du drosophyllum ne diffèrent que légèrement de celles de certaines espèces de droséra. Les principales différences sont : 1° la présence de petites glandes sessiles, semblables à des champignons, qui ne sécrètent qu'après avoir été excitées par l'absorption des matières azotées ; 2° la présence de tentacules sur la face inférieure des feuilles. Mais il y a des différences plus importantes, quant aux fonctions entre les deux genres. La plus importante est que les tentacules du *drosophyllum* sont privés de motilité, faculté qui est compensée en partie par le fait que les gouttes de sécrétion visqueuse se détachent facilement des glandes ; de telle sorte que, dès qu'un insecte se trouve en contact avec une goutte, il peut encore s'éloigner, mais il pleut bientôt d'autres gouttes, puis, étouffé par la sécrétion, il tombe sur les glandes sessiles et meurt. Une autre différence est que la sécrétion des glandes pédicellées, avant que ces glandes aient été excitées, est fortement acide et contient peut-être une petite quantité du ferment convenable. Enfin, ces glandes ne sécrètent pas plus abondamment quand elles sont excitées par l'absorption de matières azotées ; au contraire, elles réabsorbent leur propre sécrétion avec une rapidité extraordinaire, et, au bout de quelque temps, elles se remettent à sécréter. Toutes ces circonstances découlent probablement du fait que les insectes n'adhèrent pas ordinairement aux glandes sur lesquelles ils se sont trouvés en contact, bien que cela arrive quelquefois, et aussi du fait que la sécrétion des glandes sessiles dissout principalement les substances animales contenues dans le corps des insectes. »

*
* *

La famille des droséracées comprend encore une autre plante insectivore qui croît dans les prairies marécageuses de la Caroline du Nord et qui est une des plus curieuses du monde : c'est la dionée attrape-mouches (fig. 6). Sa taille est un peu plus grande que celle du droséra ; ses feuilles, disposées en rosette, ont un aspect bizarre. La partie inférieure ressemble à une feuille ordinaire, elle est aplatie et membraneuse ; vers le haut, elle se rétrécit et se continue par l'intermédiaire d'une portion amincie avec une lame aplatie, de forme arrondie ; sur la ligne médiane est un sillon très profond qui la divise en deux lobes latéraux, légèrement excavés au centre. Le bord libre de chacun des lobes se prolonge en de longues épines, disposées de façon à venir s'entre-croiser lorsqu'un des lobes se rabat sur l'autre. Enfin, il faut signaler la présence de trois petits poils sur la face supérieure de chacun des lobes. A l'état ordinaire, la feuille

FIG. 6. — Dionée attrape-mouches.

est légèrement étalée ; mais vienne un insecte se poser sur le sommet, aussitôt les deux lobes, pivotant sur la charnière médiane, se rabattent l'un sur l'autre en emprisonnant entre eux la bestiole, qui ne peut plus s'échapper par suite de l'enchevêtrement des épines. Le captif est alors digéré par le liquide que sécrètent les glandes rougeâtres dont la feuille est abondamment pourvue. Lorsque les matières nutritives de la victime ont été complètement absorbées, la feuille se rouvre peu à peu et le squelette est expulsé. Il est à noter que toutes les parties de la feuille ne sont pas irritables. Pour que la feuille se ferme, il faut que les pattes de l'insecte viennent toucher l'un des six poils dont nous avons signalé l'existence vers le centre de chacun des lobes et qui sont ainsi analogues au déclic qui fait fermer les pièges avec lesquels on capture les animaux nuisibles.

Darwin a fait de nombreuses observations sur la physiologie de la dionée, mais il serait trop long d'y insister. Contentons-nous de dire qu'il a constaté que sa sécrétion dissout l'albumine, la gélatine et la viande, à condition toutefois qu'on ne place pas des morceaux trop gros sur les feuilles. Les globules de graisse ne sont pas digérés, pas plus que le fromage.

*
* *

Les népenthès sont-ils, oui ou non, des plantes carnivores? C'est une question sur laquelle les naturalistes sont loin de s'entendre. Un travail récent d'un botaniste belge, mort tout jeune, Clautriau, semble l'avoir résolue dans le sens positif ; nous allons le résumer.

Les népenthès — tout le monde en a vu dans les serres — sont de singulières plantes (fig. 7), dont les feuilles se prolongent par un appendice que l'on ne saurait mieux comparer qu'à une pipe allemande, munie de son couvercle, et dont le tuyau serait plein (fig. 8). Ce tuyau, qui réunit l'urne à la feuille, est quelquefois volubile et soutient la plante en s'enroulant autour des supports qu'il vient à rencontrer. Quant à l'urne, qui est la partie la plus curieuse, elle peut varier beaucoup de dimensions et de forme (fig. 9). Parfois ovoïde, parfois allongée, suivant les espèces, elle peut aussi être diversement colorée, les teintes allant du vert au rouge foncé. Elle présente deux régions distinctes. L'une, supérieure, d'une teinte plus pâle, qui est la zone lisse, avec un revêtement cireux à l'intérieur ; l'autre, inférieure, d'une

FIG. 7. — Pied de népenthès.

teinte plus foncée, où s'accumule le liquide sécrété. Cette portion inférieure est marquée d'une infinité de petits points plus foncés encore, qui sont des glandes pluricellulaires, lesquelles ont une double fonction : elles sécrètent le liquide digestif et absorbent ultérieurement les produits de la digestion. Le rebord de l'urne affecte une disposition particulière. Il se replie en deux saillies qui se rabattent l'une vers l'intérieur, l'autre sur l'extérieur. Elles sont marquées de stries transversales à surface glissante qui, sur l'intérieur, se continuent par une pointe acérée. Il existe une glande nectarifère entre chaque pointe.

Les insectes, attirés par le nectar de ces glandes, arrivent, guidés par une sorte de chemin bordé de deux membranes qui règne dans toute la longueur de l'urne sur le bord de celle-ci, et ne tardent pas à glisser, pour tomber dans l'eau que renferme l'urne. Cette eau est limpide, un peu mucilagineuse ; elle est fort bonne à boire et les voyageurs ne manquent pas de s'en désaltérer quand leur soif devient trop violente.

Les insectes qui s'y noient ne tardent pas à périr asphyxiés. Au bout de quelques jours on ne retrouve plus que leur carapace ; leurs parties molles ont été digérées. Mais cette digestion est-elle produite par le liquide lui-même ou par les microbes qui y vivent ? Et le produit de la digestion est-il utilisé par la plante ? C'est ce que Clautriau s'est efforcé de savoir en faisant la plupart de ses expériences sur des népenthès vivant dans leur habitat naturel — à Java — et non dans des serres, comme l'avaient fait ses prédécesseurs.

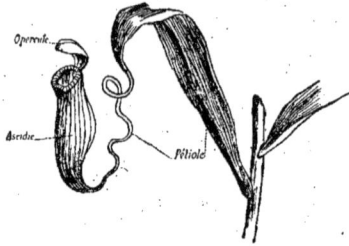

Fig. 8. — Feuille de népenthès (un peu schématisée).

Les urnes, quand elles sont jeunes, sont fermées ; le liquide qu'elles renferment à ce moment est neutre au tournesol ; il ne devient acide et digestif que lorsque l'urne est ouverte et que ses parois ont été excitées. C'est ce qui explique pourquoi en retirant, même aseptiquement, le liquide d'urnes fermées, on ne lui trouve aucun pouvoir digestif. C'est ce qui explique aussi que le liquide extrait de l'urne ne provoque généralement aucune digestion si on l'étudie *in vitro* : il ne contient que peu ou pas de diastases.

La sécrétion de l'acide et du ferment digestif ne se produit donc qu'au fur et à mesure des besoins. Lorsqu'on ajoute de l'albumine (rendue incoagulable par une trace de sulfate ferreux) au liquide de l'urne, celui-ci prend une certaine opalescence ; mais bientôt il s'éclaircit, et le lendemain il est devenu tout à fait transparent. Si l'on examine le liquide — dont la limpidité exclut d'ailleurs la présence de micro-organismes — au bout de deux jours, on constate que toute l'albumine a disparu dans les urnes les plus vigoureuses. On pourrait s'attendre à trouver alors dans le liquide une grande quantité de peptones, c'est-à-dire les corps résultant de la digestion des albuminoïdes. Or, il n'en est rien ; on n'en trouve pas trace.

Fig. 9. — Urne de népenthès.

La raison en est simple : c'est que lesdites peptones sont absorbées au fur et à mesure de leur production. On s'assure d'ailleurs, par la disparition de l'azote, que les matières albuminoïdes ne sont pas transformées en d'autres substances, quaternaires par exemple.

L'urne joue donc dans la digestion et dans l'absorption un rôle prépondérant : c'est bien un organe carnivore. En terminant, disons un mot d'une observation curieuse de Clautriau. Il arrive souvent qu'on constate dans les urnes la présence de larves vivantes, de moustiques notamment, qui s'y livrent à leurs cabrioles habituelles. Toutefois, comme le remarque l'auteur, l'existence de larves vivantes, dans ces liquides, n'exclut pas *a priori* la présence d'une diastase dans ceux-ci. Nombre de parasites vivent dans des liquides autrement actifs que le contenu des urnes de népenthès sans en paraître incommodés (par exemple les larves de mouches parasites dans l'estomac de divers animaux). Ce sont là des contre-adaptations peu expliquées actuellement et qui sont à peu près du même ordre que la non-digestion de la muqueuse stomacale ou intestinale sous l'influence du suc gastrique ou du suc pancréatique.

**
**

Tout à côté des népenthès, viennent prendre place les *sarracenia* (fig. 10), plantes singulières qui vivent en Amérique. Nous allons donner sur eux quelques détails, d'après P. Constantin, résumant les travaux de divers botanistes.

La conformation des feuilles des sarracéniées permet à ces plantes de capturer des insectes.

A dire vrai, les sarracéniées ne semblent pas capables de digérer des proies animales vivantes, mais, d'après les expériences et observations du Dr Cauby, d'utiliser simplement pour leur nutrition les produits de la décomposition des insectes qu'elles capturent et qui trouvent la mort dans la cavité de leurs feuilles. Il reste peut-être encore quelque doute sur le mécanisme précis de ce phénomène, mais un fait incontestable est l'agencement surprenant que présentent les feuilles des sarracéniées pour s'emparer des insectes et les faire périr; aussi est-on en droit de conclure que, si elles le font, c'est qu'elles le éprouvent quelque besoin pour leur nourriture.

Les feuilles du *sarracenia purpurea* sont disposées en rosette à la surface du sol. Le pétiole en est transformé en une sorte d'outre rétrécie à la base, renflée vers le milieu, légèrement rétrécie de nouveau au sommet, où elle s'ouvre par un large orifice. On donne à ces feuilles le nom d'ascidies.

L'ensemble présente la forme d'un arc à convexité inférieure, si bien que l'ouverture qui donne accès dans la cavité de l'ascidie regarde le ciel. La paroi externe de ce cornet se prolonge par un appendice veiné de rouge qui représente le limbe, creusé en forme de coquille à concavité supérieure. Cette disposition est telle que l'eau de pluie peut être recueillie par cette petite valve et pénétrer par l'ouverture dans l'intérieur du cornet qui se trouve plus ou moins rempli.

Cette eau semble s'évaporer très lentement, car on en trouve toujours dans la feuille même lorsqu'il n'a pas plu depuis une semaine.

La paroi du cornet est revêtue sur sa face interne de papilles coniques assez longues, se recouvrant les unes les autres comme les écailles du dos d'un brochet et dirigées de haut en bas, donnant un aspect velouté à la zone qui les porte. Sur l'appendice en forme d'aile ou de coquille qui précède l'ouverture de l'ascidie sont des poils glanduleux, sécrétant un liquide sucré en assez grande abondance pour imprégner tout le pourtour de l'orifice.

Ce liquide sucré sert d'appât aux insectes qui, attirés par sa présence, viennent visiter la plante.

Les uns arrivent en volant, les autres, pour y parvenir, grimpent le long d'une bandelette particulière qui fait saillie suivant la ligne médiane sur la face concave du cornet. Les insectes friands de sucre pénètrent dans la cavité de la feuille et descendent le long de la face interne de la paroi ; dès qu'ils sont arrivés à la zone veloutée, les papilles coniques, dirigées vers le bas, constituent un tapis moelleux pour la descente, mais en même temps une barrière infranchissable empêchant tout retour en arrière.

Fig. 10. — Pied de *sarracenia*.

Les malheureux insectes sont donc attirés vers le fond du cornet sans pouvoir revenir sur leurs pas et y sont en fin de compte précipités dans l'eau, où ils se noient.

Leurs cadavres entrent bientôt en décomposition et forment ainsi un engrais utilisé par la feuille pour la nourriture du végétal. La quantité d'insectes que l'on trouve noyés et en décomposition à l'intérieur des feuilles de *sarracenia purpurea* est parfois très considérable ; il en résulte souvent une odeur nauséabonde et repoussante jusqu'assez loin autour de la plante, attirant les oiseaux, qui accourent, comptant trouver une proie facile dans ces cadavres d'insectes.

Nous avons attribué à la pluie l'origine du liquide qui remplit les cornets du *sarracenia purpurea*. Il semble en effet logique d'admettre que la forme ventrue de ces organes leur permet de recueillir facilement l'eau de pluie et que celle-ci intervient dans la formation du liquide.

Cependant si, dans les serres, à l'abri de la pluie, on a soin que l'eau d'arrosage ne pénètre pas dans les cornets, on constate néanmoins que ceux-ci contiennent une petite quantité d'un liquide ayant un aspect assez analogue à celui de l'eau. D'autre part, on a observé qu'un mille-pieds de 4 centimètres de long, ayant une nuit pénétré dans un cornet de *sarracenia purpurea*, était tombé dans le fond de la cavité, où la moitié inférieure de son corps plongeait seulement dans le liquide, la moitié supérieure émergeant et faisant d'inutiles efforts pour sortir. On constata qu'après quelques heures d'immersion, la partie inférieure du corps était non seulement privée de mouvements, mais était devenue toute blanche et présentait des modifications qu'on n'eût pas observées après un séjour aussi court dans de l'eau de pluie ordinaire.

Il semble donc légitime de conclure, d'après les expériences et observations précédentes, que si le liquide contenu dans le fond des feuilles de *sarracenia purpurea* est dû en grande partie à l'eau de pluie, il entre néanmoins dans sa formation le produit d'une sécrétion de glandes de la paroi.

Fig. 11. — Pied de *darlingtonia* de la Californie.

Si nous considérons à présent les feuilles du *sarracenia variolaris* ou du *darlingtonia californica* (fig. 11) on constate que les feuilles contiennent au fond de leur cavité un liquide qui ne peut provenir que d'une sécrétion des parois et en aucune façon de l'extérieur, ni de la pluie ni de la rosée. Ces feuilles en effet se présentent sous la forme de cornets assez réguliers, minces à la base, un peu élargis à l'extrémité supérieure, et dont la paroi dorsale se recourbe comme une voûte au-dessus de l'ouverture, figurant comme un casque ou un capuchon. L'orifice d'entrée dans la cavité de l'ascidie se trouve donc caché sous cette voûte et fermé à l'eau de pluie, qui ne peut y pénétrer. Le limbe de la feuille se réduit chez le *sarracenia variolaris* à une simple petite languette abritant l'ouverture, et chez les *darlingtonia* à un appendice bifurqué en queue de poisson, qui pend devant l'entrée.

La partie inférieure des feuilles, chez ces deux espèces, est uniformément verte, la partie supérieure, au contraire, et en particulier la coupole et l'appendice en forme de lèvre, présente des veines rougeâtres et des mouchetures pourpres. Entre ces veines colorées, la paroi devient très mince, blanchâtre, presque transparente, et ces parties claires et transparentes, au milieu de lignes plus foncées, vertes ou rouges, font l'effet de petites fenêtres percées dans la paroi, surtout si l'on regarde de l'intérieur sous la voûte. D'autre part le mélange des couleurs verte, rouge et blanche donne au sommet de ces feuilles un aspect bigarré, rappelant de loin celui d'une fleur.

Ces colorations, sans nul doute, ont pour but d'attirer les insectes qui viennent pomper et lécher avec avidité le liquide sucré qu'ils trouvent sur les bords de l'ouverture, ainsi que sur la face interne de la coupole.

De plus les feuilles de *sarracenia variolaris* présentent sur leur ligne médiane ventrale une bandelette en saillie qui conduit du sol à l'ouverture du cornet. Cette bandelette, tout imprégnée de sucre, sert à attirer les insectes qui ne volent pas, en particulier les fourmis, et à les amener jusqu'à l'entrée du gouffre où les conduit la gourmandise. C'est sur le chemin de la mort que marchent les pauvres insectes, car, en grimpant le long de la bande sucrée, ils parviennent jusqu'à l'ouverture, par où ils pénètrent dans l'ascidie, arrivent bientôt à la zone hérissée de papilles, sur laquelle ils ne peuvent se maintenir, glissent et roulent jusqu'au fond de l'abîme où ils se noient dans le liquide. Les insectes ailés essayent bien de se soustraire au péril au moyen de leurs ailes, mais ils ne peuvent arriver à trouver la porte par laquelle ils sont entrés, car elle est placée en bas, obliquement. Ils aperçoivent, au contraire, les parties minces de la cloison qui, semblables à des fenêtres, laissent pénétrer la lumière sous le dôme que forme la feuille à cet endroit ; ils les prennent pour des trous, et pensant sortir par là, se précipitent de ce côté, comme les mouches qu'on voit dans une chambre venir frapper aux vitres. Arrêtés dans leur élan par la paroi imperforée, ils recommencent jusqu'à ce qu'ils finissent par tomber épuisés au fond du cornet, où ils sont submergés. Une fois dans le liquide, les insectes ne sont pas aussitôt tués, mais seulement étourdis par l'action de cette liqueur, qu'on peut qualifier d'anesthésique ou de stupéfiante, comme cela ressort des expériences du Dʳ Mellichamp. Cet auteur, en effet, a constaté que le liquide contenu dans les ascidies de *sarracenia variolaris* engourdit les insectes vivants, puis agit sur leurs cadavres pour en provoquer une rapide décomposition putride. On remarque d'ailleurs dans les cornets de la plante la présence d'une eau brune corrompue, d'odeur insupportable, dans laquelle nagent une multitude de fragments de parties dures du squelette chitineux des insectes, des élytres, des griffes, des corselets, etc., provenant des coléoptères, des mouches, etc., qui ont été engloutis.

On trouve dans la cavité de ces ascidies des quantités vraiment très considérables de ces débris animaux. Dans leur pays natal, des feuilles de *sarracenia variolaris,* qui ont une longueur de 30 centimètres environ, ont présenté des cadavres d'insectes sur une hauteur de 8 à 10 centimètres et même dans certains cas de 15, c'est-à-dire jusqu'à la moitié.

Un fait intéressant à constater, c'est que la plupart des détritus existant au fond des cornets du *sarracenia variolaris* proviennent d'insectes dépourvus d'ailes, tandis que ceux que l'on observe dans les feuilles du *darlingtonia* appartiennent à des insectes ailés.

L'explication de ce fait n'est pas difficile à donner : le *sarracenia variolaris* possède une bandelette allant de la base de la feuille à son ouverture supérieure, riche en glandes sécrétant une liqueur sucrée. Cette bandelette sert à la fois d'appât et de chemin pour les insectes sans ailes. Celle des feuilles de *darlingtonia* est, au contraire, dépourvue de glandes, et par conséquent de nectar, qu'on ne trouve que sur le pourtour de l'embouchure du cornet; il en résulte que les insectes aptères (dépourvus d'ailes) n'auront point la tentation de gravir la bandelette en question et que seuls parviendront à l'ouverture de l'ascidie les insectes qui y arriveront en volant. Ceux-ci sont d'ailleurs attirés par les brillantes couleurs de l'appendice bilabié qui pend comme un drapeau en avant de l'ouverture; il a pour eux l'attrait et l'apparence d'une fleur dont il possède l'éclat et la beauté.

Le cornet du *darlingtonia* est sensiblement tordu sur lui-même suivant son axe en manière de vis ou de tire-bouchon. On peut se demander si cette particularité de structure ne présente pas un avantage quelconque pour la plante et ne lui est pas d'une certaine utilité pour sa chasse.

Il semble que la sortie des insectes ailés doit en être rendue plus difficile, car il doit leur être bien moins commode de remonter en volant un canal ainsi tordu sur lui-même, dont les parois sont munies de pointes glissantes, qu'un canal entièrement droit. On voit donc que tout dans la conformation des feuilles de sarracéniées paraît être en rapport avec la propriété que possèdent ces plantes de capturer les insectes.

Les feuilles des autres *sarracenia* sont également adaptées à ce même but. Celles du *sarracenia Drumondii* ne sont pas toutes semblables entre elles et la plante possède des feuilles de deux formes différentes. Il en est de même du *s. undulata* : certaines de ses feuilles, uniformément vertes, sont ovales et aplaties, et il n'y a sur chaque pied que 4 ou 5 feuilles au plus qui soient transformées en ascidies. Elles se présentent alors sous l'aspect de cornets très allongés dont la cavité se dilate en haut en forme d'entonnoir. Tout autour de l'orifice de l'entonnoir, le rebord de la feuille se replie sur lui-même du côté de l'extérieur, de façon à le circonscrire d'un épaississement en forme de bourrelet. Du côté dorsal, la paroi du cornet se prolonge par une petite lame dressée verticalement et plissée sur ses bords.

Cet appendice, ainsi que la partie supérieure de l'entonnoir, offrent un singulier contraste de couleurs qui rend les feuilles aussi jolies que des fleurs. Alors que la feuille est d'une teinte vert uniforme à sa partie inférieure, la couleur va en s'atténuant peu à peu vers le haut et se rapproche du blanc, en même temps que les parois deviennent légèrement transparentes. Sur ce fond blanc verdâtre se détachent, pareilles à un réseau de vaisseaux sanguins, des veines rouge sombre qui font le plus heureux effet. Si l'on ajoute à cela que tout le rebord qui limite l'orifice est enduit d'une abondante couche de liquide sucré, sécrété par les glandes du limbe, on comprend facilement que les insectes attirés par les brillantes couleurs et alléchés par le miel, dont ils sont très friands, arrivent en foule et pénètrent dans la cavité de la feuille, qui renferme pour eux un piège aussi dangereux que celui qui a été décrit plus haut.

Le caractère de « carnivorisme » des très curieuses plantes du groupe des céphalotées n'est pas non plus parfaitement net, mais il est bien probable, étant donnée l'analogie de ces végétaux avec les népenthès et les sarracéniées.

Le *cephalotus follicularis* (fig. 12), que l'on connaît particulièrement, croît dans les marais de l'Australie austro-occidentale. On ne peut mieux le comparer qu'à un amas de petites chopes de bière, munies de leurs couvercles ; ces chopes sont des ascidies tout à fait semblables à celles des népenthès, avec cette différence que le couvercle reste toujours ouvert. A l'intérieur, il y a un liquide abondant. « J'ai trouvé, dit M. Paul Maury, dans l'ascidie que j'ai étudiée, un cadavre

Fig. 12. — Pied de *cephalotus*.

de mouche, mais de là à dire que ce cadavre était en train d'être digéré, il y a loin, comme on va le voir. Contrairement à ce qui devrait s'observer dans un milieu digestif, j'ai constaté dans le liquide baignant ce cadavre une véritable population microscopique parfaitement vivante ; c'étaient des infusoires, paramécies et amibes, des végétaux inférieurs, algues vertes et zoospores, progressant au moyen de leurs longs cils. » Comme nous l'avons vu pour les népenthès, ce fait n'est pas forcément en contradiction avec le rôle digestif des ascidies.

La grassette est aussi à citer dans le même chapitre. Cette plante vit dans les mêmes parages que le droséra, mais elle n'en a ni l'élégance ni la légèreté. Ses feuilles sont ovales et épaisses. Toute leur face supérieure est couverte de petits poils glanduleux. En voyant une feuille d'aspect aussi massif, on ne se douterait vraiment pas qu'elle est susceptible de capturer des animaux aussi agiles que les insectes : telle est cependant la réalité. Si une bestiole a le malheur de passer sur une feuille, ses pattes sont engluées, et elle ne tarde pas à ne plus pouvoir s'échapper, alors que la feuille tout entière se replie latéralement sur l'insecte, s'enroule comme un cornet autour de lui, et, finalement, le digère.

Comme la plupart des autres plantes carnivores la grassette a été l'objet d'observations intéressantes dues à Darwin. Il a vu, entre autres faits, que les bords des feuilles se recourbent en dedans quand elles sont excitées par la simple pression d'objets qui ne fournissent aucune matière soluble, par des objets qui fournissent ces matières et par quelques liquides, à savoir une infusion de viande crue et une faible solution de carbonate d'ammonium. Des gouttes d'eau ou des gouttes d'une solution de sucre ou de gomme ne font naître aucun mouvement chez les feuilles. Darwin a chatouillé la surface d'une feuille pendant quelques minutes sans aucun résultat. Par conséquent, deux causes seules, c'est-à-dire une pression légère et continue et l'absorption de matières azotées, provoquent un mouvement chez la feuille. Chez la grassette, ce sont les bords seuls de la feuille qui se recourbent, car le sommet ne s'incline jamais vers la base. Les pédicelles des poils glanduleux ne sont pas doués de la faculté du mouvement.

Le temps le plus court au bout duquel Darwin a pu observer un mouvement bien prononcé a été de deux heures dix-sept minutes ; cela s'est produit seulement quand il a placé sur les feuilles des matières ou des liquides azotés. Il croit toutefois avoir, dans quelques cas, distingué une trace de mouvement au bout d'une heure ou d'une heure trente minutes. La pression exercée par des fragments de verre en provoque un presque aussi rapide que l'absorption des matières azotées, mais le degré d'inflexion produit est beaucoup moindre.

Un des faits les plus curieux relatifs au mouvement des feuilles de la grassette est le court laps de temps pendant lequel elles restent infléchies, bien qu'on laisse sur elles l'objet qui a causé l'excitation. Dans la majorité des cas, Darwin observa un redressement bien marqué vingt-quatre heures après avoir placé sur les feuilles des morceaux de viande même assez gros, ou des substances analogues ; dans tous les cas le redressement s'opère dans les quarante-huit heures.

Les corps qui ne contiennent pas de substances solubles n'exercent que peu ou pas d'action sur les glandes au point de vue de la sécrétion. Les liquides non azotés, à condition qu'ils soient denses, provoquent chez les glandes d'abondantes sécrétions de liquide visqueux, mais pas du tout acide. D'autre part, les sécrétions provoquées par le contact des glandes avec des solides ou des liquides azotés sont toujours acides, et elles sont si abondantes qu'elles circulent sur les feuilles et se rassemblent dans les réceptacles formés par les bords naturellement repliés de ces feuilles. En cet état, la sécrétion jouit de la faculté de dissoudre rapidement, c'est-à-dire de digérer les muscles des insectes, la viande, le cartilage, l'albumine, la fibrine, la gélatine et la caséine, telle que celle-ci existe dans le caillé du lait. Les feuilles de la grassette digèrent aussi les grains de pollen, les petites feuilles, les graines minuscules qui viennent se coller à elles : elles sont donc autant herbivores que carnivores.

CHAPITRE II

Végétaux pique-assiette.

Nous venons d'étudier les végétaux qui sucent le sang des animaux. D'autres. en bien plus grand nombre, sucent les sucs d'autres plantes ; ce sont des pique-assiette qui vivent à leur table et les exploitent honteusement. Malgré des mœurs aussi noires, ils sont intéressants à connaître. Nous laisserons de côté les hordes des champignons qui attaquent les végétaux, par exemple : le mildiou de la vigne, le charbon des céréales, la carie du blé, la rouille des graminées, l'ergot du seigle, etc., car leur histoire est compliquée et n'a rien de folâtre pour celui qui n'a pas d'examen à passer et cherche seulement, dans un livre de sciences, un délassement instructif. Nous ne passerons en revue que les plantes supérieures, les plantes à fleurs, les phanérogames, qui vivent en parasites et que leur petit nombre rend encore plus dignes d'attention.

*
* *

Au gui, l'an neuf !

On représente souvent — et on a un peu raison — le gui (fig. 13) sous l'aspect le plus redoutable ; on nous le montrait jadis suçant, jusqu'à la moelle, les arbres sur lesquels il vit. Certes le gui est un parasite, mais pas bien terrible au fond, et sa légère action nocive n'est pas comparable à celle que produisent, par exemple, sur certaines plantes, les maladies cryptogamiques. Bien plus, certains botanistes vont jusqu'à prétendre qu'il n'est nuisible aux arbres qu'en été, tandis qu'en hiver il leur est très utile. Cela semble paradoxal de prime abord, mais le fait est plus compréhensible à qui veut étudier les choses de près.

En effet, l'été, l'arbre est en pleine végétation et ses feuilles lui procurent une abondante nourriture ; il en passe une partie — sans le vouloir, bien entendu — au gui implanté sur ses branches ; mais, à ce moment, l'activité propre du parasite est très réduite. En hiver, les choses sont renversées : l'arbre entre dans sa période de vie latente ; l'absence de feuilles lui impose la nécessité de vivre par ses seules racines. Eh bien, c'est à ce moment que le gui est le plus vigoureux ; il possède une belle couleur verte et décompose alors en abondance le gaz carbonique de l'air pour fabriquer ce que les chimistes appellent des matières albuminoïdes. Ils ont même calculé — c'est surtout de M. Gaston Bonnier qu'il s'agit ici — que le gui fabriquait sensiblement alors plus de matières albuminoïdes qu'il n'en était besoin pour sa propre croissance. Que devient le surplus ? Il est tout simplement subtilisé par l'arbre, qui s'en nourrit sans en avoir l'air. Et voilà comment l'été le gui est parasite sur l'arbre, tandis qu'en hiver c'est ce dernier qui est parasite sur le gui.

Le gui, d'ailleurs, n'est pas une plante banale. Il n'est pas jusqu'à sa disposition en « boule » autour des branches qui ne mérite l'attention. On sait que, dans toute plante qui se respecte, la tige se dirige vers le ciel, et la racine vers le centre de la terre. Avec le gui, ce n'est plus ça du tout ; les tiges vont dans tous les sens : en haut, en bas, à droite, à gauche, et c'est pour cela que l'on a une « boule » au lieu d'un « plumeau ». Quant aux racines, elles se moquent du centre de la terre comme un poisson, d'une pomme ; elles se glissent sur l'écorce de l'arbre et, de place en place, plongent des suçoirs dans le bois, en suivant un trajet irrégulier et des plus capricieux.

Fig. 13. — Touffe de gui sur une branche de pommier.

Assez éclectique, le gui est parasite sur divers arbres ; on l'a rencontré sur une cinquantaine d'espèces environ. Mais il est surtout fréquent sur le pommier, où il est nuisible non pas tant par son parasitisme que par son exubérance, qui gêne l'épanouissement des fleurs et la maturité des fruits. On le trouve abondamment aussi sur les peupliers, où il se perche le plus haut qu'il peut, semblant narguer les passants qui, aux environs de la Noël, ne seraient pas fâchés de le cueillir. Par contre, il est extrêmement rare sur le chêne ; et c'est cette rareté même qui le faisait rechercher sur cet arbre par nos vénérables ancêtres les druides. « Aux yeux des druides, dit Pline l'Ancien, rien n'est plus sacré que le gui et l'arbre qui le porte, si toutefois c'est un chêne-rouvre. Le rouvre est déjà par lui-même l'arbre dont ils forment les bois sacrés. Tout gui venant du rouvre est regardé comme envoyé du ciel ; ils pensent que c'est un

signe d'élection que le dieu même a fait de l'arbre. Le gui du rouvre est extrêmement rare, et, quand on le trouve, on le cueille avec un très grand appareil.
Avant tout, il faut que ce soit le sixième jour de la lune, jour qui est le commencement de leurs mois, de leurs années, de leurs siècles, qui durent trente ans.
Ils l'appellent d'un nom qui signifie remède universel. Ayant préparé, selon les
rites, sous l'arbre, des sacrifices et un repas, ils font approcher deux taureaux de
couleur blanche, dont les cornes sont attachées alors pour la première fois. Un
prêtre vêtu de blanc monte sur l'arbre et coupe le gui avec une serpe d'or ; on
le reçoit dans une saie blanche ; puis on immole les victimes, en priant que le
dieu rende le gui propice à ceux auxquels il l'accorde. On croit que le gui pris
en boisson donne la fécondité à tout animal stérile et qu'il est un remède contre
les poisons. » Les druides, grands médecins, n'avaient peut-être pas tort. On a
retiré du gui des substances qui seraient très utiles dans les affections du foie,
mais jusqu'ici elles sont restées peu employées.

Les druides se servaient d'une serpe d'or, parce que le fer était considéré comme
impur. « Cette remarque, dit M. J. Costantin, nous conduit à croire que le
culte du gui a une origine extrêmement lointaine, et il semble bien que ce soit
sa vie parasitaire qui ait frappé les premiers observateurs. Comment cette plante
pouvait-elle vivre ? De quelle nature était ce singulier être aérien qui se distin-
guait d'une manière si frappante de tous les autres ? Qui l'avait apporté sur
l'arbre ? Toutes ces questions durent venir à l'esprit du barbare primitif, qui,
comme le sauvage actuel, devait être un observateur souvent très perspicace. Il
dut découvrir un jour, quand le gui se montrait sur un de ses hôtes communs,
peuplier ou pommier, que c'était un oiseau, une grive, qui fécondait ainsi les
branches de l'arbre, et cette constatation ne fut pas sans le plonger dans un certain étonnement. En somme, cette plante méritait l'attention qu'ont dû lui prê-
ter nos ancêtres, et encore à l'heure actuelle tout, dans son histoire, est pour
nous matière à surprise : l'étude de sa physiologie, de son anatomie et de sa
reproduction, conduisit le biologiste à des conclusions philosophiques très intéressantes et d'une haute portée. Le gui, en tant que parasite apporté par les
oiseaux, paraissait déjà une plante bien merveilleuse, mais c'est lorsqu'il poussait sur le chêne qu'il prenait un caractère sacré. L'apparition de ce phénomène
est tellement rare que certains botanistes, au commencement de ce siècle, ont
cru devoir le mettre en doute : ils ont pensé que les Gaulois avaient dû prendre
le *loranthus europæus* pour le *viscum album* (gui) ; mais Wilkomm a fait justice
de cette erreur, car la présence de ce dernier parasite sur le chêne a été con-
statée avec authenticité. Il est certain, à cause de la rareté du fait, que l'oiseau
qui, dans ce cas, ensemençait la branche, avait dû rester inaperçu des anciens
observateurs ; sa nature est donc demeurée mystérieuse et toutes les hypothèses
ont pu être faites à son sujet. On a pu supposer que c'était un être ailé divin
qui avait fécondé l'arbre, qui l'avait désigné par cela même comme une plante
céleste, et c'est peut-être ainsi que le culte du chêne s'est propagé dans la Gaule,
probablement bien avant les Gaulois. »

Les partisans des causes finales peuvent s'en donner à cœur joie au sujet de la reproduction du gui. Ses graines ne peuvent germer et arriver à bien que si elles tombent sur une branche d'arbre. Or, voyez un peu ce qui serait arrivé si le gui avait fabriqué des graines sèches comme presque toutes les autres plantes : ces graines auraient eu infiniment de chances de ne jamais tomber dans un trou d'écorce et, par suite, l'espèce n'aurait pas tardé à disparaître. Mais heureusement pour elles, ces graines sont entourées d'un suc épais, d'un « collant » inouï : quand on a le malheur de s'en mettre aux doigts, on ne peut s'en débarrasser qu'avec peine. Elles sont donc bien faites pour s'accrocher aux écorces. D'autre part, les grives sont très gourmandes des baies blanches du gui ; elles les avalent, mais les graines sont rejetées au dehors avec la fiente ; sans ces oiseaux, ces graines se dessécheraient sur place ; au contraire, grâce aux grives, elles sortent de la baie et ont bien plus de chance de tomber — au moins par hasard — sur les branches. C'est avec les baies de gui qu'on fait la glu, et avec la glu on attrape les grives. Celles-ci, en propageant le gui, travaillent donc pour leur propre malheur. Ce qui semble prouver que cette observation est ancienne, c'est qu'elle était passée dans l'antiquité à l'état de proverbe ; chez les Grecs comme chez les Romains, on disait : « Il fait comme les grives, qui produisent la glu qui doit les prendre, » tout comme nous disons : « Il fabrique des verges pour se faire battre. »

Dès que l'automne apparaît, on voit arriver dans Paris des marchands de gui (voir au chapitre xxii), dont le nombre ne fait qu'augmenter jusqu'à la Noël et au jour de l'An. « Au gui, l'an neuf ! » disait-on autrefois. Aujourd'hui on l'achète parce qu'il passe pour porter bonheur et parce que ses touffes, aux feuilles bizarres, aux jolies baies blanches, sont fort décoratives. En Angleterre, on est très amateur du gui, qu'on appelle *mistletoe* ; les Anglais s'approvisionnent surtout en Normandie, où les pommiers abondent. Pendant les fêtes de Noël (*Christmas*), on suspend du *mistletoe* au plafond en un ou plusieurs endroits dans les maisons où il y a des réunions d'amis, et les jeunes gens ont le droit d'embrasser les jeunes filles qui passent sous le feuillage. On dit que les malins en mettent dans leur poche et placent tout à coup la branche sur la tête d'une demoiselle qui, dès lors, doit s'exécuter de bonne grâce. Chez nous, on est moins exubérant, à Paris, sinon en province où, dans quelques régions, la plante est un peu plus fêtée. « Je sais un petit village, aux environs de Quimper, dit M. Sergines, où tous les ans, aux approches de la Noël, se célèbre en grande pompe la fête du gui. Fillettes et garçons, ceux surtout qui ont dans le cœur un sentiment et qui rêvent de prochaines hyménées, se chaussent de gros sabots et s'en vont bras dessus, bras dessous, à la découverte. Ils s'égarent deux à deux dans la sombre forêt et cherchent le gui des chênes, le seul qui possède la vertu magique d'aider les amoureux et d'écarter les maléfices.

> O filles et gars de Bretagne,
> Voici le jour
> D'aller cueillir par la campagne
> Le gui d'amour.

« Celui qui le premier rapporte au village une touffe de gui est proclamé *roi* de la forêt. On le mène en triomphe jusqu'à son logis, et il a le droit d'embrasser toutes les femmes et toutes les filles qui passent devant sa porte. Puis on s'attable, car les réjouissances populaires ne vont pas sans festin ; on fait cuire des châtaignes sous la cendre, on les arrose de cidre, on danse la *dérobée*, et chacun s'en va coucher avec la conscience d'un bon devoir accompli. Les jeunes filles superstitieuses qui languissent dans le célibat et craignent de coiffer sainte Catherine enferment dans un sachet les cendres d'une branche de gui calcinée ; elles comptent que ce talisman leur amènera des amoureux. Et il paraît, en effet, que ce talisman est infaillible. »

Au gui, l'an neuf !

*
* *

D'autres plantes parasites sont, comme le gui, d'un beau vert ne différant nullement de celui des autres végétaux. Tels sont les rhinanthes, les mélampyres (fig. 14), les euphraises qui abondent dans nos bois et vivent en parasites sur les racines des graminées : à les voir, on les prendrait pour des plantes ordinaires. Pour se rendre compte de leur parasitisme, il faut les déterrer avec soin : on voit alors leurs racines venir s'incruster par de petits suçoirs en forme de boutons aux racines de la plante qui les nourrit.

Il est aussi bon nombre de plantes parasites qui sont dépourvues de chlorophylle et ont alors un aspect singulier : leur couleur est brunâtre, les feuilles sont réduites à de minces écailles incolores. A citer en particulier dans cette catégorie : les orobanches (fig. 15), dont chaque espèce vit sur les racines d'une espèce déterminée : l'*orobanche epythimum* sur le serpolet ; l'*orobanche galii* sur le gaillet ; l'*orobanche hederæ* sur le lierre, etc.

A côté des orobanches vient se placer la lathrée clandestine, qui est en partie souterraine : cette plante de nos pays est vraiment étrange, avec ses feuilles gorgées de sucs et du plus beau blanc ; au moment où elle fleurit, on voit sortir de terre un épi serré et penché de fleurs à calice velu et à corolle blanchâtre lavée de pourpre. A l'aide de petits suçoirs, elle pompe la sève des racines des arbres, au bord des ruisseaux.

FIG. 14. — Mélampyre des champs.

Le *monotropa hypopithys* rappelle un peu les lathrées, mais avec des feuilles minces et blanches. Sa hampe florale est recourbée en crosse d'évêque. Elle est assez commune dans nos bois.

La cuscute (fig. 16) est aussi fort curieuse, quoique trop connue : ses minces rameaux enveloppent les luzernes ou les trèfles, se collent à leurs branches par des suçoirs et les font périr.

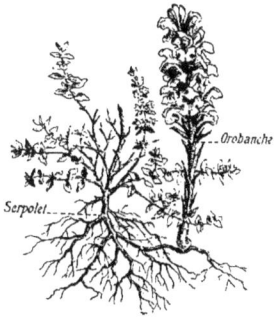

FIG. 15. — Orobanche parasite sur les racines du serpolet.

FIG. 16. — Cuscute parasite sur le trèfle.

Mais les pays chauds nous présentent des types plus étranges encore. Tel est le cas de la famille des balanophorées, plantes de couleur brune, jaune ou rouge, de consistance charnue. Leurs tiges et leurs feuilles n'ont plus forme végétale.

FIG. 17. — *Langsdorffia hypogæa*,
Plante parasite américaine.

Elles vivent sur les racines des plantes, où elles se développent sous forme d'un petit bourgeon qui fait éclater l'écorce. Presque constamment souterraines, elles ne se montrent à l'air qu'au moment de la floraison. Parmi ces plantes fantastiques, citons le *langsdorffia hypogæa* (fig. 17), de l'Amérique centrale, qui donne un peu l'impression d'un artichaut aux folioles allongées; le *balanophora*

Hildebrandtii (fig. 18), des îles Comores, aux feuilles larges et à la hampe

Fig. 18. — *Balanophora Hildebrandtii*,
Plante parasite des Iles Comores.

florale épaisse, sur laquelle les fleurs semblent piquées ; le *scybalum* fungiforme,

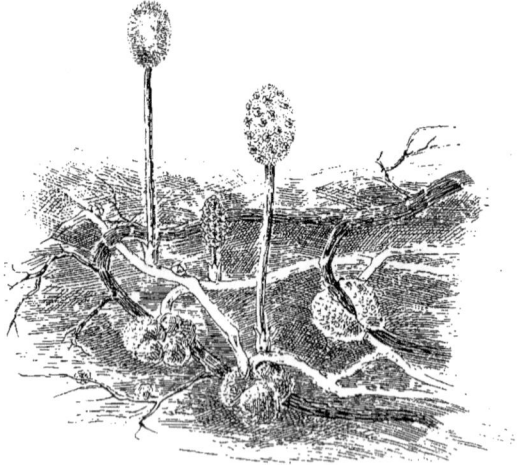

Fig. 19. — *Helosis guyanensis*,
Plante parasite de la Guyane.

du Brésil, qui, ainsi que son nom spécifique le rappelle, ressemble à un cham pignon; le *rhopalocnemis*, de Java, presque dépourvu de feuilles et dont les fleurs, petites, sont tassées les unes contre les autres sur un mandrin ovoïde de l'aspect le plus étrange; l'*helosis guyanensis* (fig. 19), du Mexique et de la Guyane, qui ressemble encore plus que les précédents à un champignon, dont il a le genre de vie; le *lophophytum*, du Brésil, que les botanistes ont bien fait de qualifier de *mirabile*; le *sarcophyte sanguinea* (fig. 20), du cap de Bonne-Espérance, qui dégage une odeur fétide et dont la couleur rouge sang rend encore plus singulière sa forme ramifiée et le fait ressembler à une branche de corail.

FIG. 20. — *Sarcophyte sanguinea*,
Plante parasite du Cap de Bonne-Espérance.

*
* *

Une mention spéciale doit être faite du *cynomorium coccineum* (fig. 21), qui croît dans la région méditerranéenne et est vulgairement désigné sous le nom de champignon de Malte. « Longtemps regardé comme un champignon, dit M. P. Hariot, le cynomorium ne rentre dans le rang des phanérogames que grâce au célèbre Micheli, qui en faisant connaître sa véritable nature, lui donne le nom qu'il porte actuellement et prouve son parasitisme. La célébrité du champignon de Malte est due à ses propriétés hémostatiques déjà reconnues par les chevaliers de Malte. A l'époque de Boccone, en 1694, on en faisait le plus grand cas, et ce botaniste n'hésite pas à le déclarer « *raritate et usu nulli secundus* ». C'est aux balanophorées qu'appartient le cynomorium, à une famille qui ne possède en Europe que ce seul représentant. En dehors de ses localités européennes, on le rencontre encore dans les parties les plus chaudes du bassin méditerranéen, et il s'étend sur environ 50° de longitude entre l'île de Lanzarote, aux Canaries, jusqu'au delà du Nil. Outre l'île de Malte, où on l'a signalé pour la première fois, on le retrouve en Sicile, dans quelques petites îles, sur la côte de Tunis, en Toscane, près de Livourne, aux Canaries, dans le sud de la Péninsule espagnole.

« Ce qui paraît lui convenir par-dessus tout, c'est un sol salin, qu'il croisse près de la mer directement ou dans des plaines salées qui en sont déjà assez éloignées, ou bien encore dans la région saharienne jusqu'à 800 kilomètres de la Méditerranée. Dans toutes ces localités, il se développe de préférence dans un terrain limoneux, légèrement ou très salé.

« Nous avons dit que le cynomorium était parasite. Micheli le signalait comme croissant sur les racines des lentisques et du myrte où il ne paraît pas avoir été revu par Weddell, qui s'est beaucoup occupé de l'histoire de cette plante intéressante. On a constaté sa présence sur les racines de l'*obione portulacoïdes*, de *salsola*, de l'*inula crithmoïdes*, du *tamaris articulata*, des *statice*. La nature de ces plantes nourricières influe sur la durée du parasite : les unes étant vivaces assurent une nutrition permanente et prolongée ; d'autres, au contraire, telles que les *medicago* et les *melilotus*, étant annuelles, ne peuvent lui offrir qu'une alimentation passagère. Il est évident, en effet, que les ramifications souterraines du cyno-

morium meurent fatalement à la fin de la saison végétative si elles ne rencontrent que des plantes annuelles. Le champignon de Malte est donc annuel, ou vivace, suivant les conditions de son parasitisme. Le rhizome souterrain se prolonge dans l'air par une hampe florifère de forme étrange, une massue, dont le diamètre, dans sa partie supérieure la plus renflée, est de 4 ou même de 5 centimètres, à surface rugueuse, probablement de couleur pourprée, et non écarlate comme l'a dit Linné en lui donnant l'épithète de *coccineum*. Je dis probablement, car presque toujours ces massues sont plus ou moins décolorées, ayant eu à subir l'action des intempéries, et se présentent avec des teintes rouge, brunâtre, violacée ou lie de vin. D'ailleurs, dans cette hampe, le coloris de la partie supérieure paraît être moins intense, mais tout aussi fugace que celui de l'extrémité supérieure qui porte les fleurs.

Fig. 21. — Champignon de Malte *(Cynomorium coccineum)*.

« Le cynomorium en fleur est-il odorant ? On a dit qu'il répandait l'odeur de viande gâtée. Weddell lui trouva un parfum analogue à celui de la viande desséchée. Sa saveur est des plus astringentes, ce qui explique bien la vogue dont il a joui autrefois comme hémostatique, mais les parties souterraines sont encore plus puissamment douées à ce point de vue.

« La massue florifère du cynomorium est formée d'une quantité prodigieuse de petites cymes qui sont souvent d'une régularité parfaite. En examinant les individus encore jeunes et sortant à peine de terre, on voit les fleurs naître en groupes distincts à l'aisselle des bractées. Dans son jeune âge également cette inflorescence est protégée par de larges écailles. »

*
* *

La famille des cytinacées renferme des plantes parasites non moins curieuses, notamment le *cytinus hypocystis*, qui croît dans la région méditerranéenne, dans les mêmes parages que le cynomorium et dont la tige porte des écailles imbriquées et s'enfonce dans la racine des cistes par un thalle qui envahit tous les tissus ; l'*apodanthes flacourtiana* (fig. 22) d'Asie, dont les fleurs se montrent seules au dehors de l'hôte ; il semble que ce soit les propres fleurs de celui-ci ; de même que cela se voit aussi chez le *pilostyles Haussknechtii* (fig. 23) qui vit sur les rameaux épineux de l'adragant et le *pilostyles caulotreti* (fig. 24), qui pousse au Vénézuéla sur les *caulotretus*, lianes connues dans le pays sous le nom d' « échelles de singes ».

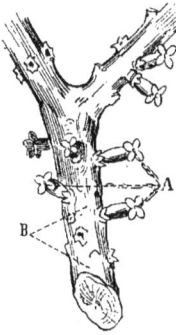

Fig. 22. — *Apodanthes flacourtiana* (A) parasite sur une branche d'arbre (B).

La cytinacée la plus célèbre est la rafflésie d'Arnold qui fut découverte en 1819 par Arnold dans l'île de Sumatra. « Je marchais, raconte-t-il, un peu en avant de l'escorte, lorsqu'un de nos serviteurs malais accourt et me rappelle ; son regard exprimait une joyeuse surprise : Suivez-moi,

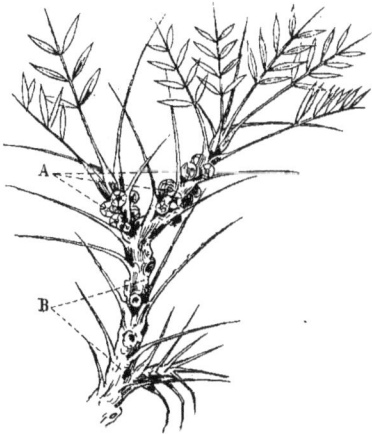

Fig. 23. — *Pilostyles Haussknechtii* (A), parasite sur l'adragant (B).

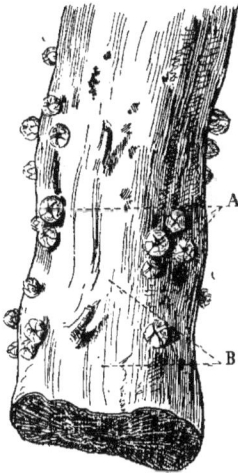

Fig. 24. — *Pilostyles caulotreti* (A), parasite sur une liane (B).

me dit-il, une fleur si grande, si belle, si merveilleuse! A une centaine de pas, je fus en présence de cette merveille, et mon admiration ne fut pas moindre que celle de mon guide. Je voyais sous des broussailles une fleur immense appliquée contre terre ; je résolus sur-le-champ de m'en emparer et de la transporter dans notre cabane. Armé du parang (sorte de serpe du Malais), je me mis à détacher la plante, et je ne fus pas médiocrement surpris de voir qu'elle ne tenait au sol que par une petite racine traînante, longue tout au plus de deux doigts. J'emportais ce trésor ; si je l'avais découvert tout seul et sans témoins, j'oserais à peine décrire une telle plante, personne ne voudrait me croire sur ma parole, mais je me sens assez fortifié par des témoignages qu'on ne récusera point. Notre fleur était fort épaisse dans toutes ses parties ; dans quelques endroits elle avait trois lignes, et dans d'autres, le triple. La substance de ses pétales et du nectaire était succulente. Lorsque je vis la fleur en son lieu naturel, le nectaire était

Fig. 25. — Une fleur gigantesque: la rafflésie d'Arnold.

plein de mouches, attirées apparemment par l'odeur de viande qu'elle exhale. Le diamètre de cette fleur prodigieuse est de 2 pieds 9 pouces, et, par conséquent, la circonférence est d'environ 8 pieds 9 pouces. Suivant notre estimation, le nectaire pouvait contenir une douzaine de pintes de liquide, et le poids de toute la fleur n'était pas au-dessous de 15 livres. »

Cette fleur (fig. 25) de 1 mètre de diamètre est certainement la plus grande connue. Elle vit en parasite sur les racines des *cissus*. A l'état de bouton, elle ressemble à un volumineux chou pommé. Quand les fleurs s'épanouissent, la surface en est bien plus considérable, les cinq pétales ayant chacun une longue surface.

A Java, on trouve d'autres rafflésies, mais à fleurs plus petites. La rafflésie padna, par exemple, a des fleurs de 0m,50 de diamètre. Le milieu en est couleur sang ; les pétales sont rosés comme la peau humaine. L'ensemble dégage une odeur cadavérique épouvantable.

* *

Maintenant que nous connaissons dans leur singulière forme extérieure la plupart des plantes phanérogames parasites, il nous faut jeter un coup d'œil sur leur physiologie.

Dans tous ces végétaux, un membre de la plante, tige ou racine, suivant le cas, pénètre à travers l'écorce de la tige ou de la racine de la plante nourricière et arrive jusqu'à son centre. En ce point, du moins dans le cas général, les éléments conducteurs, les vaisseaux du parasite, se mettent en relation avec ceux de l'hôte sur lequel il vit.

Les parasites pourvus de chlorophylle sont capables d'assimiler le carbone de l'air atmosphérique et de fabriquer par suite des matières nutritives pour leur propre compte.

Quant aux parasites dépourvus de chlorophylle, ils sont obligés de puiser de la nourriture toute préparée. Mais peuvent-ils jusqu'à un certain point faire une sélection dans ces matériaux de nutrition, et, d'autre part, peuvent-ils transformer les matières absorbées pour en fabriquer d'autres tout à fait différentes ? Jusqu'à ce jour, on pensait que les parasites dépourvus de matière verte étaient incapables d'élaborer de la sève ; on pensait, comme l'avait écrit Pyrame de Candolle, que « les plantes parasites dépourvues de feuilles tirent d'autres plantes feuillées un suc déjà élaboré, et ensuite porté dans les fleurs et les fruits ». On appuyait alors cette théorie par un certain nombre d'observations anatomiques, signalant l'absence de stomates et de vaisseaux spiralés dans ces plantes ; mais depuis on a reconnu facilement la présence de ces organes.

Remarquons que si le parasite absorbe purement et simplement les matières nutritives de son hôte, on doit trouver dans ses tissus toutes ces matières, et rien que celles-là. On avait remarqué jadis que le gui du chêne contient beaucoup plus de tanin que celui du pommier. Le parasite, disait-on, est entièrement passif. Il se trouve sur un arbre riche en tanin, comme le chêne, et il en absorbe nécessairement de grandes quantités. L'argument semblait péremptoire ; Chatin a montré qu'il ne valait rien : en effet, le tanin qui existe dans le gui n'est pas le même que celui qui se trouve dans le chêne. Ce dernier est celui qu'on désigne en chimie sous le nom de *tanin bleu*, tandis que celui du gui est le *tanin vert*. Le gui a donc transformé le tanin bleu en tanin vert.

D'ailleurs, des preuves nombreuses montrent que le parasite ne prend à son hôte que certaines matières. Ainsi le *loranthus*, qui vit sur l'arbre appelé *strychnos nux vomica*, ne contient pas trace de strychnine ni de brucine, alcaloïdes qui se trouvent en grande abondance dans le *strychnos*. De même le *balanophora* développé sur le *cinchona calisaya* (quinquina) ne renferme aucun des alcaloïdes du quinquina. On peut multiplier les exemples : les *loranthus* venus sur des orangers ne possèdent pas la coloration jaune du bois de ceux-ci ; l'*hydnora africana*, si recherchée comme aliment par les Hottentots et les habitants du Cap, qui le nomment *kanimp, kanip,* croît sur une euphorbe âcre et même vésicante ; l'oro-banche du chanvre n'a rien de l'odeur vireuse de ce végétal ; etc. Il est donc bien établi que le parasite est capable de faire une sélection dans les matières nutri-tives qui lui sont offertes par l'hôte, à moins d'admettre, ce qui est peu vraisem-blable, que toutes les matières absorbées sont immédiatement détruites par le parasite. La destruction d'un alcaloïde n'est jamais si rapide qu'on ne puisse saisir sa présence avant sa disparition complète.

Le parasite est aussi capable de créer, avec les éléments absorbés, des produits nouveaux. L'exemple du tanin du gui que nous avons relaté plus haut en est une preuve ; il n'est pas unique. Ainsi la glu qui, comme chacun sait, provient du gui, ne se rencontre ni dans le chêne ni dans le pommier ; c'est bien le gui lui-même qui fabrique la glu. La résine que contiennent les *cytinus* et les *cyno-morium* ne se retrouve pas dans les cistes, sur lesquels vivent ces parasites.

Très souvent les espèces parasites fabriquent une grande quantité d'amidon. Cette abondance d'amidon, qui fait de quelques espèces parasites sans feuilles et charnues des sortes de tubercules amylacés, explique leur emploi dans l'ali-mentation de certains pays. En outre, la plupart des plantes parasites, les *mélam-pyres,* les *rhinanthes,* les *pédiculaires* et bien d'autres sont susceptibles d'élaborer dans leurs tissus une substance particulière, de nature inconnue qui, lorsque la plante est morte, noircit à l'air. Il n'est aucun botaniste qui n'ait remarqué ce phénomène et n'ait eu à déplorer la transformation de plantes aux teintes brillantes en échantillons noircis avant même d'être mis dans l'herbier. Les cultivateurs con-naissent bien aussi cette coloration noire que les mélampyres prennent en séchant et qui déprécie les fourrages auxquels ils sont mélangés. Cette matière noircis-sante est évidemment un produit d'élaboration de la plante parasite, car elle n'existe ni dans les luzernes, ni dans les graminées qui leur servent de nourrices.

Tous ces exemples nous montrent donc avec la dernière évidence que les phané-rogames parasites, même celles qui sont dépourvues de chlorophylle, sont suscep-tibles de faire subir à la nourriture déjà élaborée et spéciale qu'elles absorbent, une élaboration nouvelle et complémentaire déterminant d'une part la transfor-mation de certains principes, et, d'autre part, la création de substances nouvelles.

Il faut remarquer qu'un grand nombre de parasites sont limités dans leur possibilité de vivre à une seule espèce de plante nourricière ; telles sont : la cuscute du lin, la cuscute de la vigne, les cytinies des cistes, le rafflésie des *cissus,* et la plupart des orobanches, dont chaque espèce est tellement liée à une autre espèce de plantes que le meilleur moyen de les déterminer est encore d'arra-cher avec elles la plante nourricière et de rechercher dans une flore l'espèce d'orobanche qui pousse sur elle.

Mais il n'en est pas toujours ainsi : il est en effet nombre de parasites qui montrent une certaine indépendance dans le choix de leurs nourrices. Nous avons rapporté plus haut le cas du gui, commun sur le pommier, encore assez fréquent sur le peuplier et le faux acacia, rare sur le poirier, le chêne et l'aubé-pine. De même, le *loranthus europæus* a été trouvé indifféremment sur le châ-taignier, l'oranger et quatre espèces de chênes. Mais l'espèce la plus *polyphyte* ou *pluricole*, pour employer la terminologie de Chatin, est certainement la cuscute commune *(cuscuta epythymum)*, qui produit de si grands ravages dans nos luzernes. De Candolle rapporte à son propos le fait suivant : une charretée de luzerne attaquée par la cuscute avait versé à la porte du jardin botanique de M. d'Hauteville, à Vevey ; peu de temps après, les cuscutes avaient envahi des plantes appartenant à plus de *trente* familles différentes.

Une remarque très intéressante doit compléter cet aperçu : les parasites fixés sur les racines *(orobanche, lathræa, cytinus,* etc.) ne vivent que sur une seule espèce ou un petit nombre d'espèces ordinairement voisines au point de vue de la classification, tandis que les parasites fixés sur les tiges (cuscute, gui, loranthus) prennent avec une sorte d'indifférence les nourrices les plus diverses.

*
* *

Remarquons à présent que l'homme imite par le greffage le mode de vie des plantes parasites. On sait que cette pratique culturale consiste à prendre un fragment d'un végétal et à le placer dans la fente d'un autre pied dans lequel il reprend vie. Cette opération est connue de très longue date, mais on commence seulement à bien la posséder au point de vue scientifique.

M. L. Daniel, professeur à la Faculté des sciences de Rennes, poursuit depuis un certain nombre d'années des recherches sur la greffe végétale, recherches qui ont modifié sensiblement nos conceptions sur cette opéra-tion et ses conséquences. On admettait jadis qu'il n'était possible, pour obtenir de bons résultats, de greffer l'une sur l'autre que deux plantes extrême-ment voisines au point de vue botanique, comme le sont par exemple deux variétés d'une même espèce. M. L. Daniel a montré qu'en réalité on peut greffer ensemble deux plantes choisies presque au hasard : le résultat dépend plutôt de l'habileté de l'opérateur que de la nature de la plante. On peut, par exemple, réunir par la greffe deux espèces d'une même famille, de deux genres plus ou moins voisins, et même des plantes appartenant à des familles très éloi-gnées. Il n'est pas non plus nécessaire, ainsi qu'on le croit généralement, de s'adresser à des végétaux ligneux : les espèces herbacées se laissent non moins bien greffer que les arbres, cela même dès leur germination.

Mais les principales conclusions de M. L. Daniel sont relatives à l'action qu'ont l'un sur l'autre le *sujet,* c'est-à-dire la plante enracinée, et le *greffon,* c'est-à-dire la plante insérée sur le précédent. On considérait jusqu'ici presque comme un article de foi que le greffon ne puisait dans le sujet qu'un surcroît de vigueur, une nourriture plus abondante et ne se modifiait que peu et seulement sous l'influence de cette suralimentation, sans changer ni dans sa structure, ni dans sa postérité. M. L. Daniel a montré d'une manière péremptoire que le greffon était souvent — pas toujours cependant — profondément modifié, et que le sujet lui-même l'était par son influence (fig. 26). En un mot, par la greffe on obtient des types nouveaux : comme ils sont produits par l'action de deux plantes distinctes l'une sur l'autre, ils sont un peu comparables à ceux que l'on obtient par la fécondation croisée. Aussi M. Daniel considère-t-il ces types nouveaux comme des « métis », des « hybrides » , mais asexuels ceux-ci. Donnons quelques exemples :

La tomate jaune ronde, la tomate rouge grosse hâtive et la tomate rouge naine hâtive constituent trois races fort distinctes les unes des autres. La première a des fruits à épiderme et chair jaunes, de forme sensiblement sphérique, lisses et de taille assez petite. La tige est élancée et vigoureuse, les feuilles sont d'un beau vert et leur limbe est étalé. — La tomate rouge grosse a des fruits à chair

Fig. 26. — Aubergines modifiées par le greffage.
A. Type ordinaire. — B. Type court et côtelé. — C. Type ovoïde.

et épiderme rouges, à forme aplatie, côtelés et de taille beaucoup plus grande. Sa tige est trapue, vigoureuse ; les feuilles sont d'un vert plus pâle et leur limbe se replie sur les bords. — La tomate rouge naine hâtive se rapproche beaucoup de la précédente comme fruit, mais le port est différent et le limbe des feuilles reste étalé.

Greffée sur la tomate jaune ronde, la tomate rouge grosse a pris le port élancé, la couleur et la disposition des feuilles du sujet. Il y a là une transmission très nette des caractères de la race sujet à la race greffon.

Dans la tomate jaune ronde, greffée sur tomate rouge naine hâtive, on observe une transmission tout aussi remarquable dans les caractères du fruit. Sur un même greffon, on put observer à la fois trois formes différentes de fruits : les uns étaient ronds, lisses et jaunes, comme ceux des témoins ; d'autres étaient aplatis, lisses et jaunes ; enfin d'autres étaient aplatis, côtelés et jaunes, combinant ainsi la couleur des fruits de la race greffon avec la forme des fruits de la race sujet. Tous ces fruits sont intermédiaires, comme grosseur, entre la taille

des fruits de la tomate jaune ronde non greffée et de ceux de la tomate rouge
naine hâtive normale.

M. Daniel a pu aussi greffer la tomate rouge grosse sur diverses aubergines.
L'un des greffons, placé sur aubergine longue violette, a pris un développement
plus considérable que les autres. Tandis que l'appareil végétatif conservait, en
dehors de la vigueur plus grande, ses caractères ordinaires, le fruit changeait
complètement de forme et acquérait la forme allongée et lisse de celui de l'aubergine sujet. Toutefois, il était beaucoup moins long et moins gros.

La greffe inverse de l'aubergine sur la tomate a donné un cas tout aussi original. Une aubergine longue violette, greffée sur la tomate rouge grosse, a fourni
à la fois trois sortes de fruits : des fruits normaux, lisses, allongés et légèrement
piriformes (fig. 26, A), semblables à ceux des témoins ; des fruits ovoïdes et lisses,
semblables à ceux de la « poule aux œufs » (fig. 26, C) ; enfin des fruits aplatis
au sommet, côtelés comme le fruit de la tomate (fig. 26, B).

Le cas suivant est encore plus curieux. Il existe, à Brouvaux, près de Metz,
un néflier plus que centenaire greffé sur épine blanche. Un peu au-dessous de la
greffe, le sujet, c'est-à-dire l'épine blanche, a donné naissance à une branche de
néflier. Cette branche diffère de la partie greffée (greffon) de l'arbre en ce sens
qu'elle est épineuse et qu'au lieu de porter des fleurs solitaires, ces dernières sont
réunies en une inflorescence portant jusqu'à douze fleurs blanches, mais semblables à celles du néflier. Les fruits sont des nèfles, mais ils sont assez petits
et aplatis. Comme on le voit, tous ces caractères sont tout à fait intermédiaires
entre l'épine blanche et le néflier. Les rameaux sont épineux comme ceux de
l'épine ; les fleurs sont disposées en corymbe comme celles de l'épine et elles
ont la forme et la couleur de celles du néflier, bien qu'elles ne soient pas solitaires comme dans le greffon. Enfin, les fruits, quoique modifiés, sont des
nèfles. Sur ces mêmes branches, il s'est développé un autre rameau qui a un
feuillage intermédiaire entre le néflier et l'épine ; ses fleurs sont disposées en
corymbe comme celles de l'épine blanche et elles ressemblent à celles-ci plus
qu'à des fleurs de néflier. Leur couleur est rose et non blanche. Le fruit est
petit, allongé, couleur de nèfle. Les jeunes feuilles sont semblables à celles de
l'épine, mais elles sont tomenteuses comme celles du néflier, tandis que les
feuilles normales de l'épine sont totalement glabres. Sur les vieilles pousses, les
feuilles sont moins découpées et souvent elles sont entières comme celles du
néflier. Enfin, cet arbre a produit également, au-dessous de la greffe, une autre
branche bien curieuse. La partie inférieure de cette branche est de l'épine blanche
ordinaire, mais elle se transforme à son extrémité en un rameau tout différent,
portant des feuilles duveteuses comme celles du néflier. La base de ce rameau est
donc normale tandis que l'extrémité devient intermédiaire entre l'épine et le néflier.

Pour terminer et ne pas multiplier outre mesure les exemples, nous ne parlerons plus que des greffes de choux.

Le navet peut se greffer sur chou à la condition de prendre pour sujets de jeunes choux de semis dont la tige soit de la grosseur d'une plume et d'y insérer en fente les racines non encore tuberculeuses de jeunes navets garnis de leurs rosettes de feuilles. Si l'on a eu soin de faire la plantation à la profondeur où le tubercule doit être placé normalement, il devient de bonne taille et reste tendu, bien que porté par une tige ligneuse. En faisant goûter à différentes personnes non prévenues quelques-uns de ces navets greffés sur chou cabus et apprêtés, comparativement avec ceux des témoins, dans un même plat ou dans des plats séparés, tous les convives ont été unanimes à leur trouver une saveur plus agréable, plus sucrée et un goût de chou assez prononcé.

M. Daniel a greffé le chou de Milan et le chou cabus sur navet jaune, en opérant sur des plantes jeunes comme précédemment. Dans les deux cas il a obtenu une pomme sur le chou et un navet dans le sol. Ces navets étaient un peu moins gros; leurs racines secondaires étaient beaucoup plus développées, montrant bien l'influence exercée par un greffon plus avide de sève brute; malgré cela les parenchymes sont restés prédominants et le navet était resté très mangeable. Dans beaucoup de cas, le tubercule avait un goût intermédiaire entre le navet et le chou, de même que la pomme du chou présentait elle-même cette saveur mixte. Ces légumes greffés ont paru plus agréables au goût.

Quelquefois la greffe amène dans la formation des parties charnues une maturité plus précoce. Le changement dans la précocité relative des parties comestibles d'une plante donnée sous l'influence d'un greffon plus tardif se prête à une application pratique intéressante: on peut, par exemple, obtenir une même race de navets à des époques différentes de l'année, par des greffes raisonnées faites au moment opportun. En greffant le chou de Tours, race de vigueur moyenne, à feuillage vert tendre, à pomme conique bien caractérisée, sur le chou de Saint-Brieuc, dont la pomme est ronde, le feuillage plus foncé et la vigueur plus grande, on obtient tantôt la pomme conique spéciale à la race greffon, tantôt la pomme ronde de la race sujet. Tous ces exemples, pris au hasard entre cent, montrent d'une façon péremptoire que le sujet modifie souvent, mais irrégulièrement, les caractères spécifiques du greffon.

Une dernière question se pose: les modifications ainsi produites dans le greffon sont-elles héréditaires? Des expériences de M. Daniel à ce sujet, on peut conclure que les hybrides et métis de greffe peuvent se grouper en trois catégories: 1° ceux qui se conservent intégralement par la greffe ou le bouturage ou par tubercule; 2° ceux qui ne conservent qu'une partie des caractères acquis, à la suite de cette même multiplication végétative; 3° ceux chez qui l'impression est fugace et disparaît totalement quand on essaye de la multiplier par voie végétative. On arrive à des conclusions identiques en procédant, non par voie végétative, mais avec des semis.

Tous ces faits, quoique irréguliers dans leur manifestation, sont intéressants au point de vue pratique; mais ils le sont encore plus relativement à la biologie générale.

CHAPITRE III

Plantes sacrées,
rivales des dieux.

Les croyances populaires, si bizarres qu'elles nous paraissent, reposent toujours sur une observation exacte, puis transformée par l'imagination au point d'en faire disparaître complètement l'origine. Remonter à celle-ci n'est pas toujours facile et demande des connaissances encyclopédiques très étendues, doublées d'un « flair » particulier. Les difficultés de ces études les rendent très attrayantes, mais elles sont beaucoup plus pénibles qu'on ne le croirait *a priori* : aussi faut-il savoir gré à des savants, comme MM. Costantin, Houssaye, Layard, Fergusson, etc., qui, dans ces derniers temps, se sont efforcés de résoudre certains points fort intéressants de la biologie mythologique. Dans ce chapitre nous ne parlerons que de quelques-uns.

C'est un fait bien connu que, dans de très nombreuses régions de la terre, on adore certains arbres à l'égal d'un dieu ; on leur fait des offrandes de cigares, de pain, de viande ; on les recouvre de morceaux d'étoffes ; on leur adresse des prières véhémentes. Des arbres sacrés se rencontrent ainsi chez les Ashantis, au Dahomey, dans l'empire de Bornou, voire même en Égypte, près du Caire, en Perse, etc. On aurait pu en trouver aussi en France, au IVe siècle, aux environs d'Auxerre et près de Beauvais. En 1862, on voit encore le concile de Nantes condamner ceux qui se livrent au culte des arbres.

Les arbres adorés sont des plus disparates et ne semblent avoir entre eux aucune parenté. En les examinant en détail, on finit cependant par s'apercevoir que tous offrent des particularités remarquables, bien faites pour frapper l'imagination ; ces originalités sont d'ailleurs souvent très simples pour ceux qui s'occupent d'histoire naturelle, mais elles étonnent les profanes.

Parmi elles, le parasitisme paraît avoir joué un rôle prépondérant. L'exemple le plus typique se rencontre chez le gui adoré des druides. Nous en avons parlé au chapitre précédent et nous n'y reviendrons pas.

Transportons-nous maintenant dans l'Inde et nous rencontrerons comme arbre sacré le figuier des pagodes, dont l'aspect est des plus curieux (fig. 27).

« Des branches naissent des racines adventives qui descendent vers le sol, y pénètrent, puis se transforment en d'énormes colonnes qui non seulement nourrissent les branches, mais encore les soutiennent. Grâce à elles, les branches s'étendent au loin et donnent de nouvelles racines. De telle sorte que la tige principale peut périr sans que pour cela le végétal meure : il peut même s'étendre sur des surfaces considérables, soutenu par des milliers de colonnes et alors, comme le dit la légende hindoue, ressemble à un arbre « qui n'a ni commencement ni fin, qui a ses racines en haut, ses branches en bas et sur lequel tous les mondes reposent ».

Ces particularités, pour des esprits simples, suffisaient à en faire un arbre sacré. Toutefois, elles n'étaient pas les seules, et si l'on tient compte de la biologie singulière du figuier des pagodes et des espèces voisines, le parasitisme — apparent d'ailleurs — y jouait un rôle important. Il peut fréquemment arriver que les graines de ces figuiers germent sur le sol : elles donnent alors au début un arbre dressé, qui ne tarde pas à produire des branches horizontales, puis de ces dernières pendent bientôt des racines adventives ; celles-ci, une fois formées en grand nombre, la tige originelle n'a plus de rôle bien important, puisqu'elle ne sert plus guère à soutenir ou à nourrir le végétal : elle peut donc disparaître

FIG. 27. — Figuier des pagodes.

sans grand inconvénient et le végétal est dès lors tout entier horizontal. Quelquefois cependant le développement ne s'opère pas ainsi, et les graines se trouvent transportées sur un arbre d'une autre espèce.

« Le mode de vie du figuier ressemble, dans ce cas, beaucoup à celui d'un parasite ; en réalité l'on a affaire à un épiphyte, c'est-à-dire à un être qui est simplement posé sur une autre plante lui servant de support et qui ne pénètre pas à l'intérieur de ses tissus. Il n'est pas rare, dans certaines espèces, de voir partir de la plantule aérienne des racines qui, en s'enchevêtrant autour du tuteur, donnent à l'ensemble un aspect des plus singuliers. Des phénomènes d'épiphytisme analogues à ceux que nous venons de décrire peuvent s'observer quelquefois pour le figuier des pagodes. On conçoit qu'ils aient beaucoup frappé les peuples primitifs, portés à attribuer un sens mystique à tous les phénomènes naturels.

« La suite du développement de la plante est d'ailleurs bien en rapport avec l'étrangeté de ses débuts. Au bout de peu de temps, en effet, le nourrisson devient plus grand que le végétal qui lui sert d'appui, et ce dernier ne tarde pas à disparaître, étouffé au milieu de la forêt engendrée par son fils adoptif. On est bien tenté, dans ces conditions, de confondre ce mode de vie avec le parasitisme, et il est très vraisemblable que les anciens observateurs qui ont fondé les religions ne faisaient pas de différence entre ces deux modes d'existence. Les graines, qui ont été transportées sur un arbre, peuvent être également déposées sur un mur ou sur un temple : le figuier semble naître de la pagode dans ce cas. Ainsi s'expliquent les sculptures retrouvées par M. Fergusson à Sanchi, dans l'Inde, où se trouvent des restes très anciens de l'art bouddhique, car on y voit l'arbre divin dont les branches sortent par les fenêtres de l'édifice sacré. » (J. Costantin.)

Dans l'Inde, d'ailleurs, la flamme du sacrifice est obtenue en faisant tourner rapidement un bâton de figuier dans un trou pratiqué au centre d'une pièce de bois d'acacia, arbre sur lequel il vit en épiphyte. Et ce fait est à rapprocher de ce que disaient Théophraste et Sénèque, que le meilleur arbre pour obtenir le feu, parce qu'il s'allume plus vite, est une branche de lierre avec un morceau de laurier comme frotteur. Or le lierre semble être aussi un parasite.

Le parasitisme, l'épiphytisme, la vie lianoïde ont donc frappé nettement les Anciens. Certains arbres les ont séduits par d'autres caractères : ainsi l'arbre à pain, divinisé en Océanie en raison des services alimentaires qu'il rend ; l'arbre Wallucher, par son isolement dans les savanes, et les arbres merveilleux dont il est question dans les légendes de l'Éden, du jardin des Hespérides, de l'Élysée, des îles Fortunées, de l'île d'Ogygie, de l'ultima Toule, de la terre de Jouvence.

L'un d'eux mérite une mention spéciale ; c'est le cécropia qui, autrefois, a joué un rôle religieux dans l'Amérique du Sud. Son aspect n'a rien de remarquable et sa vie est des plus banales, du moins quand on l'observe superficiellement. Mais vient-on à l'agiter, on en voit sortir de véritables bataillons de fourmis qui vivent à l'intérieur de la moelle de la tige et y ont pénétré par des orifices ménagés à cet effet. Il faut avouer que cette sortie intempestive d'insectes était bien faite pour frapper l'imagination.

* *

Une plante sacrée bien connue est le nélumbo d'Orient, la fameuse « fève d'Égypte » des Anciens. Imaginez un nénuphar de grande taille dont les feuilles auraient été soulevées au-dessus de la surface de l'eau et dont les fleurs, portées par un long pédoncule, seraient d'un joli rose, et vous aurez le gracieux nélumbo qui abonde dans les eaux du Nil. A la maturité, à la place de la fleur vient un fruit en forme de pomme d'arrosoir et renfermant des sortes de fèves comestibles. Ce nélumbo (fig. 28) à l'aspect mystique avait frappé les Anciens : sa naissance au sein des eaux l'avait fait considérer comme le symbole de la génération. Encore aujourd'hui, il est l'objet d'un véritable culte au Thibet, dans l'Inde, en Chine, dans le Népaul. C'est sur une fleur de nélumbo que s'assied Brahma. Quant à Vichnou il vogue sur les eaux dans une feuille de la même plante. La fleur du nélumbo est fréquemment représentée sur les monuments égyptiens.

*

En Égypte, on vénérait aussi une autre plante aquatique, le nénuphar blanc d'Égypte, plus connu sous le nom de lotus. Quand le Nil déborde, on ne tarde pas à voir les terrains inondés se couvrir, s'émailler des feuilles et des fleurs

Fig. 28. — Le nélumbo.

de cette belle plante. Son apparition semblait ainsi présager les jours d'abondance. Comme d'autre part sa fleur se ferme au coucher du soleil et, ainsi, semble disparaître avec lui, les Egyptiens en avaient fait un des attributs d'Osiris, le dieu du soleil.

Dès la plus haute antiquité, on mangeait les graines et les racines du lotus. « Aujourd'hui, dit Delile, on les recueille rarement, mais elles se multiplient assez dans les rizières pour que les paysans soient obligés de les arracher après la récolte du riz. Alors ils mangent quelquefois ces racines qu'on appelle *biaro*. J'en ai vu vendre à Damiette, dans le marché, au mois de frimaire an VII. Je les ai goûtées, et leur saveur n'a rien de désagréable. Ces racines sont arrondies.

ou un peu oblongues, et moins grosses qu'un œuf ordinaire. Leur écorce est noire et coriace. Elle porte des tubercules issus de la base des pétioles ou des hampes. Intérieurement ces racines sont blanches et farineuses ; elles sont jaunâtres dans le centre. Après l'inondation elles restent enfouies dans la terre qui se dessèche ; et l'année suivante, quand elles sont submergées, elles poussent des feuilles et des radicules uniquement par leur sommet, qui est cotonneux. Les radicules pénètrent latéralement dans le limon, où elles produisent des tubercules qui deviennent semblables aux premières racines et qui multiplient la plante. Les Égyptiens, pour recueillir les graines, les lavaient après avoir fait pourrir l'écorce des fruits. Ce moyen est le seul que l'on puisse employer, car autrement ces graines se mêlent et se dessèchent avec le parenchyme du fruit. Les graines sont très petites, roses ou grises à l'extérieur et farineuses en dedans. Les Anciens les ont comparées aux grains du millet. J'ai entendu des paysans les appeler *dochn* et *bachenin*, c'est-à-dire millet du *bachenin* (c'est le nom qu'on donne en Égypte au lotus blanc) ; mais ils m'ont dit que ces graines étaient de peu d'usage. »

Sous le même nom de lotus, les Égyptiens comprennent aussi le nénuphar bleu. Quant à leur « lotus en arbre » qui, d'après Hérodote, poussait au pays des Lotophages et dont le fruit faisait oublier à ceux qui en mangeaient les douceurs de la terre natale, c'était un jujubier, le *zizyphinus lotus,* abondant dans l'intérieur de l'Afrique.

Voilà bien des lotus me direz-vous ! Si vous en voulez une plus grande abondance encore, lisez les œuvres de Leconte de Lisle. Un journaliste a constaté, en effet, que cet excellent poète avait fait une énorme consommation de cette plante. Voici, par exemple, neuf vers relevés dans soixante pages :

> Elle vient, elle court, ceinte de lotus blancs...
>
> Sur le large lotus où son corps divin siège. .
>
> Les étangs de saphir où croissent les lotus...
>
> Respirant des lotus les calices d'azur...
>
> Où le lotus sacré s'épanouit en fleurs...
>
> Et le lac transparent de lotus étoilé ..
>
> Et dont les blancs lotus sont souillés de limon...
>
> Dans l'onde où le lotus primitif a fleuri...
>
> Et parmi les lotus se bercèrent sur l'onde...

Il paraît qu'à ce compte, en établissant une moyenne raisonnable, on devrait trouver dans l'œuvre de Leconte de Lisle environ vingt mille lotus !

Trop de fleurs, aurait dit Calchas !

* *

Le sorbier des oiseleurs était aussi jadis une plante sacrée. « Le sorbier, dit de Théis, jouait un rôle important dans les mystères religieux des druides, prêtres des Celtes. Lorsque, après la conquête des Romains, la civilisation et une religion nouvelle les eurent chassés des belles régions de l'Europe, ils s'enfoncèrent de plus en plus dans le Nord. L'Écosse septentrionale est un des lieux où ils restèrent le plus tard. On y trouve encore, sur les montagnes où étaient leurs temples, de grands cercles de pierre entourés de vieux sorbiers : cet arbre, comme on sait, est de la plus grande durée. Au premier de mai, les montagnards écossais sont encore dans l'usage de faire passer tous leurs moutons et agneaux dans un cerceau de sorbier, pour les préserver d'accidents : il existe même un ancien proverbe écossais qui dit que le sorbier et le fil rouge sont un préservatif contre les sorciers. »

CHAPITRE IV

Arbres nains,
orgueil des Japonais.

Les Japonais, connus d'ailleurs pour leurs goûts bizarres, ont la passion des arbres nains (fig. 29) pouvant facilement s'élever dans un appartement tout en gardant malgré leur grand âge une taille minuscule. Ils en exhibèrent quelques spécimens à l'Exposition universelle de Paris en 1878. A celles de 1889 et 1900, ils en ont envoyé un grand nombre, que les visiteurs ont admirés, tout en se demandant comment cette *nanisation* avait été obtenue. Le procédé est resté ongtemps inconnu ; mais il y a peu de temps M. Maury l'a appris de la bouche même des horticulteurs japonais.

Les graines qui doivent donner des plantes naines sont placées dans de très petits pots. Elles germent et on les laisse ainsi jusqu'à ce que les racines, en se multipliant à l'excès, aient absorbé presque toute la terre, ou du moins ses principes nutritifs. Une fois le vase rempli par les racines, on transplante le jeune végétal dans un pot un peu plus grand que le premier. De nouveau, les racines absorbent la maigre nourriture mise à leur disposition. Une troisième fois, on dépote la plante et on la met ainsi successivement pendant une partie de sa vie dans des pots de moins en moins petits mais ne suffisant toujours qu'à peine à son existence ; quand elle est habituée à cette claustration, on cesse les rempotages. C'est là le procédé le plus important mis en œuvre par les Japonais. On conçoit facilement que des arbres aussi mal nourris ne puissent que rester chétifs ; d'une part, en effet, la nourriture leur fait presque entièrement défaut, et, d'autre part, les radicelles et le pivot, gênés dans leur développement, s'atrophient en grande partie.

En même temps que la plante prend un aspect rabougri, elle affecte une allure particulière qui a certainement frappé ceux qui ont eu l'occasion d'examiner les arbres nains japonais. Les racines ne pouvant en effet prendre tout le développement nécessaire, soulèvent la plante au-dessus du sol, de sorte qu'en définitive le tronc se trouve maintenu dans l'air par des faisceaux de racines serrées ; par ce fait ces plantes présentent un aspect qui rappelle la disposition naturelle des palétuviers (Voir p. 172, fig. 129) et des pandanus.

Les Japonais ne se bornent pas à agir sur le système radiculaire, car cela ne serait pas suffisant pour constituer des arbres nains ; ils agissent aussi sur les tiges :

« Pour cela, dit M. Maury, ils attachent de bonne heure les rameaux, soit au tronc, soit entre eux, de manière à leur donner une forme très contournée, sinueuse, en zigzag, tout en les maintenant dans leur plan naturel horizontal ou oblique.

Fig. 29. — Japonais vendant des arbres nains.
A terre on voit deux thuyas qui n'ont pas moins de 120 ans d'existence.

« Les liens dont ils se servent pour ces nombreuses attaches sont le plus souvent faits avec des fibres de bambou. Par ce procédé les rameaux se trouvent tous rapprochés les uns des autres et du tronc de telle sorte que dans son ensemble l'arbre offre une forme globuleuse, ovoïde, conique ou pyramidale. »

Dans ces conditions, le tronc et les rameaux s'accroissent très difficilement, grossissant lentement. Il arrive souvent qu'un rameau meurt à la suite des tortures qu'on lui fait subir ; on le coupe aussitôt, ce qui a pour conséquence de faire « partir » le bourgeon voisin, qui va remplacer la branche perdue. Les feuilles restent rudimentaires en même temps que le tronc et les branches demeurent également rabougris ; il est des arbres âgés de cent ans qui n'atteignent qu'une hauteur de 50 centimètres, avec un tronc d'un diamètre de 4 à 7 centimètres.

« Il ne faudrait pas croire que la nanisation réussisse avec tous les arbres ; il en est qui se montrent plus favorables que d'autres à ce genre d'exercice. Citons les suivants qui étaient exposés en 1889 : *pinus japonica*, — *pinus densiflora*, — *thuyapsis deolobrata*, — *cupressus corneyana*, — *juniperus chinensis*, — *gingko biloba*, — *podocarpus negeia*, — *podocarpus macrophylla*, — *taxus cephalo-taxus*, — *quercus phyllireoïdes*, — *quercus cuspidata*, — *ficus nipronica*, — *naudina domestica*, — *trachelospermum jasminoïdes*, etc.

« En général les conifères se prêtent très bien aux expériences. Les dicotylé-dones se montrent, au contraire, très rebelles ; elles jouissent trop de la propriété de donner un grand nombre de bourgeons ; à peine une branche est-elle liée, que plusieurs bourgeons partent et donnent de nouvelles branches qu'il faut de nouveau lier ; la plante semble fuir en quelque sorte sous les mains de l'horti-culteur. Mais les Japonais sont d'une patience unique au monde. Pendant des années, ils lient les branches et finissent par avoir — mais au prix de quel travail ! — un arbre nain.

« Il arrive même souvent que lorsqu'une branche est attachée elle meurt et doit être enlevée ; si le vide ainsi laissé est trop visible pour nuire au pittoresque de l'arbre, les horticulteurs japonais la remplacent par une greffe.

« Ils emploient aussi un autre procédé : au lieu de couper les branches, ils les enroulent avec force autour d'un support comme si la plante était grimpante. Ils se servent à cet effet comme tuteur d'un tronc de fougère arborescente ou bien de polypiers, dont les formes bizarres et ramifiées donnent à l'ensemble un aspect tout contourné.

« Enfin, si toutes les branches meurent, sur le tronc qui reste, on greffe de petites branches : c'est à peu près le seul procédé que l'on peut employer pour le *naudina domestica*. »

Très souvent, les Japonais augmentent le « galbe » de leurs arbres nains, en plaçant sur la terre du pot de petites figurines polychromes, des maisons minuscules et d'infimes personnages, petites poupées qui font la joie des enfants : on a ainsi un paysage animé assez curieux, mais qui, pour nous autres Européens, semble un peu enfantin.

*

En terminant ce chapitre, donnons quelques indications pratiques sur l'en-tretien des arbres nains du Japon que l'on trouve quelquefois à acheter en France.

Le thuya *(thuya obtusa nana)* et le pin *(pinus parviflora)* sont tout à fait rustiques et peuvent séjourner au grand air en toutes saisons, s'ils sont en pleine terre. En pots, il est préférable par les grands froids de les abriter dans une cave ou tout autre endroit frais. Il ne faut pas les exposer à une trop grande chaleur. L'été, la jardinière qui les contient sera tenue sur une terrasse ombragée ou dans un endroit frais du jardin.

Arrosage modéré une fois par jour, pour maintenir la terre légèrement humide, mais sans la détremper. De temps en temps arroser le feuillage même, comme ferait la pluie du ciel. Le vaporisateur s'emploie avec succès dans ce but.

Les arbres qui perdent leurs feuilles à l'automne ne réclament pas d'autres soins que n'importe quelle plante d'Europe. Il suffit de ne pas les exposer aux gelées tardives de printemps, au moment où la reprise du mouvement ascendant de la sève gonfle les bourgeons et les rend plus délicats.

Arrosage tous les deux jours pour maintenir la terre légèrement humide, une ou deux fois par semaine pendant la période hivernale.

Avec plusieurs arbres nains autour de soi, on peut, sans trop d'imagination, se croire au pays de Gulliver !

CHAPITRE V

Arbres gigantesques,
colosses des siècles passés.

———

Un livre de vulgarisation qui ne contiendrait pas un chapitre sur les arbres géants ne pourrait être donné comme tel. Nous allons donc suivre la tradition, quoique ces colosses intéressent plus les amis des monstres que les véritables naturalistes.

Les arbres qui détiennent le record de la hauteur sont sans nul doute les eucalyptus; ils battent de plusieurs mètres les séquoias, que l'opinion populaire considère comme les géants des végétaux. Les eucalyptus se rencontrent surtout en Australie, où ils croissent spontanément et où on favorise le plus possible leur développement, d'ailleurs aisé dans la plupart des pays chauds. Contrairement aux autres arbres, qui ne grandissent qu'avec la lenteur du sage, les eucalyptus croissent presque à vue d'œil, s'élançant vers le ciel comme d'énormes cierges élevés en l'honneur du Créateur; en Californie, par exemple, on a vu des pieds de semis atteindre 7 mètres en deux ans. Dans le midi de la France, une longueur de 6 mètres en un an n'est pas rare. Le bouquet de feuilles qui termine ces troncs gigantesques transpire activement et, par suite, leurs racines absorbent une grande quantité d'eau; aussi a-t-on soin de ne répandre les eucalyptus que dans les régions marécageuses. En quelques années, celles-ci sont complètement asséchées et, à la place d'un marais nauséabond et malsain, on a une magnifique forêt aux odeurs balsamiques et particulièrement hygiéniques à respirer. La région devient ainsi habitable et, de plus, en exploitant les arbres, on obtient un bois très fin, le bois de jarrah, qui peut presque rivaliser avec l'acajou et a même sur lui le double avantage d'être imputrescible et presque incombustible : on l'emploie dans l'industrie du meuble et aussi, depuis quelque temps, dans le pavage des rues et les constructions marines, à cause de son imputrescibilité et de sa résistance aux tarets.

L'espèce où se rencontrent les plus grandes dimensions est l'*eucalyptus regnans* (fig. 3o), qui ne se fait pas faute, quand les conditions hygiéniques lui

Fɪɢ. 3o. — Eucalyptus.
Ces arbres détiennent le record de la hauteur dans le monde végétal.

sont favorables, d'atteindre 135 mètres de haut, avec un diamètre de 5 mètres environ. Un exemplaire abattu à *Mount Sabrine* avait 125 mètres de haut et

7 mètres de diamètre ; à *Mount Disappointment*, l'un d'eux avait 11 mètres de diamètre.

Des *eucalyptus diversicolor* avaient 130 mètres de haut ; les branches ne commençant qu'à cent mètres au-dessus du sol, ils pourraient projeter leur ombre sur le dôme des Invalides, qui n'a que 105 mètres. On a même cité un pied qui atteignait 157 mètres de haut — record — et aurait pu ainsi faire la nique à la flèche de la cathédrale de Strasbourg (142 mètres) et même à l'antique pyramide de Chéops (146 mètres).

A quatre-vingts ans, ils cessent généralement de grandir en hauteur et, dès lors, se contentent de croître en épaisseur, de « prendre du ventre ».

*
* *

Les gigantesques eucalyptus sont suivis de près, quant à leur grande taille, par les séquoias, quelquefois appelés « arbres mammouths » (fig. 31). Ce sont des sortes de pins qui croissent en Californie, pays d'ailleurs fort riche en arbres géants du même groupe des conifères. M. A. Carlisle a donné de ces derniers une description « vécue ».

« A huit milles au delà de Whites, à trois mille pieds au-dessus de la mer, nous atteignons, dit ce voyageur, la lisière des magnifiques forêts de pins de la Sierra-Nevada. Encore huit milles et nous sommes sur une haute suite de collines qui descendent du massif central de la Sierra. Les pins de Norvège, les sapins d'Argyle ne sont, à côté des arbres que nous y rencontrons, que de simples bâtons.

« A chaque coup d'œil il nous semble voir un tronc plus fort, plus haut, plus gros que les autres ; mais, à côté, il en est un autre qui nous paraît encore plus gigantesque. A certaines places, nous nous arrêtons et nous comptons autour de nous une douzaine d'arbres, dont pas un ne mesure moins de cent quatre-vingts pieds de haut, et pour entourer ces troncs, au sortir de terre, il faudrait quatre hommes, les bras étendus. Les plus nombreux et les plus remarquables entre ces nobles arbres sont les *sugar-pine*, les *yellow-pine*, et les sapins rouges ou de Douglas.

« Si les pins l'emportent comme grosseur et comme masse, les sapins ont une grâce imposante que rien ne dépasse. Certains atteignent une hauteur de plus de deux cents pieds ; avec leurs tiges en forme de flèche et leur pyramide de feuillage qui se termine très symétriquement par de petites branches élancées, on dirait qu'ils ont fait naître l'idée des flèches de cathédrale et l'on pourrait croire que l'architecte du dôme de Milan en a pris un groupe pour modèle.

« Chacun de ces pins, de ces sapins pleins de vie, est l'image parfaite de la force et de la beauté ; chaque tronc est rond et droit, chaque couronne de feuillage est fraîche et vigoureuse, et pas un ne s'appuie contre son voisin et ne le presse. De chaque côté c'est une suite serrée de tiges imposantes comme si la nature s'était élevée à elle même un temple orné d'une myriade de colonnes, entre lesquelles existe un large entre-colonnement. Ces rois des arbres ne souffrent à leurs pieds aucun parasite qui viendrait cacher leur beauté et diminuer leur force. Pas une plante grimpante ne s'enroule autour de leurs formes hardies et ne pend de leurs branches élevées; ces dernières ne commencent qu'à soixante, soixante-dix et même cent pieds de haut; le sol au-dessous est en grande partie aride et brun, troué çà et là de racines tordues et noueuses ou rarement couvert de plantes basses semblables au mûrier sauvage ou à l'épine-vinette.

« Mais, à une moins grande altitude, là où ces forêts commencent à se montrer dans leur pleine vigueur, et dans les ravins abrités, d'autres arbres de la même famille que les pins et les sapins poussent avec exubérance au milieu d'eux. Ceux qui s'en rapprochent le plus comme taille sont les *sugar-pine (pinus lambetiana)*, le pin jaune *(pinus ponderosa)* et le sapin rouge *(abies Douglasii , arbor vitæ (thuya gigantea)*, connu aussi en Californie sous le nom de cèdre rouge, arbre magnifique, au feuillage gracieusement languissant, à l'écorce rouge profondément couturée, dont la hauteur atteint quelquefois jusqu'à deux cents pieds. On remarque aussi de jeunes pins *(picea grandis)* avec leurs branches horizontales, leurs troncs parsemés de gouttes transparentes de résine odorante.

Fig. 31. — Arbre mammouth ou séquoia.

« Les pins jaunes et les cèdres blancs rencontrent également ici le sol qui leur convient; mais à mesure que nous dépassons la lisière inférieure des forêts de pins, les espèces différentes deviennent plus rares et les arbres gigantesques sont plus espacés.

« Le voyageur a atteint le sommet des collines; il y passe la nuit et, le lendemain matin, il visite *Mariposa Grove*, l'une des plus belles forêts d'arbres géants de la Californie. Une promenade matinale à travers les collines nous conduit à l'habitat écarté de ces merveilles du règne végétal. Pendant toute notre promenade à cheval, nous passons au milieu d'arbres semblables à ceux que nous avons vus hier, et nous admirons de nouveau leur vigueur, leur taille et leur grâce. Un *sugar-pine* nous est désigné comme ayant deux cent cinquante-cinq pieds de haut et neuf pieds de diamètre au sortir de la terre. Après avoir pris soigneusement des mesures, il nous paraît dépasser très peu en grosseur une douzaine d'autres qui l'environnent à un demi-mille. Mais nous devons taire notre admiration jusqu'à ce que nous ayons atteint les arbres géants.

« Dans une clairière paisible, à six mille pieds sur les rampes de la Sierra, poussent ces monarques des forêts du monde. A demi cachés par les pins énormes et les sapins, autour d'eux et entre eux, leur cime s'élève au-dessus de leurs grands voisins, et on ne peut guère les voir qu'en étant tout près. A côté des troncs plus foncés des pins et des sapins paraissent de magnifiques tiges couleur cannelle, et le voyageur qui s'avance à travers les broussailles et les fougères les découvre complètement.

« Au premier coup d'œil on est désappointé quand on a lu ce qu'on dit de la mesure de ces troncs extraordinaires, car il en est d'eux, comme de ces grands bâtiments dont l'énorme étendue ne dépare pas la symétrie. C'est seulement quand on les regarde quelque temps, et quand on les compare avec les objets environnants, qu'on peut apprécier leurs superbes dimensions.

« Avec ces séquoias poussent des *sugar-pine* et des sapins de Douglas, qui seraient eux-mêmes des géants dans les forêts européennes, mais qui ne paraissent ici que des nains, au moins comme grosseur, comparés à leurs énormes voisins. Un grand arbre mort de vieillesse est couché sur le sol : c'est le *Monarque tombé*, comme il est appelé à juste titre; vous pourrez avec peine grimper sur le tronc, d'où vous verrez la terre à vingt pieds au-dessous. Il en est un autre, en pleine vigueur, bien que, à ses branches noueuses et en lambeaux, on voie que des siècles ont passé sur sa tête ; mesurez sa circonférence, à une hauteur de dix pieds au-dessus du sol, vous trouverez soixante-six pieds. A quatre-vingt-dix pieds au-dessus de terre d'où partent les branches les plus basses, il a encore six pieds de diamètre. On l'appelle le *Géant gris*.

« Non loin de là le plus bel arbre peut-être de tous : c'est la *Mère de la forêt*. Il n'est pas tout à fait aussi gros que le *Géant*, mais sa tige n'a pas été attaquée par ces feux de forêts qui ont laissé des traces noires sur la plupart des autres vétérans, et son écorce couleur cannelle claire se découpe en fentes verticales qu'on peut suivre distinctement jusqu'à soixante-dix pieds au-dessus du sol. Il y en a des douzaines d'autres splendides de grandeur et de beauté, bien qu'ils n'atteignent pas la taille des trois premiers.

« Nous campons pour déjeuner sous un groupe des plus gros que nous appelons les *Hommes forts de David*, et si l'on regarde autour de soi, on en voit plus d'une vingtaine dont aucun n'a pas moins de quarante pieds à la base.

« Trois arbres magnifiques, évidemment en pleine force, se dressent à côté les uns des autres : on les appelle les *Trois Grâces*. Deux autres, vieux, la tête effeuillée, se soutenant l'un l'autre, portent le nom des *Deux frères jumeaux*. Un autre a été brûlé par le feu mal éteint d'Indiens qui campaient ici : il est étendu à terre comme un grand cylindre noir, le cœur est tout creusé par le feu ; il a été si large que, la tête légèrement inclinée, nous parcourons à cheval, comme dans un tunnel, la partie de son tronc qui, lorsqu'il était debout, devait être à plus de soixante pieds du sol.

« Cette forêt se compose de trois ou quatre cents arbres de tailles diverses ; les jeunes sont très rares cependant en proportion de leurs frères plus âgés, comme si la race des géants appartenait plutôt aux siècles passés.

« Dans les autres parties des rampes occidentales de la Sierra-Nevada, on rencontre encore des forêts de séquoias, toutes à peu près à la même hauteur, cinq à six mille pieds au-dessus de la mer, et celle-ci n'est nullement la plus considérable. On signale aussi de plus gros arbres dans les autres forêts ; à la vallée de Tulare, un arbre aurait même atteint quarante pieds de diamètre, mais cette mesure paraît être prise au niveau du sol où, par le renflement des racines, le diamètre est plus grand.

« Si l'on compare les séquoias avec les pins et les sapins, la hauteur des premiers est moins extraordinaire que leur diamètre. La raison en paraît être que leur bois est d'une nature un peu molle et cassante, si bien que, quand leurs cimes dépassent les arbres voisins, ils sont constamment brisés par le souffle glacé des vents et la masse des neiges. Dans la Sierra-Nevada, un pin de dix-huit pieds de tour atteint souvent deux cent vingt pieds de haut, tandis qu'un séquoia trois fois plus gros ne dépasse guère deux cent cinquante pieds. Les arbres les plus élevés de *Mariposa Grove* mesurent deux cent soixante-quinze pieds ; ils ont donc seulement vingt pieds de plus que les *sugar-pine* voisins, et les plus élevés qu'on ait mesurés dans quelques-uns des autres bois avaient trois cent trente pieds.

« Le voyageur, que les dimensions de ces géants désappointent tout d'abord, trouvera peut-être bien vite une compensation en admirant leur beauté, qui, dans les descriptions faites de ces arbres, paraît avoir été négligée au profit de leur grandeur. Le gracieux contour de ces troncs énormes, la surface veloutée et la riche couleur de leur écorce, leurs branches noueuses, qui s'étalent comme les bras musculeux de quelque grand Briarée, le vert éclatant de leur feuillage élégant et mince, tout se combine pour en faire des arbres aussi beaux que grands, aussi majestueux que vigoureux. Dans le temps, quand les grands bois étaient regardés comme des temples naturels parmi les nations qui considéraient les vieux arbres comme la retraite favorite des divinités, quels sanctuaires ce devait être !

« Si un druide, à la place de son descendant du dix-neuvième siècle, les avait découverts, avec quelle terreur il les eût adorés, et que son chêne favori eût été éclipsé et supplanté ! Dans ces grandes forêts primitives, il est un trait qui nous frappe lorsque nous nous séparons de nos compagnons de route et que nous sommes isolés. C'est ce silence complet qui fait une si vive impression ; il est complet, car, souvent, pas une feuille ne remue dans ce dôme vert qui nous domine, pas un insecte ne bourdonne dans l'air vide, rien, pas même le bruit d'une eau murmurante, ne frappe l'oreille ; cela fait impression, car tout autour de soi l'on aperçoit les formes colossales de ces arbres majestueux, presque terribles dans leur immobilité silencieuse.

« C'est à bon droit qu'on nomme séquoias ces arbres géants, car ils sont de l'espèce de ces bois rouges ou *sequoia sempervirens*. En Angleterre, l'arbre porte le nom de *wellingtonia gigantea,* qui lui a été donné par Lindley, mais aujourd'hui il est généralement considéré comme de la même espèce que le bois rouge, et dans toute l'Amérique, on le connaît sous le nom de *sequoia gigantea*.

« Un intérêt particulier s'attache à cette dénomination, car elle dérive du nom d'un chef d'une des tribus occidentales des Peaux-Rouges, qui se distingua entre tous ses compatriotes en appréciant la civilisation et en essayant d'introduire dans sa tribu quelques-uns de ses plus réels avantages, tels que l'instruction et l'agriculture.

« Un autre fait est également à noter à propos de ces arbres : bien qu'ils soient les plus grands des arbres, leurs cônes sont à peine plus gros que des noix, et leurs graines, longues d'un quart de pouce et larges d'un sixième, ont l'épaisseur d'une feuille de papier. »

Le botaniste Muller complète ces renseignements. « L'âge des arbres abattus s'élevait, d'après les anneaux annulaires, à plus de trois mille ans. Par un acte de vandalisme, on a évidé à une hauteur de vingt et un pieds, et exposé à San Francisco l'écorce de la partie inférieure d'un de ces géants. Elle constituait une chambre que l'on avait garnie de tapis. On se fera facilement une idée de ses dimensions quand on saura qu'outre un piano, il fut possible d'y établir des sièges pour quarante personnes et, qu'une autre fois, cent quarante enfants y trouvèrent suffisamment de la place. Cet acte de vandalisme a même été récemment surpassé par un autre, qui coûta à un second arbre cinquante pieds de hauteur d'une écorce de vingt-cinq pieds de diamètre, au moyen de laquelle on construisit une tour en réunissant rectangulairement les morceaux de l'écorce.

« Les ramifications de cette espèce végétale sont presque toujours horizontales, légèrement inclinées, et ressemblent à celles du cyprès par leurs feuilles d'un vert de prairie ; l'arbre mammouth ne produit guère que des cônes longs seulement de deux pouces et demi qui forment contraste avec la taille des sujets. Ces fruits ressemblent à ceux du pin de Weimouth, sans néanmoins concorder entièrement avec la forme des cônes d'aucun conifère connu. C'est pourquoi on a érigé cet arbre en genre particulier.

« On rencontre environ quatre-vingt-dix de ces arbres sur une circonférence d'un mille. Pour la plupart, ils sont groupés par deux ou trois sur un sol fertile, noir, arrosé par un ruisseau. Les chercheurs d'or eux-mêmes leur ont accordé leur attention. Ainsi l'un de ces arbres porte chez eux le nom de *miner's cabin* et possède une tige de trois cents pieds de hauteur, dans laquelle s'est pratiquée une excavation de dix-sept pieds de largeur. Les *Trois-sœurs* sont des individus issus d'une seule et même racine. Le *Vieux-célibataire*, déchevelé par les ouragans, mène une existence solitaire. *La Famille* se compose d'un couple d'ancêtres et de vingt-quatre enfants. L'*École d'équitation* est un gros arbre renversé et creusé par le temps, dans la cavité duquel on peut entrer à cheval jusqu'à une distance de soixante-quinze pieds. Il est étonnant que de semblables monuments végétaux aient pu nous demeurer aussi longtemps inconnus. »

Les renseignements numériques les plus précis sont dus à Lemmon. « J'ai constaté, d'après plusieurs centaines d'arbres abattus, en particulier d'après quelques-uns des plus gros qui avaient des noms individuels souvent cités, que les plus vieux étaient âgés de 1 200 à 1 500 ans.

« Je suis arrivé au mois de septembre 1875 dans le comté de Calaveras, au lieu dit *Mammoth Grove* auprès des gros arbres. Après avoir admiré le groupe des quatre individus qui portent les noms célèbres de *Longfellow, Dana, Torrey* e. *Asa Gray*, je me suis appliqué à compter les couches d'un arbre abattu en 1852, dont une coupe forme le plancher d'une maison et n'en est que plus polie à sa surface. La circonférence était de 97 pieds anglais à la base du tronc. Le plus grand diamètre, à 5 pieds du sol, était de 24 pieds 10 pouces, et le plus petit, de 22 pieds 8 pouces sans l'écorce. L'opération de compter les couches a pris à peu près une journée, ayant eu soin de compter en suivant trois rayons différents. J'ai trouvé 1 260, 1 258, 1 261 ans. A 4 pieds de hauteur, l'arbre avait 1 242 couches bien distinctes.

« D'après cet individu et plusieurs autres, la croissance devient régulière environ au tiers de la distance de l'écorce au centre. Près de l'écorce, les couches sont aussi minces que du papier. L'*Hercule*, renversé par un orage en 1862, avait 285 pieds de haut et 14 pieds de diamètre à 25 pieds de la base. Beaucoup de livres lui attribuent 3 000 ans. Le compte exact des couches en a donné 1 232. Le *Leviathan*, qui a été honteusement abattu et dépecé, et auquel on supposait 4 000 ans, devait avoir 300 pieds de hauteur, 18 pieds de diamètre à 6 pieds du sol, et environ 1 500 ans, d'après le calcul des couches fait partiellement en divers points de ce qui reste. On passe à cheval sous la voûte formée par la portion inférieure du tronc, qui est encore en place. D'autres pieds, plus gros à leur base, peuvent abriter jusqu'à 20, 25 et même 30 chevaux ; mais je les ai étudiés assez bien pour croire qu'ils n'ont ou n'avaient pas plus de 1 500 ans. »

Il est bon d'ajouter que, si pour les arbres de nos pays, les couches circulaires du bois correspondent à autant d'années, il n'en va pas toujours de même pour les arbres des pays chauds où il se forme parfois deux couches par an. On peut être ainsi amené à attribuer un âge de 1 200 ans à un arbre qui n'est vieux que de 600 ans.

* *

Parmi les arbres dont les formes majestueuses sortent de l'ordinaire, il faut également citer les baobabs (fig. 32), célèbres dans toute l'Afrique, non pas tant par leur hauteur que par leur épaisseur. Ce sont des sortes de cierges, longs et épais, dont le sommet, arrondi en pain de sucre, donne naissance à des branches qui divergent dans tous les sens. Quelquefois le tronc est très court, et les branches, très longues, retombent jusqu'à terre pour former un dôme de verdure. Les baobabs, qui peuvent atteindre des dimensions colossales, se développent avec une extrême rapidité et presque indéfiniment : leur nom veut dire d'ailleurs *arbre de mille ans* ; ce sont peut-être les arbres qui deviennent le plus vieux. Adanson en a trouvé un exemplaire auquel il a été amené à assigner un âge de cinq mille cent cinquante ans, ce qui paraît plus que douteux. Les baobabs sont toujours habités par une multitude d'oiseaux : aigrettes, marabouts, pélicans, etc., qui trouvent dans sa verdure un excellent domicile. Les indigènes se servent de presque toutes les parties des baobabs ; avec les troncs, ils font des pirogues ; avec les feuilles, une tisane contre les fièvres ; avec la pulpe du fruit, une boisson et un savon. « Les nègres font encore un usage bien singulier du tronc du baobab : ils s'en servent pour déposer les cadavres de ceux qu'ils jugent indignes des honneurs de la sépulture. Ils choisissent le tronc d'un baobab déjà attaqué et creusé par la carie ; ils agrandissent la cavité et en font une espèce de chambre, dans laquelle ils suspendent les cadavres. Après quoi, ils ferment avec une planche l'entrée de cette sorte de tombeau naturel. Les corps se dessèchent parfaitement à l'intérieur de cette cavité, et deviennent de véritables momies, sans avoir reçu la moindre préparation préalable. C'est surtout aux *guériots* qu'est réservé ce mode étrange de sépulture. Les guériots sont les musiciens ou les poètes qui, auprès des rois nègres, président aux danses et aux fêtes. Pendant leur vie, ce genre de talent les fait respecter des autres nègres, qui les considèrent comme des sorciers et les honorent à ce titre. Mais, après leur mort, ce respect se change en

FIG. 32. — Baobabs,
arbres qui détiennent le record de la vieillesse.

horreur. Ce peuple superstitieux et enfant s'imagine que, s'il livrait à la terre
le corps de ces sorciers comme celui des autres hommes, il attirerait sur lui la
malédiction céleste. Voilà pourquoi le monstrueux baobab sert d'asile funèbre
aux guériots. Combien il est étrange de voir un peuple barbare ensevelir ses
poètes, entre le ciel et la terre, dans les flancs du roi des végétaux ! » (L. Figuier.)

Fig. 33. — Dragonnier d'Orotava.

Le baobab a communément une dizaine de mètres de tour. Celui examiné
par Adanson avait 3o mètres de circonférence. C'était en 1749 ; il retrouva,
recouverte par trois cents couches de bois, l'inscription qu'y avaient gravée ne
1400 deux marins anglais.

⁎

Étrange aussi est le dragonnier (fig. 33), dont le tronc, gros et court, se termine par des branches s'élevant presque verticalement vers le ciel. L'un des plus colossaux est le dragonnier d'Orotava, à Ténériffe, que de Humbolt a mesuré et décrit. « Ce gigantesque dragonnier, dit-il, se voit dans le jardin de M. Franqui, dans la petite ville d'Orotava, l'un des endroits les plus délicieux du monde. En juin 1799, à l'époque de notre ascension du pic de Ténériffe, nous trouvâmes à ce dragonnier une circonférence de 15 mètres à quelques pieds au-dessus du sol. Selon la tradition, cet arbre colosse était vénéré par les Guanches ; et, à la première expédition de Béthencourt, en 1402, il était déjà aussi épais et aussi creux qu'il l'est maintenant. Quand on se rappelle que les dragonniers croissent d'une manière extrêmement lente, on s'explique le grand âge de l'arbre d'Orotava. »

*

A côté des arbres précédents, dont la taille colossale est en quelque sorte normale, il en est d'autres qui n'atteignent des dimensions remarquables qu'exceptionnellement. Tels sont la plupart des arbres de nos pays qui, de place en place, acquièrent une taille inusitée et deviennent, dès lors, célèbres dans la région où ils poussent.

Le chêne est particulièrement fertile en géants. Tel est le cas du *chêne-chapelle d'Allouville,* appelé aussi le *gros-chêne* (fig. 34), qui se trouve en Normandie et dont M. H. Gadeau de Kerville a donné la description : « Ce chêne, de réputation européenne, est vigoureux, et son tronc est complètement creux. A 1 mètre du sol, le tronc a une circonférence de $9^m,79$, et la hauteur totale de l'arbre est d'environ $17^m,63$. Le tronc est recouvert, en

Fig. 34. — Chêne-chapelle d'Allouville (d'après une photographie de M. Henri Gadeau de Kerville).

beaucoup de parties, avec du bardeau de chêne pour empêcher l'eau de pénétrer dans l'intérieur. La portion terminale du tronc se compose d'un toit conique, également en bardeau de chêne et surmonté d'une croix en fer. Des tiges de ce métal relient entre elles les principales branches. Une balustrade en chêne entoure la base de l'arbre, et un escalier, aussi en bois de chêne, contourne une partie du tronc et mène à la chapelle supérieure. Au sommet de l'escalier, avant d'arriver à la porte de cette chapelle, existe une galerie en chêne avec une bande de même bois. Ce chêne contient deux chapelles superposées : une chapelle inférieure, dédiée à Notre-Dame de la Paix, et une chapelle supérieure nommée chapelle du Calvaire. On accède par deux marches dans la chapelle inférieure, dont la porte, en chêne, se trouve au pied de l'escalier. La partie inférieure de cette porte est pleine, et sa partie supérieure à jour, avec de petites colonnes torses. Au-dessus de cette porte est fixé un écriteau en bois sur lequel on lit : « *A Notre-Dame de la Paix, érigée par M. l'abbé du Détroit, curé d'Allouville en 1696.* » L'intérieur de cette chapelle, garnie de beaux lambris en chêne, a la forme d'un octogone régulier. Sa longueur, du milieu d'un côté au milieu du côté opposé, est de 1^m,55, et sa hauteur totale de 2^m,44. L'autel, où l'on dit la messe, est orné d'une belle statue de la Vierge et de l'enfant Jésus. La chapelle supérieure, dite chapelle du Calvaire, se trouve au-dessus de la précédente. Sa porte est semblable, les dimensions exceptées, à celle de la chapelle inférieure, mais elle ne lui est pas superposée. Cette chapelle a la forme d'un polygone irrégulier de neuf côtés, et possède de beaux lambris en chêne. Sa longueur, du milieu du fond au milieu de la porte, est de 1^m,80 ; sa largeur maximum, d'une encoignure à l'autre, est de 1^m,35 ; et sa hauteur totale de 2^m,27. Dans cette chapelle supérieure, il n'y a pas d'autel, mais seulement un crucifix et un tronc. » Ce chêne a de 700 à 900 ans environ.

*
* *

Il y a encore en Normandie d'autres chênes curieux que M. Henri Gadeau de Kerville nous a fait connaître, par exemple le *trois chênes* ou *tri-chêne*. « Ce curieux arbre est situé à La Londe (Seine-Inférieure) dans la partie de la forêt de La Londe comprise entre La Maison-Brûlée (La Bouille) et les environs du point où s'élevait jadis le château de Robert le Diable (Moulineaux). Ce chêne, très endommagé, est peu vigoureux. Son tronc a une circonférence de 6^m,33, à 1 mètre du sol, et la hauteur totale de l'arbre est d'à peu près 14^m,92. Le tronc est creux jusqu'à environ 1^m,30 du sol ; il communique avec l'extérieur par sa partie centralo-supérieure et par une grande ouverture latéro-basilaire. Ses trois grosses branches principales, qui lui ont valu les noms de trois-chênes et de tri-chêne, sont partiellement dépourvues de leur écorce. » Il a environ 350 à 550 ans. Il court dans le pays, à son sujet, une légende assez curieuse. « Il y a quelque deux cents ans, dit M. Louis Müller, un bûcheron cheminait sur le sentier par une froide nuit de Noël. La lune, étincelante comme un miroir d'acier poli, découpait en arêtes vives les cimes dénudées de la forêt. Au loin, des loups hurlaient lugubrement, tandis que les hiboux rayaient l'air d'un vol rapide, avec des cris plaintifs qui jetaient l'effroi dans l'âme du superstitieux voyageur. Soudain, aux abords du chêne, une blanche apparition se dressa, et le vent s'élevant en bise aiguë, il la vit qui l'invitait à s'approcher. Ses jambes se dérobèrent sous lui, et quand il les retrouva, ce fut pour s'enfuir éperdument à Moulineaux, où il arriva plus mort que vif. L'aventure fit du bruit, et quelques esprits forts taxèrent d'invention le récit du bûcheron. L'un d'eux voulut le vérifier par lui-même, et, à minuit sonnant, s'aventura dans la direction de l'arbre enchanté. O prodige ! A la clarté molle et blenie de la lune, il aperçut le fantôme d'une femme voilée ; immobile, elle attendait l'audacieux et, la main étendue, paraissait lui ordonner de s'arrêter. Dès lors, personne ne douta plus de l'apparition surnaturelle, et la légende en fut conservée dans le pays. Ce qu'il y a de curieux, c'est qu'elle avait sa raison d'être. Au commencement de ce siècle, un voyageur, qui ne croyait pas aux fantômes, passait à cheval près du chêne. Il ne fut pas peu surpris de voir se détacher, sur la masse sombre du fourré, la forme lumineuse d'une femme enveloppée d'un long suaire et dont les bras semblaient l'appeler à elle. Fort intrigué, il s'approcha et constata que c'étaient les rayons de la lune, qui, découpés par les branches, donnaient la silhouette d'un fantôme ; quand le vent les agitait, le fantôme paraissait se mouvoir. »

Citons encore parmi les autres chênes normands le *chêne cuve*, creusé d'une sorte de cuvette (250 ans), et le *chêne à la Vierge* de Vatteville-la-Rue (200 ans).

Il y a en France bien d'autres chênes remarquables, par exemple le *chêne des Partisans*, dans la forêt de Parey-Saint-Ouen (Vosges) (13 mètres de tour) ; le *chêne de Villeneuve*, près de Pontivy, dans le Morbihan ; le *chêne de Gets* (400 ans) ; le *chêne du Départ*, dans la Charente-Inférieure ; le *chêne du parc de l'Ambroise*, à Saint-Sulpice (Maine-et-Loire) ; le *chêne d'Antein*, dans la forêt de Sénart, dont les branches couvrent 27 mètres carrés ; le *Bouquet du Roi*, le *gros fouteau*, dans la forêt de Fontainebleau et enfin les admirables chênes de Barbizon (à la lisière de la même délicieuse forêt), arbres si utiles aux artistes, et qu'on a eu la bonne idée de laisser en place même après leur mort, à la grande joie des amateurs de pittoresque.

* *

Le tilleul devient presque aussi vieux que le chêne. « On cite, dit P. Constantin, de nombreux exemples de tilleuls ayant acquis une grosseur énorme et étant parvenus à un âge avancé. Parmi les tilleuls les plus grands et les plus vieux, on cite le célèbre *tilleul de Neustadt*, dans le royaume de Wurtemberg, colossal monument d'une antique végétation, dont le couronnement décrit une circonférence de 133 mètres et dont les branches sont soutenues par 106 colonnes de pierres. Au milieu du xvᵉ siècle, le duc de Wurtemberg fit peindre ses armoiries sur les deux colonnes du devant. A son sommet, le tilleul de Neustadt se divise en deux grosses branches, dont l'une fut brisée par la tempête en 1773, tandis que l'autre mesure encore aujourd'hui une longueur de 35 mètres.

En Suisse, près de Fribourg, dans le village de Villars-en-Moing, est un tilleul de 24 mètres de haut et de 12 mètres de circonférence. La tige

Fig. 35. — Tilleul de Morat

se divise à 3 mètres de hauteur en deux grandes masses, subdivisées elles-mêmes en trois autres toutes touffues et saines. Ce tilleul, dont il est assez difficile de fixer l'âge exactement, était, s'il faut en croire la tradition, déjà célèbre en 1476 pour sa grosseur et sa vitalité. On le croit âgé de 1 000 à 1 200 ans, en évaluant son accroissement à 4 millimètres par an. On raconte que des tanneurs, à cette époque, profitant de la confusion de la bataille de Moral, le mutilèrent pour en avoir l'écorce.

Dans la ville de Fribourg, on voit un autre tilleul de 5 mètres de circonférence, qui y fut planté en 1476 pour célébrer la victoire de Moral et dont les branches sont soutenues par des piliers de pierre (fig. 35). La tradition rapporte qu'un jeune Fribourgeois, qui avait pris part à la bataille de Moral, courut tout d'une haleine du champ de bataille à Fribourg pour apporter à ses compatriotes la nouvelle de la victoire, et qu'il tomba raide mort d'épuisement, après avoir crié : « Victoire ! » On aurait aussitôt planté en terre une branche de tilleul, qu'il tenait à la main, et cette branche serait devenue le tilleul qui existe encore aujourd'hui.

D'après Endlicher, on a abattu en Lithuanie des tilleuls qui avaient 27 mètres de circonférence.

Un tilleul, de même dimension à peu près que le tilleul de Fribourg, se trouve au château de Chaillé, près de Melles, dans le département de la Charente-Inférieure.

A Pully, près de Lausanne, existe un tilleul énorme, dont l'ombre, au XIII° siècle, couvrait la justice du lieu, lorsqu'elle rendait ses décrets. La municipalité de Lausanne a pris l'engagement de ne jamais abattre cet arbre vénérable, qui mesure environ 11 mètres de circonférence.

Parmi les tilleuls remarquables plantés près des églises de nos villages, on doit surtout admirer celui qui couvre de son ombre la place du bourg de Samoëns (Haute-Savoie). Il a une circonférence de 7ᵐ,10 ; en calculant son âge d'après l'accroissement moyen de cette espèce d'arbre (4 millimètres par année) il aurait environ 500 ans.

A Cluny (Saône-et-Loire) — dans le jardin de l'ancienne abbaye qui servit long-temps à abriter la défunte École normale d'enseignement secondaire spécial, et fut ensuite occupée par une école d'ouvriers et contremaîtres, (transformée maintenant [1] en École nationale d'Arts et Métiers), — se trouve une allée plantée de tilleuls remarquables par leur taille et leur grosseur, et que termine à l'extrémité un tilleul plus gros que les autres, dit *tilleul d'Abeilard*, qui, par son diamètre et son âge avancé, peut être considéré comme un des plus vénérables de nos vieux arbres de France. »

*
**

Certains châtaigniers sont célèbres par leur grosseur, notamment le châtaignier du Mont-Etna, dit *castagno di cento cavalli* (châtaignier des cent-chevaux) (fig. 36) qui a 52 mètres de circonférence. Jean Houel en a donné la description. « Nous partîmes d'Aci-Reale pour aller voir le châtaignier qu'on appelle des cent-chevaux. Nous passâmes par Saint-Alfio et Piraino, où les arbres sont communs, et où l'on trouve de superbes futaies de châtaigniers. Ils viennent très bien dans cette partie de l'Etna, et on les y cultive avec soin ; on en fabrique des cercles de

[1] Depuis octobre 1901.

tonneaux, dont on fait un commerce assez considérable. La nuit n'étant pas
encore venue, nous allâmes voir d'abord le fameux châtaignier, objet de notre
voyage. Sa grosseur est si fort au-dessus de celle des autres arbres, qu'on ne
peut exprimer la sensation qu'on éprouve en le voyant. Après l'avoir bien examiné, je commençai à le dessiner. Je continuai le lendemain à la même heure
et je le finis totalement d'après nature, selon ma coutume. La représentation
que j'en donne est un portrait fidèle. J'en ai fait le plan, afin de démontrer la

FIG. 36. — Châtaignier des cent-chevaux.

possibilité qu'un arbre ait cent soixante pieds de circonférence. Je me fis racon-
ter l'histoire de cet arbre par les savants du hameau.

« Cet arbre s'appelle le châtaignier des cent-chevaux à cause de la vaste étendue de son ombrage. Ils me dirent que Jeanne d'Aragon, allant d'Espagne à
Naples, s'arrêta en Sicile et vint visiter l'Etna, accompagnée de toute la noblesse
de Catane ; elle était à cheval, ainsi que toute sa suite. Un orage survint ; elle
se mit sous cet arbre, dont le vaste feuillage suffit pour mettre à couvert de la
pluie cette reine et tous ses cavaliers. C'est de cette mémorable aventure,
ajoutent-ils, que l'arbre a pris le nom de châtaignier des cent-chevaux ; mais
les savants qui ne sont point de ce hameau prétendent que jamais aucune
Jeanne d'Aragon n'a visité l'Etna, et ils sont persuadés que cette histoire n'est
qu'une fable populaire.

« Cet arbre si vanté et d'un diamètre si considérable est entièrement creux, car le châtaignier est comme le saule : il subsiste par son écorce ; il perd, en vieillissant, ses parties intérieures, et ne s'en couronne pas moins de verdure. La cavité de celui-ci étant immense, des gens du pays y ont construit une maison où est un four pour sécher des châtaignes, des noisettes, des amandes et autres fruits que l'on veut conserver, suivant un usage général en Sicile. Souvent, quand ils ont besoin de bois, ils prennent une hache et ils en coupent à l'arbre même qui entoure leur maison ; aussi le châtaignier est-il dans un grand état de destruction.

« Quelques personnes ont cru que cette masse était formée de plusieurs châtaigniers qui, pressés les uns contre les autres, et ne conservant plus que leur écorce, n'en paraissent qu'un seul à des yeux inattentifs. Ils se sont trompés, et c'est pour dissiper cette erreur que j'en ai tracé le plan géométral. Toutes les parties mutilées par les ans et la main des hommes m'ont paru appartenir à un seul et même tronc ; je l'ai mesuré avec la plus grande exactitude et je lui ai trouvé cent soixante pieds de circonférence. »

Le plus beau châtaignier qui se trouve en France se rencontre à Médoux, près de Bagnères-de-Bigorre : il a plus de 40 mètres de haut, avec un tronc de 4^m,30 de circonférence.

*
* *

Pour ne pas allonger outre mesure ces descriptions, je me contenterai de citer seulement quelques types remarquables d'arbres d'autres essences que celles que nous venons d'examiner :

le *gros fayard*, hêtre d'un village de Savoie dont le nom m'échappe : 5 mètres de tour, 20 mètres de haut, 300 ans ;

l'*Arbre de la Piote*, hêtre près de Remiremont, dans les Vosges : 5^m,50 de circonférence ;

l'*orme* de la cour de l'Institution nationale des sourds-muets, abattu l'été dernier, qui fut son dernier été. C'était le plus âgé de tous les arbres de Paris, puisqu'il fut planté en 1600, sur les ordres de Sully. Son tronc mesurait 6 mètres et sa hauteur dépassait 50 mètres ;

le *platane de Smyrne*, dont la base, partagée en deux parties, forme une voûte de 5 mètres de hauteur sous laquelle peuvent passer facilement deux cavaliers ;

le *platane de Buyukdéré*, connu également sous le nom de *platane de Godefroy de Bouillon*, parce que ce dernier, d'après la légende, s'arrêta avec son armée sous son ombrage, avant de marcher sur Jérusalem ;

le *platane de l'île de Cos*, objet d'un véritable culte dans la région ; il passe pour avoir vingt-deux siècles — ce qui est peut-être un peu exagéré ;

l'*érable de Trons*, aujourd'hui disparu, qui avait 10 mètres de tour ;

le *cèdre du Liban*, du Jardin des plantes de Paris, que Bernard de Jussieu rapporta, paraît-il, dans un chapeau, d'Angleterre en France. Inutile de dire qu'à cette époque, ce n'était qu'une toute petite germination. Les cèdres (fig. 37) sont d'ailleurs toujours de beaux arbres pour lesquels les Orientaux ont un véritable culte. Lamartine — que l'on ne s'attendrait pas à voir cité dans un livre de botanique — en a tracé une description fort jolie et — naturellement — très littéraire. « Dans une espèce de vallée demi-circulaire, formée par les dernières croupes du Liban, nous voyons une large tache noire sur la neige : ce sont les groupes fameux des cèdres. Ils couronnent, comme un diadème, le front de la montagne. Nous mettons nos chevaux au galop dans la neige pour approcher le plus près possible de la forêt ; mais, arrivés à cinq ou six cents pas des arbres,

Fig. 37. — Cèdre du Liban.

nous enfonçons jusqu'aux épaules des chevaux et nous reconnaissons qu'il faut renoncer à toucher de la main ces reliques des siècles. Nous descendons de cheval, et nous nous asseyons sur une roche pour les contempler.

« Ces arbres sont les monuments naturels les plus célèbres de l'univers. La religion, la poésie et l'histoire les ont également consacrés. Ils sont une des images que les prophètes emploient de prédilection. Salomon voulut les consacrer à l'ornement du temple qu'il éleva le premier au Dieu unique, sans doute à cause de la renommée de magnificence et de sainteté que ces prodiges de végétation avaient dès cette époque. Ce sont bien ceux-là, car Ezéchiel parle des cèdres d'Éden comme des plus beaux du Liban.

« Les Arabes de toutes les sectes ont une vénération traditionnelle pour ces arbres. Ils leur attribuent non seulement une force végétative qui les fait vivre éternellement, mais encore une âme qui leur fait donner des signes de sagesse, de prévision, semblables à ceux de l'instinct chez les animaux, de l'intelligence chez les hommes. Ils connaissent d'avance les saisons, ils remuent leurs vastes rameaux comme des membres, ils élèvent vers le ciel ou inclinent vers la terre leurs branches, selon que la neige se prépare à tomber ou à fondre. Ce sont des êtres divins sous la forme d'arbres. Ils croissent dans ce seul site des croupes du Liban; ils prennent racine bien au-dessus de la région où toute grande végétation expire.

« Hélas! ces arbres diminuent chaque siècle. Les voyageurs en complètent jadis trente à quarante, plus tard dix-sept, plus tard encore une douzaine. Il n'y en a plus maintenant que sept, que leur masse peut faire présumer contemporains des temps bibliques. Autour de ces vieux témoins des âges écoulés, qui savent l'histoire de la terre mieux que l'Histoire elle-même, qui nous raconteraient, s'ils pouvaient parler, tant d'empires, de religions, de races humaines

Fig. 38. — Tronc de cotonnier soyeux.

évanouis, il reste encore une petite forêt de cèdres plus jeunes qui me parurent former un groupe de quatre à cinq cents arbres ou arbustes. Chaque année, au mois de juin, les populations d'Éden et des vallées voisines montent aux cèdres et font célébrer une messe à leur pied. Que de prières n'ont pas résonné sous ces rameaux ; quel plus beau temple, quel autel plus voisin du ciel, quel dais plus respectueux et plus saint que le dernier plateau du Liban, le tronc des cèdres et le dôme de ces rameaux sacrés qui ont ombragé et ombragent encore tant de générations humaines, prononçant le nom de Dieu différemment, mais le reconnaissant partout dans ses œuvres et l'adorant dans ses manifestations naturelles. »

Les rameaux parfaitement horizontaux des cèdres du Liban et leur teinte sombre leur donnent un aspect tout à fait spécial : tous les visiteurs du Muséum l'ont remarqué.

*
* *

En terminant, citons deux arbres curieux.

Le cotonnier soyeux (fig. 38), grand arbre des forêts caraïbes (qu'il ne faut pas confondre avec le petit cotonnier industriel), a quelquefois un tronc des plus curieux, rehaussé de crêtes énormes qui vont jusqu'aux premières branches et s'étalent de bas en haut.

Certaines bombacées (fig. 39) ont une tige renflée au milieu et ne portant des branches qu'au sommet. Par leur ampleur, elles simulent ainsi des navets gigantesques poussant à la surface du sol !

Fig. 39. — Arbres-bouteilles.

On trouve ces curieux « arbres-bouteilles » en Australie où, de tous temps, ils ont fait l'admiration des voyageurs. Les indigènes en tirent un excellent parti. Ils les abattent et les fendent en long ; puis, à l'aide de haches, ils enlèvent la moelle peu résistante et il ne reste plus que la partie la plus extérieure du bois ainsi que l'écorce, toutes deux fort dures. Et ainsi, le tronc de la bombacée, en quelques instants, devient deux pirogues, très légères, très solides, sur lesquelles les naturels parcourent les rivières les plus torrentueuses et les plus rapides.

Sur les hauts plateaux secs du Brésil, on trouve des « arbres-bouteilles » très analogues aux précédents ; leurs fruits contiennent une sorte de duvet blanc, aux fibres peu adhérentes, que l'on emploie pour la fabrication des mèches de lampes.

CHAPITRE VI

Les échelles de singes.

Les lianes — véritables « échelles de singes » (ainsi qu'on les appelle souvent), — qui donnent aux forêts tropicales un caractère si particulier et en font des fourrés presque inextricables (fig. 40), méritent une étude spéciale. Elles appartiennent à diverses espèces, mais ont pour caractère commun de former de longs cordages qui grimpent jusqu'au sommet des plus grands arbres, de s'entre-croiser de mille manières et d'acquérir une solidité énorme : il faut parcourir ces forêts la hache à la main pour s'y frayer un chemin.

Pourquoi les forêts des pays chauds renferment-elles tant de lianes alors que nos bois n'en contiennent pas? C'est la lumière qui doit être incriminée surtout, ainsi que l'a montré M. J. Costantin, dans un chapitre de son beau livre sur la Nature tropicale, chapitre que nous allons résumer.

Imaginons qu'une graine d'une plante habituée à vivre en plein soleil, dans les savanes ou dans les régions plus ou moins désertiques qui ne sont pas éloignées des grands bois tropicaux, vienne à tomber accidentellement sur le sol de la forêt vierge. Cette graine ne tarde pas à germer, et la plantule ainsi produite s'étiole aussitôt, car elle croît à l'ombre non seulement des grands arbres, mais aussi des arbustes, des arbrisseaux et même des herbes qui s'observent dans les régions basses. Les caractères des végétaux étiolés sont bien connus, il suffit d'avoir fait germer une espèce quelconque à l'obscurité pour les voir se manifester nettement : la tige s'allonge beaucoup, les feuilles sont atrophiées ; la consistance de la plante reste faible parce que son squelette fibreux ne se développe pas ; aussi ne tarde-t-elle pas à s'infléchir vers le sol pour y mourir. Les germinations qui ont lieu dans les parties obscures des forêts tropicales des plantes non adaptées à ces conditions de vie ont souvent une pareille destinée ; on peut concevoir cependant que toutes ne périssent pas, et cela pour plusieurs raisons. D'abord une petite quantité de lumière peut filtrer jusqu'à elles, les jeunes plantes n'étant pas à l'obscurité complète (surtout les plantes épiphytes). En second lieu, elles trouvent quelquefois de suite un appui sur les herbes et

les arbrisseaux qui les environnent ; soutenues, elles ne retombent pas sur
le soi où règne l'ombre épaisse, elles gagnent des régions de plus en plus éclai-

Fig. 40. — Une forêt vierge.

rées et se fortifient par cela même ; elles arrivent ainsi fréquemment jusqu'aux
régions supérieures du bois où elles trouvent assez de lumière pour fleurir et se
reproduire.

Les phénomènes que nous venons de décrire ont dû se passer bien souvent autrefois, et peuvent s'observer fréquemment encore aujourd'hui pour les graines des plantes qui vivent aux confins des régions tropicales ou qui habitent même des contrées éloignées. Constamment un triage des germes s'opère par le procédé que nous venons de décrire : les uns sont rapidement détruits ; les autres survivent, donnent des individus capables de se reproduire, et les graines formées conservent le plus souvent par hérédité les caractères qui ont permis à la plante-mère de s'adapter aux conditions particulières de vie qui se rencontrent dans l'obscurité de la forêt.

M. Schenck, qui s'est livré à une étude approfondie des lianes tropicales, a signalé à maintes reprises la présence sous bois d'espèces vivant normalement dans les clairières, les savanes ou les dunes découvertes au bord de la mer. Il a toujours vu alors ces végétaux changer complètement d'aspect. Le *fuchsia integrifolia* a été rencontré, par exemple, dans les forêts des montagnes du Brésil, où il forme une plante grimpante de 3 mètres de haut ; sa tige acquiert l'épaisseur du bras et il peut fleurir. En dehors des bois, dans ces mêmes régions, on trouve sur les coteaux rocailleux des individus de la même espèce qui constituent des buissons de la hauteur d'un homme au plus. On est conduit à admettre que la liane du sous-bois est la forme dérivée, tandis que les individus des places découvertes sont primitifs, parce que les deux autres espèces de fuchsia du Brésil sont des buissons. Des changements aussi profonds ont été observés pour une amarantacée, l'*hebanthe holosericea* ; la liane est bien certainement dans ce cas dérivée du type buissonnant.

Ce ne sont pas seulement des graines d'arbrisseaux qui, transportées dans la forêt, sont susceptibles de donner naissance à des plantes grimpantes ; les semences de végétaux qui rampent d'ordinaire dans les dunes sablonneuses du littoral peuvent produire des individus modifiés de la même manière grâce à l'ombre des grands arbres.

Les transformations inverses peuvent évidemment se produire, et M. Schenck est disposé à croire que l'*ipomœa pes capræ,* espèce rampante caractéristique des dunes que nous venons de mentionner, est un type échappé de la forêt, qui a perdu sa qualité de liane, car la famille des convolvulacées, dans laquelle on range cette ipomée, est surtout composée de plantes volubiles.

Il est un grand nombre de lianes pour lesquelles la propriété de grimper est devenue un caractère immuable. Elles sont si bien adaptées à ce mode d'existence, et tellement différenciées depuis un si grand nombre de générations pour s'attacher à tous les supports, qu'elles sont désormais incapables de se modifier, même si on les fait croître en dehors de la forêt. Peut-on cependant pour celles-ci retrouver dans leurs caractères la preuve de transformations qui ont dû se produire autrefois dans leur organisation sous l'influence des facteurs cosmiques ? Nous allons chercher à montrer qu'il y a en faveur de cette manière de voir des arguments assez sérieux.

Un certain nombre de caractères généraux des lianes montrent que c'est bien l'étiolement qui contribue ou a dû contribuer originairement à donner aux plantes grimpantes leurs aspects les plus étranges et les plus frappants.

Quand, expérimentalement, on étiole une plante, on remarque que les entre-nœuds sont extrêmement longs et que les feuilles sont presque toujours atrophiées. Or, c'est là un caractère presque constant des lianes de présenter des feuilles extrêmement rares. On peut examiner des *bauhinia* souvent sur une longueur de plusieurs mètres sans rencontrer une seule feuille ; ces organes sont réduits à de simples écailles. Il est extrêmement probable que l'énorme longueur des entre-nœuds des plantes grimpantes constitue un caractère qui a été, lors de la fixation de ces espèces, en rapport avec l'absence de lumière ; mais, peu à peu, ces végétaux ayant vécu pendant un nombre indéfini de générations à l'ombre des grands arbres de la forêt, l'allongement des entre-nœuds est devenu héréditaire, et cette particularité se maintient à l'heure actuelle même quand on cultive certaines de ces plantes dans un lieu éclairé.

Un autre fait est, pour ainsi dire, la conséquence du précédent. Une plante étiolée qui consacre toute son énergie à l'élongation de ses entre-nœuds, qui atrophie pour cela ses feuilles afin d'aller chercher la lumière aussi rapidement que possible, ne peut, par cela même, songer à se ramifier. Les individus qui ont une tendance à produire des branches sont fatalement destinés à disparaître, car ils perdent inutilement leurs réserves nutritives ou du moins ne les utilisent pas pour gagner la couronne de la forêt où ils pourront seulement se reproduire et s'assurer une descendance. Les ramifications des lianes doivent donc être rares : il est des plantes, comme les strychnos notamment, qui n'en présentent qu'au bout de 30 ou 40 mètres.

Il ne faudrait cependant pas croire que la capacité de se ramifier est perdue par ces espèces, car, dès que les tiges arrivent à la lumière, une ramification très abondante y apparaît. Il est à remarquer ici l'analogie frappante qui se manifeste entre les lianes et les arbres, au point de vue du mode d'action de la radiation lumineuse sur la ramification.

Une autre remarque mérite encore d'être faite sur les plantes grimpantes, parce qu'elle est encore bien en rapport avec l'étiolement de ces végétaux ; elle est relative à la longueur totale de la tige. Les dimensions de ces plantes sont souvent extraordinaires ; c'est dans ce groupe que l'on rencontre les géants — par la longueur — du règne végétal, car les *rotangs* ou *calamus* atteignent fréquemment 200 et 300 mètres de long. Évidemment, des dimensions aussi phénoménales ne peuvent s'expliquer que par la tendance de ces plantes à retomber sur le sol après avoir trouvé appui momentané sur les supports voisins ; elles sont alors obligées de grimper de nouveau ; le rotang se présente fréquemment sur le sol sous l'aspect d'une véritable corde enroulée sur elle-même et qui, selon M. Treub, atteint dans quelques cas, par cette seule partie, jusqu'à 250 mètres de long. Il est bien certain que de pareils phénomènes sont en rapport avec la privation de lumière ; si ces végétaux se développaient en plein soleil, la lumière atténuant la croissance, leur élongation serait bien vite arrêtée.

Il est à noter d'ailleurs que bien souvent les plantes grimpantes sont exposées, quand elles ne rencontrent pas de support dans le voisinage, à ramper sur le sol pendant un certain temps, jusqu'à ce qu'elles trouvent un arbre ou des arbustes pour s'y appuyer. Un *pusætha scandens* (fig. 41) de Java est particulièrement intéressant à cet égard. Depuis le point où la graine a germé jusqu'à celui où la plante commence à s'élever sur un arbre voisin, on peut mesurer une longueur de tige de 25 mètres, ce qui représente une dimension que n'atteignent pas bien souvent les plus grands arbres de nos pays; cette plante apparaît ainsi comme une sorte de monstre informe couché sur le sol.

Fig. 41. — Une liane *(pusætha scandens)*.

L'épaisseur de la tige est en relation inverse avec sa longueur. Quand un végétal s'allonge d'une manière aussi prodigieuse que celle que nous venons de décrire, il est bien évident qu'il ne peut pas, en même temps, s'épaissir. C'est la loi de corrélation, ou encore ce que Gœthe a appelé d'une manière très juste la loi d'économie, qui s'y oppose et qui règle tout dans la nature. Les tiges des lianes n'acquièrent jamais de bien grandes dimensions en épaisseur. Les bambusées grimpantes, qui ont souvent 40 mètres de hauteur, n'atteignent jamais que quelques millimètres de diamètre.

Jusqu'ici les caractères des lianes que nous venons d'examiner découlent assez nettement de l'action de la lumière. Il en est d'autres cependant qui sont les conséquences des effets d'une catégorie différente de forces, auxquelles sont également soumises ces tiges singulières. On voit aisément qu'elles sont tendues souvent d'un arbre à l'autre comme de véritables câbles, exposées par conséquent comme des cordages à des pressions, à des tensions, aux flexions les plus diverses; ces actions variées doivent avoir des contre-coups multiples sur la forme et la structure de ces plantes.

Une pression prolongée sur un organe tend à l'aplatir. Une pareille action se manifeste avec netteté dans certaines lianes qui s'enroulent autour d'arbres jeunes, lesquels continuent à grossir après que le phénomène de la volubilité est achevé. Le support s'épaississant, on voit, par exemple, la tige de *lonicera ciliosa* s'étaler peu à peu en ruban sous l'influence de la pression qu'elle supporte. Il n'est pas rare de voir dans les plantes grimpantes des aplatissements de cette nature et des déformations tout à fait singulières.

La propriété de s'enrouler autour des arbres provoque, en outre, des actions mécaniques d'une autre nature, dont les plus importantes sont des torsions, des flexions, des tensions, etc., qui peuvent amener des modifications des tiges, au premier abord presque inexplicables, comme celles qui se manifestent dans ce que l'on appelle au Brésil les *escaliers de singes*. C'est dans le *bauhinia blumenhaviana* (fig. 42) que ces métamorphoses étranges se manifestent avec le plus d'intensité; la tige d'abord aplatie en un ruban ne tarde pas à se gondoler de manière à rappeler approximativement dans sa région médiane une courbe que les géomètres appellent une sinusoïde.

Fig. 42. — Fragment de tiges d'une liane *(bauhinia)*.

CHAPITRE VII

Plantes hydropiques,
monstres végétaux.

Dans l'espèce humaine, ce sont généralement les individus les mieux nourris qui sont gros, tandis que la maigreur est réservée à ceux dont l'alimentation est insuffisante. Les végétaux qui, sous tant de rapports, sont l'antithèse des animaux, en diffèrent encore dans ce cas. Regardez par exemple ce paysage de la Basse-Californie (fig. 43). Le soleil est si ardent, le sol si desséché, la nourriture si peu abondante, le climat si aride, que la plupart des plantes ne peuvent y pousser; les seuls représentants du monde végétal qu'on y rencontre sont presque exclusivement des plantes grasses, aux formes replètes, gorgées de sucs et déformées par leur obésité vraiment extrême. De même dans les régions sèches du Mexique, de même dans les parties arides de l'Algérie. Et sans aller si loin, vous n'avez pas été sans cultiver de petites plantes grasses dans de minuscules pots peints en rouge; peu de végétaux sont aussi faciles à élever; ils se contentent d'une quantité infime de terre, ne demandent que des arrosages très restreints et très espacés et néanmoins se portent comme des charmes, surtout si on leur donne un peu de chaleur, seule chose dont ils sont friands.

Si l'on recherche les raisons de leur obésité, on ne tarde pas à se rendre compte qu'il faut l'attribuer précisément à leur mode de vie. N'ayant que très rarement de l'eau à leur disposition, il faut qu'ils la mettent en réserve et ne l'utilisent qu'avec parcimonie. Pour la conserver, ils gonflent démesurément leur tige et en font une véritable éponge gorgée de jus. Pour l'empêcher de s'évaporer, ils suppriment leurs feuilles — deuxième originalité — ou du moins les modifient et — troisième originalité — les transforment en piquants pour repousser les attaques des herbivores, qui sans cela les dégusteraient avec autant de plaisir dans ces régions arides, que nous absorbons une glace ou que nous suçons un fruit juteux au fort de l'été. Vous voyez que tout cela se tient et que les formes parfois très bizarres des plantes grasses s'expliquent parfaitement : tout en restant scientifique, on peut faire son petit Bernardin de Saint-Pierre.

Toutes d'ailleurs ne sont pas aussi transformées que je viens de le dire ; comme
en toute chose, il y a chez elles une progression, une hiérarchie. Les cactées

FIG. 43. — Paysage de Basse-Californie.

sont absolument informes, comparées aux autres végétaux, mais les aloès on
déjà des formes moins excentriques. Quant aux crassulacées, qui, d'ailleurs, son
les plantes grasses des régions tempérées, elles ne diffèrent guère des autres
plantes que par leurs feuilles grassouillettes.

Les cactées sont toutes américaines et particulièrement développées au Mexique, dont elles caractérisent la flore.

Les plus bizarres d'entre elles — et Dieu sait s'il y en a — sont les échinocactes (fig. 44), que l'on ne saurait mieux comparer qu'à des melons, dont les côtes seraient très saillantes et très épineuses. Les fleurs naissent près du sommet. Le nombre des espèces en est très grand ; nous nous contenterons de citer, d'après Decaisne et Naudin, l'échinocacte de Monville, du Brésil méridional, de forme globuleuse et de moyenne grosseur (20 à 25 centimètres de diamètre), à 18 ou 20 côtes, à fleurs blanches ; l'échinocacte d'Otto, du Mexique, de forme ovoïde globuleuse, à 10 ou 12 côtes épaisses, à fleurs courtes, d'un jaune citron, s'ouvrant le jour et se fermant la nuit ; l'échinocacte de Pfeiffer, du Mexique, très gros (40 à 50 centimètres de diamètre), de forme globuleuse, à 12 ou 14 côtes un peu minces, à fleurs jaunes ; l'échinocacte sillonné, de l'Amérique centrale, de forme ovoïde plutôt que globuleuse, portant plus de 30 côtes, ondulées et séparées par d'étroits sillons, à fleurs rose clair, lignées de rose plus foncé sur le milieu des pétales ; l'échinocacte mamelonné, du Mexique, de forme ovoïde allongée, presque cylindrique, à côtes interrompues et comme transformées en séries de mamelons par la dépression des aréoles, à fleurs jaune très pâle ; l'échinocacte balai, du Brésil, de forme allongée et rappelant celle d'un cierge, relevé d'une trentaine de côtes, qui portent sur leurs aréoles, surtout au sommet de la plante, des touffes de soies blanches entremêlées d'épines longues et déliées, de couleur fauve, dont l'ensemble a été comparé à un balai ; ses fleurs sont rouge cocciné ; l'échinocacte pectiné, du Mexique, de forme ovoïde (10 centimètres de diamètre), à 18 ou 20 côtes armées d'épines rayonnantes, fines et serrées, à fleurs comparativement grandes, d'un beau rose carmin qui passe au jaunâtre dans le centre de la fleur ; l'échinocacte astéroïde, petite plante surbaissée, plus large que haute (10 à 12 centimètre de diamètre), de forme pentagonale ou plutôt à cinq grosses côtes arrondies, sans épines, d'un vert gris ou glauque, parsemée à son sommet d'une multitude de ponctuations blanches, sortes d'écailles épidermiques, et à petites fleurs jaunes ; enfin l'échinocacte visnaga, du Mexique, énorme plante, probablement la plus volumineuse du genre et même la plus grosse cactée connue (d'environ 1 mètre de diamètre sur 2 à 3 mètres de hauteur), de forme ovoïde, à côtes très nombreuses (plus de 40 dans les individus adultes), dont les épines sont longues et très dures, couvertes au sommet d'un épais duvet cotonneux et très blanc, à larges fleurs jaunâtres. Le premier échantillon de cette espèce a été rapporté du Mexique en

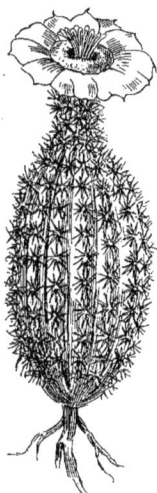

Fig. 44. — Echinocacte.

Angleterre, il y a une quarantaine d'années. Rendu à Londres, il revenait à 10 000 francs, ce qui s'explique par la difficulté qu'on avait eue à transporter à travers les montagnes d'un pays dépourvu de routes une masse vivante dont le poids atteignait 2 000 kilogrammes. Cette cactée gigantesque, prônée par les journaux du temps, fut pendant quelques jours la grande curiosité de l'Angleterre. Son succès toutefois ne fut pas de longue durée : sous une écorce encore verte, la décomposition étendait ses ravages, et un beau jour le « Roi des cactus », comme on l'appelait, s'affaissa sous son propre poids, ne laissant de tant de bruit qu'une masse informe et putréfiée. Triste mais frappante image de bien des grandeurs humaines....

On utilise quelques échinocactes à différents usages, notamment l'*échinocactus Wislizeni* et l'échinocacte visnaga, la volumineuse espèce dont nous venons de parler. « L'*échinocactus Wislizeni* est l'espèce que les Espagnols nomment vulgairement *biznacha* ou *visnaga*. Sa tige est globuleuse ; elle peut atteindre 60 centimètres et même plus de diamètre. Le fruit est acide ; on le mange rarement. Les graines sont petites et noires ; grillées elles peuvent servir à faire un assez bon pain. La partie la plus utile de la plante est la tige, qui renferme une pulpe molle, aqueuse, blanche, de saveur légèrement acide. Les voyageurs qui traversent les régions arides habitées par ce cactus y ont souvent recours pour se désaltérer. Cette tige creusée est souvent employée par les Indiens Papajo et Yampai en guise de chaudron pour faire la cuisine. Lorsque des Indiens qui voyagent désirent faire un repas, ils choisissent une plante de dimensions convenables, qu'ils creusent en extrayant la partie molle intérieure. Ils mettent dans le trou ainsi formé une partie de la pulpe qu'ils ont extraite, puis de la viande, des légumes, des racines, des graines, des fruits, en un mot toutes les substances alimentaires qu'ils peuvent trouver ; ils ajoutent de l'eau et font cuire le tout ensemble au moyen de pierres chauffées qu'ils jettent dans le mélange et qu'ils retirent quand elles sont froides, pour les faire chauffer de nouveau et les replonger, jusqu'à ce que le tout soit parvenu à un degré suffisant de cuisson. Les Indiens Papajo enlèvent l'écorce et les épines de cette plante ; ils coupent la pulpe en morceaux convenables et la font cuire dans du sirop de *cereus giganteus* ou de *cereus Thurberi*. Cela fait une bonne cuisine. Retirée du liquide et séchée, cette pulpe est aussi bonne que le citron confit, avec lequel elle a beaucoup de ressemblance comme aspect et comme saveur.

« Quant à l'échinocacte visnaga, malgré son facies peu rassurant, il fournit une excellente compote que l'on apporte, en quantité considérable, du district de Queretaro au marché de Mexico. Elle est servie sous le nom de *dulu de visnaga* sur la table des plus riches Mexicains. La préparation de cet aliment est analogue à celle dont nous avons parlé plus haut au sujet de l'*échinocactus Wislizeni*. On coupe par morceaux la pulpe des parties tendres de la tige, que l'on fait cuire dans de l'eau bouillante, largement additionnée de sucre de canne. Après dessiccation, les morceaux confits ressemblent à du cristal. Ainsi préparée, cette friandise se conserve longtemps ; elle n'est cependant jamais aussi bonne qu'à l'état frais. » (D. Bois.)

*
* *

A côté des échinocactes viennent se placer divers genres très voisins, dont nous allons, d'après Decaisne et Naudin, citer les principaux.

Les échinopsis (fig. 45) sont en quelque sorte intermédiaires entre les cierges — que nous étudierons plus loin, — dont ils ont les fleurs longuement tubuleuses, et les échinocactes, auxquels ils ressemblent par des tiges ovoïdes ou globuleuses, creusées de sillons et armées d'épines. Ils contiennent beaucoup moins d'espèces que ces derniers, et presque toutes appartiennent à l'Amérique du Sud. Celles qui ont le plus d'intérêt sont les suivantes : l'échinopsis de Decaisne, de forme ovoïde, à 12 ou 15 côtes, à fleurs blanches ; l'échinopsis de Zuccarini, presque semblable au précédent, mais avec des côtes moins nombreuses, à très grandes fleurs d'un blanc pur et d'une odeur pénétrante de jasmin ; l'échinopsis de Portland, ovoïde ou subglobuleux, à 12 ou 13 côtes tournant en spirale et interrompues par la dépression des aréoles, à fleurs jaune orangé ; l'échinopsis d'Eyries, dont la fleur grande, longuement tubuleuse et toute blanche, exhale le parfum de celle de l'oranger ; l'échinopsis prolifère, ainsi nommé de l'abondance des drageons qui sortent de la base de sa tige et s'accumulent en une grosse masse hémisphérique, à fleurs grandes et longuement tubuleuses (20 à 25 centimètres de longueur), blanches, roses, ou même carminées, et agréablement odorantes ; l'échinopsis à côtes aiguës, dont les côtes sont amincies sur leur crête, à grandes fleurs roses ou rose violacé ; l'échinopsis à aiguillons courbes, qui se distingue de toutes les espèces du genre par la longueur peu ordinaire (8 à 10 centimètres) de ses épines dressées et courbes, à fleurs blanches.

Fig. 45. — Échinopsis

Les mélocactes, dont le nom fait pressentir la forme, sont comme les intermédiaires entre les échinocactes ou les échinopsis et les mamillaires, qui viendront à leur suite. Leur tige diforme, cannelée, courte, globuleuse et épineuse, rappelle en effet celle des échinocactes dans sa partie inférieure, mais par sa partie supérieure, qui est comme une seconde tige surajoutée à la première, elle se rattache manifestement aux mamillaires, ce qui faisait dire à de Candolle que les mélocactes donnaient l'idée d'une mamillaire greffée sur un échinocacte. Cette partie supérieure de la tige, dont la surface est mamelonnée et enveloppée d'un duvet épais et comme laineux, est la seule qui porte des fleurs. Ces dernières sont courtes et tubuleuses, ordinairement rouges, petites et d'ailleurs peu remarquables.

Les mamillaires (fig. 46) sont des plantes charnues assez uniformes de

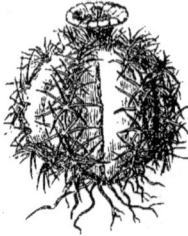

Fig. 46. — Mamillaire.

figure, de petite taille, comparativement aux échinocactes, de forme globuleuse ou ovoïde, plus rarement allongée en cylindre. Leur caractère saillant est d'être couvertes sur toute leur surface de mamelons coniques et obtus, quelquefois ovoïdes ou ovoïdes-allongés, disposés régulièrement en quinconce et, par suite, en plusieurs séries obliques ou spirales, portant tous à leur extrémité un faisceau d'épines ou de soies spiriformes plus ou moins raides, souvent étalées en étoile. Les fleurs naissent près du sommet, entre les mamelons ; elles sont petites, un peu campanuliformes. Les mamillaires se multiplient surtout par drageonnement du pied.

Les phyllocactes sont des arbrisseaux charnus, des contrées chaudes et humides de l'Amérique intertropicale, un peu sarmenteux et grimpants, dont les tiges longtemps vertes et les premières ramifications sont comparativement grêles et cylindriques, mais dont les derniers rameaux s'aplatissent en forme de feuilles planes, allongées, crénelées sur les bords et parcourues par une sorte de nervure médiane qui en augmente la ressemblance avec de vraies feuilles. De même que chez les cierges, les fleurs sont souvent grandes et plus ou moins longuement tubuleuses au-dessous de la corolle, qui compte un très grand nombre de pétales. Ces fleurs naissent dans les angles ou crénelures des rameaux, et il leur succède de grosses baies ovoïdes, plus ou moins pentagonales. Les espèces les plus communes sont : le phyllocacte à grandes fleurs, des Antilles et de la Guyane, arbuste charnu de 4 à 6 mètres, à très grandes fleurs en forme de conque, blanches ou blanc rosé, qui s'ouvrent le soir et se ferment au lever du soleil ; le phyllocacte de Hooker, voisin du précédent par le port et la couleur des fleurs et, comme lui, à floraison nocturne, mais avec des corolles étalées en forme d'étoile ; le phyllocacte crénelé, dont les fleurs blanches et très parfumées ont de 15 à 20 centimètres de largeur ; le phyllocacte d'Ackermann, du Mexique, que ses grandes et superbes fleurs rouge écarlate ont rendu populaire.

*
* *

Les cierges *(cereus)* sont beaucoup plus déformés et, généralement, d'apparence fantastique. Leur nom indique assez bien leur forme : il suffit d'ajouter que ce sont d'énormes troncs cylindriques, côtelés en longueur, quelquefois ramifiés mais peu et dont les branches d'ailleurs aussi grosses que la base, lui donnent un aspect de candélabre.

L'un des plus célèbres est le cierge géant *(cereus giganteus)* qui croît dans les parties arides de l'Arizona.

« Rien de plus étrange, dit M. Marcou, que cet arbre si différent de toutes les autres essences ligneuses connues. Il ne forme pas ce qu'on peut appeler des forêts, car on ne le voit qu'isolé ou par groupes de deux ou trois ensemble, et l'on n'en aperçoit jamais plus de 60 à 80 dans l'étendue du pays qu'on peut embrasser d'un seul coup d'œil ; mais comme, en outre des peupliers *(populus monilifera)* et de quelques rares échantillons d'*algarobia glandulosa* et de *strombocarpus pubescens* qui croissent sur les bords de la rivière même et là seulement où l'eau coule à la surface, on n'aperçoit absolument pas d'autres arbres que ces *cereus giganteus,* on peut dire que l'on est en réalité dans une forêt de ces cactus géants, forêt d'un nouveau genre, cela est vrai, et qui renverse toutes nos idées ordinaires, en même temps qu'elle donne au paysage l'aspect le plus inattendu et qui ne manque pas d'une certaine grandeur : en effet, on dirait des monolithes ou colonnes vertes ou bien de gigantesques candélabres plantés dans les roches mêmes, sans aucune espèce de sol végétal.

« Partout des rochers nus, calcinés par des chaleurs torrides ; çà et là quelques buissons épineux de *fouquieria splendens* et l'infecte plante créosote *(larrea mexicana)* puis un de ces *cereus giganteus* s'élance tout à coup à des hauteurs de 7, 9 et même 12 mètres. Le diamètre à la base est toujours plus petit que vers le milieu de l'arbre où il atteint 50 centimètres.

« Les racines sont pivotantes et très fortes, et elles doivent s'étendre à de grandes profondeurs par de petites ramifications, car, dans ce pays, où il y a souvent des trombes et des orages des plus violents, je n'ai cependant pas vu un seul exemple d'un de ces cactus, mort ou vivant, qui ait été renversé.

« Les soldats de notre escorte ont voulu en renverser un qui n'avait que 18 pieds de hauteur et qui se trouvait à côté d'un de nos campements, ce n'est qu'après les plus grands efforts que 25 à 30 hommes sont parvenus à le renverser. Cependant la première impression, lorsqu'on les voit isolés, avec leur base mince, est qu'un homme doit pouvoir les jeter bas avec le pied.

« Pendant les trois ou quatre premières années seulement, le *cereus giganteus* a une forme globuleuse, puis il s'allonge en grossissant graduellement de la base vers le sommet, qui se termine comme une demi-sphère ou calotte ajoutée sur un cône renversé. Cette forme allongée se conserve jusqu'à ce que le *cereus* fleurisse (fig. 47), ce qui n'a pas lieu avant qu'il atteigne une hauteur de 10 pieds anglais (plus de trois mètres). Alors le diamètre de la partie du sommet, qui a été le plus grand jusque-là, va en diminuant et cet arbre singulier se présente sous la forme d'un immense cigare à côtes dont le milieu est renflé et dont les deux extrémités se termineraient en pointes arrondies ; le tout est couvert de faisceaux piquants ou épines très aigus.

« Quoique ces épines soient très persistantes, avec l'âge elles tombent vers la base, et quelquefois, dans les vieux et gros exemplaires, les 6 ou 8 premiers pieds de la tige, à partir du sol, en sont totalement dépourvus. Les côtes, dont le nombre va en augmentant depuis la base, qui en a généralement une douzaine, jusque vers une hauteur de 5 ou 6 pieds où l'on en compte jusqu'à 20, ne s'effacent jamais entièrement, même vers la base. Lorsque le *cereus* a péri et que sa partie charnue a disparu, il ne reste que le squelette formé par les côtes qui se présentent comme de longues baguettes droites, en bois d'une consistance très dure, et que les Indiens coupent pour s'en servir comme de perches pour faire la cueillette des fruits de ce végétal.

Fig. 47. — Fleur de cierge.

« Les branches, quand il y en a, sont très rares, trois ou quatre, quelquefois par exception six ou huit ; elles ne commencent jamais qu'à une hauteur d'au moins 3 mètres à partir de la base. Ces branches ressemblent à celles d'un candélabre qu'on aurait vissées à l'arbre, et à leur tour, elles n'ont pas de rameaux ; ce n'est qu'une seule tige adventive, sans nouvelle bifurcation.

« Les jeunes *cereus giganteus* sont très rares ; cela tient à plusieurs raisons : d'abord la récolte des fruits, dont les Indiens sont très friands.

« A cette première cause se joint celle de la nourriture des oiseaux qui en mangent les graines. « Le *cereus giganteus* paraît craindre le voisinage de l'eau, du moins dans la vallée de *Bill William River* ; on ne le trouve jamais auprès du lit de la rivière, ni dans les endroits rocheux où la rivière reparaît et court toute l'année ; puis lorsqu'on approche de l'embouchure du Bill William dans le Colorado, il devient de plus en plus rare et à 8 kilomètres de l'embouchure on n'en aperçoit plus un seul spécimen. Il paraît qu'il en est de même dans la vallée du Rio Gila.

« Le *cereus giganteus* ne s'élève pas beaucoup au-dessus du niveau de la mer, et, dans toutes les montagnes de la région où on le rencontre, il ne dépasse pas deux mille pieds anglais (630 mètres) au-dessus du niveau de la mer Vermeille. Enfin, le climat de tout le pays où on le trouve est des plus chauds et des plus secs surtout ; il ne pleut que très rarement dans les vallées du Bill William Fork et du Rio Gila.

« La moyenne annuelle de la température de la région est de $+ 16°$. Pendant le mois de janvier, le froid y est vif, et le thermomètre y descend la nuit jusqu'à $0°$ et même $— 1°$, c'est-à-dire qu'il y gèle, surtout dans la

vallée du Bill William Fork. Mais comme l'humidité manque presque complètement, la gelée ne tue pas le *cereus giganteus*. »

« Au Mexique, le *cereus giganteus*, ainsi qu'une espèce voisine, le *cereus Thurberi*, est utilisé à divers usages. « Son fruit, qui porte le nom vulgaire
de *pitamaya*, ainsi que ceux de plusieurs autres cereus, a la forme d'une poire ;
il est de couleur jaune verdâtre, et est armé de quelques aiguillons dispersés à sa
surface, lesquels se détachent d'eux-mêmes, à la maturité. Ces fruits naissent
sur les parties les plus élevées de la plante ; lorsqu'ils sont mûrs, ils tombent,
s'écrasent sur le sol et deviennent
alors impropres pour l'usage.
Pour les récolter en bon état, les
Indiens se servent d'une longue
perche à l'extrémité de laquelle
ils attachent une petite fourche.
La pulpe du fruit est d'une belle
couleur rouge, tout à fait appé-
tissante et très agréable au goût :
elle renferme un grand nombre
de petites graines noires qui rappellent celles des figues. Les Indiens de l'Arizona, Sonora et des
parties méridionales de la Californie, considèrent ce fruit comme
étant l'un des meilleurs parmi
ceux qu'ils possèdent, et tant
qu'ils en peuvent avoir, ils n'en
veulent pas d'autres. On le conserve pour l'hiver en le faisant sécher. On le met aussi
dans des vases en terre, où il se
maintient frais étant garanti de
l'air. Il garde ainsi ses qualités
pendant un temps assez long.

Fig. 48. — Cierge de Pringle.

Un sirop brun clair est extrait de la pulpe et vendu dans des cruches d'une
contenance d'un gallon, qui sont de fabrication indienne. Les Indiens Papajo
fabriquent beaucoup de ce sirop, que les Mexicains nomment *sistor*. Les Indiens
Pino de la rivière Gila préparent chaque année avec ce fruit une boisson nommée
tiswein par les Mexicains. Ils se servent pour cela de la pulpe fraîche ou du sirop,
qu'ils mettent dans des vases de terre avec une certaine quantité d'eau et qu'ils font
fermenter en l'exposant pendant quelque temps au soleil. Cette boisson est très
enivrante et a la saveur de la bière aigre. Ses effets stimulants ne se font sentir
que quelque temps après l'avoir bue. Tous les ans, les Indiens célèbrent par
une fête l'époque à laquelle cette boisson est prête pour la consommation.

« Le *cereus Thurberi* croît dans la région des Indiens Papajo sur les frontières de l'Arizona et Sonora, où il remplace le cactus géant qui croit plus au Nord. Cette plante atteint 5 à 6 mètres de hauteur sur 15 à 20 centimètres de diamètre. Elle donne deux récoltes de fruits par année. Le fruit a la grosseur et la forme d'un œuf; il est couvert de nombreuses et longues épines noires. A la maturité, il se colore en rouge et les épines tombent; il s'ouvre par des fentes et montre une pulpe succulente, d'un beau rouge, dans laquelle sont plongées de petites graines noires. Selon M. Schott, ce fruit est le principal aliment des Indiens Papajo. Il est plus gros, plus doux, plus succulent que celui du *cereus giganteus*. La couleur de la pulpe est aussi d'un rouge plus brillant. Il est du reste employé aux mêmes usages domestiques que ce dernier. Les Indiens Papajo portent au marché des vases pleins de sirop ou de conserves faits avec le fruit de cette espèce de *cereus*; ils couvrent ces vases d'une épaisse couche de boue; ils les rendent ainsi moins exposés à être brisés et permettent au contenu de se conserver dans un bon état de fraîcheur, les poteries employées étant très poreuses. Ce fruit est consommé en quantité considérable; il est nutritif. Pour faire le vin ou le sirop, on sépare facilement les graines de la pulpe par l'emploi de l'eau. Ces graines sont soigneusement recueillies, séchées et pulvérisées; ainsi préparées elles sont nutritives et d'une digestion facile. » (D. Bois.)

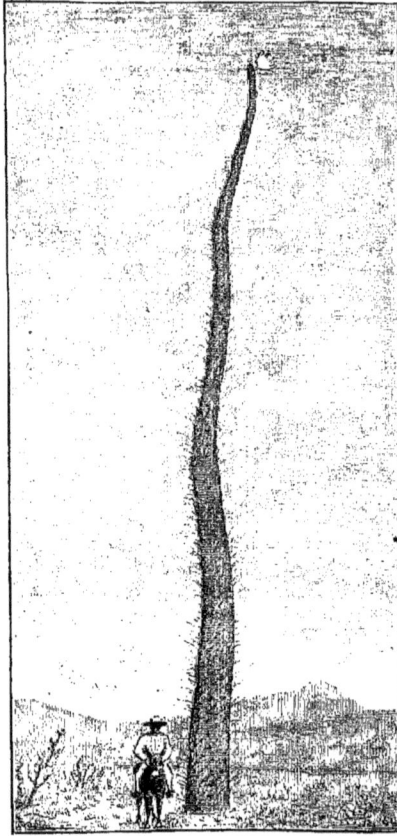

Fig. 49. — Cierge Idria.

A citer encore parmi les cierges gigantesques le cierge de Pringle (fig. 48), dont les tiges atteignent 10 mètres de haut, insérées à plusieurs sur un tronc commun, et du diamètre d'un corps humain. Dans l'île de San Pedro Martini où il vit, les Indiens font des beignets avec la pulpe de ses fruits et ses graines roulées dans la farine ; les tiges desséchées leur servent à édifier leurs maisons et constituent leur seul combustible, aucun autre arbre ne s'y rencontrant ; le cierge à cinq côtes, du Mexique ; le cierge à tige carrée ; le cierge à épines blanches du Pérou ; le cierge aiguillonné entièrement couvert d'épines acérées ; le cierge idria (fig. 49). de la Basse-Californie, dont le tronc s'atténue de bas en haut et donne l'impression d'une fusée dont le sillon aurait été congelé dans l'espace ; comme on le voit d'après le dessin que nous en donnons, ses dimensions sont colossales ; il porte une grosse fleur près de son sommet.

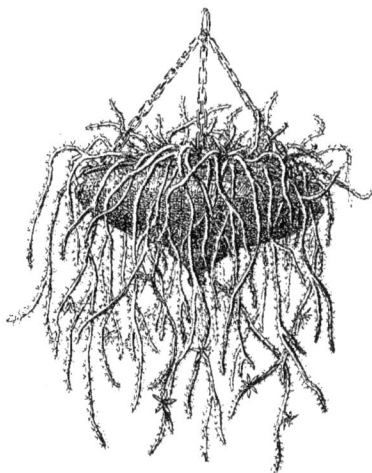

FIG. 50. — Cierge serpent.

D'autres cierges sont beaucoup plus petits et peuvent dès lors se cultiver dans des pots de fleurs. Parmi les espèces classiques de cette catégorie, citons surtout le cierge serpent (fig. 50) que l'on cultive surtout en suspension.

**
* *

Avant de laisser les cactées, nous avons à citer les opontias (fig. 51), dont tout le monde connaît les raquettes, insérées les unes sur les autres et couvertes d'épines groupées de place en place : je ne vous conseillerais pas d'y toucher sans ménagement : les épines pénètrent facilement dans la main et n'en peuvent plus sortir. J'ai été piqué par un opontia il y a une vingtaine d'années, j'en ai encore le souvenir cuisant.

FIG. 51. — Opontia.

Les opontias, originaires de l'Amérique centrale, sont aujourd'hui naturalisés dans le Nord de l'Afrique. Les raquettes en sont comestibles lorsqu'elles ont été cuites dans la cendre chaude, qui détruit les piquants. On s'en sert aussi pour faire des haies défensives, non seulement contre les animaux et les maraudeurs, mais aussi contre l'incendie, qu'elles arrêtent instantanément quand la brousse enflammée tend à envahir l'espace qu'elles environnent.

Une espèce est cultivée au Mexique, aux Canaries, en Algérie, pour les cochenilles qui vivent à sa surface et donnent une si belle couleur rouge.

*
* *

Dans les familles des liliacées et des amaryllidées, on rencontre des plantes grasses importantes, les aloès (fig. 52) et les agaves (fig. 53). Tous deux sont formés de longues feuilles grasses, réunies à la base et pointues au sommet.

Les aloès sont originaires d'Afrique ; les agaves, de l'Amérique ; mais ils sont les uns et les autres cultivés aujourd'hui un peu partout.

C'est de l'aloès que l'on tire le purgatif bien connu qui porte le même nom. « Quand, en Amérique, on veut extraire des feuilles de l'*aloe vera* le médicament qui, dans ce cas, porte le nom d' « aloès des Barbades », on les coupe en travers et en bas, en mars et avril, pendant la chaleur du jour. Une certaine quantité de liquide s'échappe par la surface de section et constitue le meilleur aloès qu'on connaisse de ce pays. Mais, si l'on presse les feuilles, une très grande quantité du liquide incolore provenant du centre se trouve mélangée à l'aloès, dont il atténue les propriétés. Les feuilles coupées sont donc immédiatement placées, la section en bas, dans une auge de bois à parois internes obliques et formant au fond un angle dièdre par leur réunion. Disposée sur un plan incliné, cette auge laisse passer le suc par un orifice pratiqué au fond vers une de ses extrémités, et ce suc tombe dans un vase dont le contenu est ensuite chauffé dans une cuve de cuivre, où on l'écume au fur et à mesure avec une cuiller de fer. Quand l'extrait a acquis une consistance convenable, il est versé dans des calebasses ou dans des boîtes en bois, où il durcit plus ou moins vite. L'évaporation du suc au soleil se pratique peu et passe pour donner un meilleur médicament. A Curaçao, Bonaire et Aruba, les colons hollandais traitent la plante comme le font aux Barbades les cultivateurs d'origine anglaise. L'aloès en épi est considéré, depuis Thunberg, comme donnant la meilleure sorte d'aloès qui vienne du Cap. Là, on prépare l'aloès d'une façon particulière, pendant les mois de septembre et d'octobre : on garnit d'une peau de mouton, dont les poils sont placés en dehors, une fosse creusée en terre et l'on dispose dans la cavité conique de cette peau les feuilles coupées, leur solution de continuité tournée en bas. Le suc, ainsi recueilli dans les peaux, est ensuite chauffé dans un chaudron de fer jusqu'à consistance convenable, puis empaqueté dans des boîtes ou des peaux. Cette

Fig. 52. — Aloès.

préparation se fait généralement sans méthode et avec la plus grande incurie. Quand elle est bien menée et qu'on ne permet avec le suc de la plante le mélange d'aucune impureté, on obtient un aloès de qualité supérieure. » (H. Baillon.)

Les feuilles de divers agaves (dits aussi *maguey*) donnent une matière textile, le *pite* ou *pita*. Les pieds sont également souvent utilisés à faire des haies vives. On en tire aussi une boisson alcoolique, très connue au Mexique, le

Fig. 53. — Agave.

pulque ou *vin de maguey*. « Le maguey, dit M. Jean Guérin, au bout d'une période de huit à dix ans, produit une tige terminée par une fleur qui s'élève, lorsqu'on la laisse pousser, jusqu'à 7 mètres et au delà. Pour obtenir du pulque, cette tige, avant sa floraison, est énergiquement écrasée au moyen de pilons et il se forme au centre de la plante une cavité ronde et profonde de la contenance de 10 litres environ. C'est dans cette cavité que, suintant de toutes les parois du maguey, se recueille le pulque, au moyen d'un siphon nommé dans le pays *acocote*.

« Deux ouvriers mexicains, revêtus du costume indigène, sont occupés à la récolte du pulque. L'un d'eux se penche sur le cœur du maguey (fig. 54) et, en aspirant énergiquement par l'orifice supérieur de l'acocote, retire une partie de la précieuse liqueur. L'acocote, qui est faite avec l'écorce d'une calebasse, c'est-à-dire d'une sorte de courge du pays, se termine par un fragment de corne dont l'ouvrier ferme l'orifice avec le doigt lorsque l'instrument est rempli jusqu'au tiers à peu près. Il en verse immédiatement le contenu dans l'outre de peau qu'il porte sur le dos et qui est retenue à son vaste chapeau. Une fois l'outre pleine, il va la vider dans une cuve et recommence ses opérations.

« Chaque plant de maguey peut fournir de 15 à 20 litres de pulque par jour. Mais il n'en produit que pendant six mois environ. Après ce laps de temps, le végétal meurt. Aussi, pour avoir du pulque chaque année, les plantations doivent-elles être divisées en huit ou dix parties. Lorsqu'une des parties est épuisée, on extirpe les magueys morts et on les remplace par des plants nouveaux. L'année suivante, on récolte le pulque de la partie voisine et ainsi de suite. Il faut ajouter que pour conserver cette précieuse liqueur en bon état, on recouvre généralement la cavité de chaque maguey par un fragment d'étoffe qui empêche les impuretés de l'air d'y pénétrer. En outre, pour faciliter la transpiration du pulque à travers les pores de l'agave, les ouvriers sont munis d'une sorte de trucile demi-circulaire, avec laquelle ils grattent les parois de la cavité qui contient cette liqueur.

Fig. 54. — Récolte du *pulque* à l'aide de l'*acocote*.

« Qu'on ne croie pas surtout que le pulque soit une sorte de limonade inoffensive. C'est au contraire une liqueur fortement alcoolique qui contient d'excellents principes tonifiants. Lorsqu'on la laisse fermenter, elle produit une eau-de-vie d'un goût très agréable. Elle constitue, à l'état naturel, la boisson ordinaire des Mexicains. Ceux-ci, du reste, ne se gênent pas, dans les villes au moins, pour boire du pulque jusqu'à l'ivresse totale. On peut ajouter que cette ivresse se manifeste très vite, le pulque étant extrêmement capiteux. »

En Grèce, on débite la moelle de la tige pour en faire des bouchons.

*
* *

Pour peu qu'on ait herborisé en France, on connaît les euphorbes, petites plantes qui croissent surtout dans les bois et les lieux incultes et dont les fleurs, vertes ou jaunâtres, ont une disposition bizarre. Quand on les coupe, il coule de la section une sorte de lait très caustique. Mais on se tromperait étrangement si l'on s'imaginait, après avoir récolté les 35 espèces du sol français, connaître les euphorbes dans la généralité de leur forme. Dans les pays chauds, en effet, elles revêtent une apparence toute différente et certainement inattendue. Pour les

caractériser d'un mot, on peut dire que ces euphorbes exotiques sont grasses (fig. 55) et revêtent les mille formes des cactées.

Il est telle de ces espèces, en effet, disent Decaisne et Naudin, qui ressemble à s'y méprendre à un cierge, telle autre où l'on croirait voir un échinocacte ou un opontia à tige cylindrique. Ce qui augmente encore l'illusion, c'est la réduction ou la rareté des feuilles, et quelquefois aussi la présence d'épines au nombre de deux sur des aréoles qui ne diffèrent pas beaucoup de celles des cactées. Ces euphorbes charnues sont du reste très inférieures aux cactées par le nombre, par la variété des formes et surtout par les fleurs, celles qu'elles produisent étant tout aussi petites et aussi insignifiantes que celles de nos euphorbes indigènes. Presque toutes appartiennent au continent africain et aux îles qui lui sont voisines ; quelques-unes sont de l'Arabie et de l'Inde. Signalons parmi les espèces céréiformes : l'euphorbe d'Abyssinie, grande espèce arborescente, dont les tiges et les branches à 6, 8 côtes très saillantes et armées d'épines sur les aréoles de leur

Fig. 55. — Euphorbe grasse.

tranche, imitent celles des plus grands cierges d'Amérique ; l'euphorbe de Port-Natal, presque semblable à la précédente par la taille et la figure ; l'euphorbe des Canaries, arbre ramifié et prenant la forme d'un immense candélabre par la disposition ascendante de ses branches et de ses rameaux, à cinq, six ou sept côtes saillantes et épineuses ; l'euphorbe glaucescente, arbrisseau ramifié en candélabre et qui rappelle de près l'euphorbe des Canaries, mais avec des branches moins grosses et seulement à 4 ou 5 angles ; l'euphorbe polygonale, grand arbrisseau dont les branches sont de la grosseur d'un bras d'enfant.

À la suite de ces euphorbes cylindriques ou polygonales se placent, par rang d'affinité, d'autres espèces également charnues, mais dont les rameaux comparativement grêles sont plutôt tri-ailés que trigones, quelquefois presque aplatis. Elles sont aussi analogues aux cierges sarmenteux à tiges anguleuses et aux phyllocactes. C'est le cas, par exemple, de l'euphorbe en fer de scie et de l'euphorbe à grandes dents.

La ressemblance des euphorbes succulentes avec les cactées se poursuit plus loin encore. On en connaît en effet chez lesquelles la tige, tout à fait globuleuse ou très déprimée relativement à son diamètre transversal et creusée de sillons longitudinaux, ne peut se comparer qu'à celle des échinocactes ou des mamillaires : telles sont l'euphorbe melon, masse charnue, sphérique, déprimée, à 8 ou 10 côtes arrondies et sans épines ; l'euphorbe de Mirbel, en forme de poire renversée, toute criblée de ponctuations blanchâtres ; l'euphorbe globuleuse, dont les tiges et les rameaux semblent formés de tubercules globuleux ou pyriformes rapprochés en chapelets ; l'euphorbe tête de Méduse, dont la grosse tige se couronne d'une multitude de rameaux charnus et mamelonnés, dirigés dans tous les sens. Ces euphorbes à tige raccourcie abondent dans l'Afrique australe.

Leur ressemblance avec les cactées est un exemple très remarquable d'adaptation « convergente », phénomène biologique qui consiste en ce que deux êtres très éloignés au point de vue de la classification arrivent à se ressembler par suite de l'adaptation au même milieu.

Fig. 56. — Joubarbe.

* *
*

Parmi les autres plantes grasses, nous nous contenterons de citer les *mesembryanthemum*, dont une espèce, le *m. cristallinum*, est couvert d'une sorte de rosée solide, perlée, de l'effet le plus étrange ; les joubarbes (fig. 56), en forme d'artichauts, qui croissent sur les murs dans les campagnes ; les sédum, très communs dans les mêmes parages et bien connus par leurs feuilles en forme de boudin et leurs fleurs jaunes ; etc.

Au bord de la mer, il y a aussi de nombreuses plantes grasses — on a démontré que c'était le milieu salin qui en est la cause — notamment les salicornes et les *suœda*, hôtes caractéristiques des marais salants. C'est par leur incinération que l'on obtient la soude dite naturelle dans le commerce.

CHAPITRE VIII

Par le fer et par le poison.

Vois comme nos destins sont différents. Je reste,
Tu t'en vas !

disait la pauvre fleur au papillon céleste. Et de fait, l'existence des plantes, par suite de l'impossibilité où elles sont de se déplacer, paraît bien misérable. Il semble que si un jour une guerre à outrance éclatait entre les herbivores et les végétaux, ceux-ci devraient périr jusqu'au dernier. Il ne faudrait pas croire, toutefois, que les plantes soient complètement dénuées de moyens de défense ; ceux-ci, bien que peu apparents, n'en existent pas moins et sont même très efficaces.

Les plus connus et les plus manifestes sont certainement les aiguillons et les piquants qui garnissent les tiges ou les feuilles, et auxquels il est difficile de ne pas reconnaître une fonction protectrice, non seulement contre la dent des herbivores, mais encore contre la main de l'homme. Au printemps, par exemple, alors que la végétation est très peu avancée, les prunelliers ne tarderaient pas à disparaître complètement dans l'estomac des bœufs, des moutons, des chevaux et autres animaux amateurs de verdure, si la nature ne les avait pourvus de ces épines longues et acérées qui en rendent la cueillette, sinon impossible, du moins fort difficile ; grâce à leurs piquants, les prunelliers peuvent fleurir, fructifier et par suite perpétuer l'espèce.

La forme des piquants est assez variée, mais peut toujours se ramener à une éminence large à sa base, pointue à son extrémité libre et d'une consistance très dure. Ordinairement simples, les piquants peuvent aussi être bi ou trifurqués. Leur position est aussi très variable, et l'on peut même dire que tous les organes des plantes sont susceptibles d'en porter : les tiges (rosier), la base des feuilles (épine-vinette), les feuilles (chardon), les inflorescences (chardon), les fruits (datura), voire même les racines (*acanthus rhiza aculeata*).

La plante est, on le sait, formée de trois membres, la racine, la tige et la feuille, qui, par leurs modifications, arrivent à constituer le corps parfois si complexe des végétaux. A laquelle de ces parties faut-il rapporter les piquants ? A cet égard, il faut d'abord faire une distinction importante au point de vue botanique, mais qui, malheureusement, n'est visible qu'au microscope. Certains piquants, en effet, contiennent, comme les tiges, les feuilles et les racines, des *vaisseaux* qui y amènent la sève, tandis que d'autres en sont complètement dépourvus. On a réservé aux premiers le nom d'*épines* (prunellier) et aux seconds celui d'*aiguillons* (rosier). Ces derniers, simples émergences des tissus superficiels, sont disséminés sans ordre sur le corps de la plante. Les épines au contraire sont toujours disposées d'une manière fixe et régulière, ce qui se comprend facilement puisque ce sont des membres modifiés, ainsi que le prouvent les vaisseaux qu'elles renferment.

Beaucoup d'épines proviennent de rameaux transformés ; le fait est des plus visibles chez le prunellier, puisque ce sont ces épines elles-mêmes qui portent les fleurs. Souvent aussi, ce sont des feuilles (houx), ou des parties de feuilles (agave) ou même des stipules (acacia). Quelquefois ce sont à la fois les feuilles et les rameaux qui deviennent acérés (jonc, genêt). C'est le cas ou jamais de dire que la nature pour arriver à son but emploie des moyens variés.

Les épines ne sont pas intéressantes seulement par leurs fonctions et leur morphologie, mais encore par les modifications qu'elles peuvent présenter d'un endroit à un autre. Telle plante, par exemple, richement armée de piquants dans une région, en possédera moins dans une autre et pas du tout dans une troisième. Et il est à noter que l'influence du milieu dans ces régions se fait sentir dans le même sens sur toutes les plantes à piquants qu'elles renferment. C'est ainsi que la flore des steppes, qui s'étend sur de vastes prairies sèches, de même que la flore des déserts, comprend manifestement plus d'espèces à piquants que la flore des forêts. De même au Sénégal, pays remarquable à la fois par la sécheresse prolongée de l'air et l'intensité de l'illumination solaire. En France, ainsi que l'a fait remarquer M. Ant. Magnin, on peut faire des observations analogues : dans les endroits secs, découverts, soumis à une évaporation abondante, par exemple, au Grand-Camp, près de Lyon, on voit le tapis végétal formé de plantes à feuilles réduites ou à piquants *(genista, ononis sp.nosa, eryngium campestre)*, ce qui lui donne un aspect comparable à celui des régions désertiques.

On le voit, c'est surtout dans les déserts que les plantes à piquants sont abondantes. Or, là, les végétaux sont soumis à la fois à l'action de trois causes diverses : aridité du sol, sécheresse de l'air et éclairement intense. Quelles sont, parmi ces trois causes, celle qui influe sur la production des piquants ? Est-ce la nature du terrain, est-ce l'état hygrométrique de l'air, est-ce la lumière ? Telles sont les questions sur lesquelles un élève de la Sorbonne, M. Lothelier, a publié un intéressant travail.

Pour ce faire, M. Lothelier a utilisé la méthode si scientifique et si féconde qui préside à la plupart des travaux du laboratoire de M. G. Bonnier, et qui consiste en ceci : mettre plusieurs individus d'une même espèce de plantes

dans des conditions identiques de lumière, d'éclairement, d'arrosage, de température, etc..., et n'en faire varier qu'une seule. Dès lors, si l'on observe au
bout d'un certain temps des différences dans les résultats obtenus, c'est de toute
probabilité à la condition modifiée et à celle-là seulement qu'il faudra les
attribuer.

Pour étudier les modifications exercées par l'influence de l'état hygrométrique
de l'air sur les plantes à piquants, M. Lothelier coiffa, d'une part, deux pieds
d'épine-vinette d'un long cylindre de verre, le long duquel il avait étagé des
flacons à large goulot remplis d'acide sulfurique, substance destinée à absorber
l'humidité de l'air. D'autre part, il a coiffé deux autres pieds de la même plante
d'un tube de verre pareil au premier, mais le long de ce tube étaient placés des
flacons remplis d'eau. Ces deux lots de plantes, ayant poussé à côté l'un de

FIG. 57. — Rameaux d'épine-vinette (berberis), développés à l'air humide (à gauche)
et à l'air sec (à droite).

FIG. 58. — Rameaux d'ajonc (ulex), développés à l'air humide (à gauche) et à l'air
sec (à droite).

l'autre dans les mêmes conditions de lumière, de température et d'arrosage, on
mit fin à l'expérience au bout de six semaines. On put voir alors que, dans l'air
sec, les feuilles nouvellement poussées étaient devenues piquantes. Au contraire,
dans l'air humide, les feuilles étaient bien développées et avaient même acquis de
très longs pétioles. Des expériences analogues ont été effectuées sur plusieurs
autres plantes et ont toujours donné des résultats identiques : les différences
d'aspect que présentent ces végétaux suivant qu'ils ont poussé dans l'air sec ou
dans l'air humide sont vraiment remarquables ; on croirait souvent avoir affaire
à des espèces distinctes.

Un point intéressant à noter, c'est que la disparition des piquants dans l'air
humide se fait de deux manières différentes (fig. 57, 58, 59, 60). Voici en effet
les deux lois que M. Lothelier a été amené à poser sur ce sujet. Les piquants,
quand ils possèdent la signification morphologique d'un membre de la plante

— soit d'une feuille *(berberis)* (fig. 57), soit d'un rameau *(ulex)* (fig. 58), —
ont une tendance à reprendre, dans l'air saturé, le type normal. Quand les
piquants proviennent d'organes qui ne sont pas indispensables à la vie de la
plante — soit d'une stipule *(robinia)*, soit d'un stipulo-pédoncule *(xanthium)*,
— ils tendent toujours à disparaître par voie de régression.

M. Lothelier, en suivant une méthode analogue, a étudié l'influence de l'éclairement sur la production des piquants. Il a reconnu ainsi qu'elle est le plus
souvent parallèle à celle de l'état hygrométrique. L'ombre tend à supprimer les
parties piquantes des végétaux. Cette tendance à la suppression s'effectue parfois
par un retour à la forme normale de l'organe transformé en piquant, mais le
plus souvent c'est par suite d'une atrophie plus ou moins grande que les piquants
diminuent à l'ombre.

Fig. 59. — Rameaux de genêt *(genista)*,
développés à l'air humide (à gauche) et
à l'air sec (à droite).

Fig. 60. — Rameaux de *pyracantha*, développés à
l'air humide (à gauche) et à l'air sec (à droite).

On voit, en résumé, que les conditions qui influent le plus sur la production
des piquants sont particulièrement la sécheresse de l'air et l'intensité de la
lumière. Mais il y a sans doute d'autres *modus vivendi* qui agissent dans le même
sens ; je me souviens d'avoir vu en effet dans le Midi, et poussant côte à côte,
un olivier cultivé et un olivier sauvage ; celui-là seul était garni d'épines. Cela
semble même être une loi générale, point que M. Lothelier n'a malheureusement pas abordé, que les plantes épineuses à l'état sauvage perdent leurs piquants
quand elles viennent à être cultivées pendant plusieurs générations. Il semble que
la plante, mise — de force — sous la protection de l'homme, renonce peu à peu
à ses armes défensives, désormais inutiles, puisque, grâce à la sollicitude de son
maître, les ennemis sont écartés.

Le rôle des piquants ne se borne pas à défendre les plantes contre les herbivores. Chez un certain nombre de végétaux, surtout chez ceux qui forment de

longs sarments et vivent dans les buissons, les épines ordinairement recourbées vers le bas servent à soutenir les tiges. Enfin quand les épines se localisent sur les inflorescences, les fleurs, les fruits ou les graines, c'est généralement en vue d'aider à la dissémination de ces dernières en leur permettant de s'accrocher à la toison des animaux qui viennent à les frôler ; elles servent alors à la défense de l'espèce et non plus de l'individu. Nous y reviendrons plus loin.

* *
*

D'autres plantes, au lieu de transformer tout un membre en vue de ce but protecteur, se contentent de transformer leurs *poils*, c'est-à-dire de simples cel-

Fig. 61. — Grande consoude, plante protégée par ses poils.

lules : ainsi presque toutes les borraginées, la bourrache, la grande consoude (fig. 61), etc., sont couvertes de poils durs qui piquent comme des épines : il est même parfois impossible d'arracher avec la main un pied d'*échium*, ou de *lycopsis*; il est donc très probable que les moutons ne mangent pas les borraginées pour ne pas exposer leur palais à ces piqûres désagréables.

Ces mêmes poils peuvent agir autrement en empêchant les fourmis et autres insectes de grimper sur leur tige pour atteindre les fleurs. Ces *chevaux de frise* constituent une protection très efficace : en effet, les poils qui recouvrent les tiges sont très souvent dirigés vers le bas : cette disposition se voit très bien chez la scabieuse de nos champs.

Quelques plantes ne possèdent de poils qu'au-dessous des fleurs, couvrant ainsi d'une protection particulière ces organes : ainsi les capitules du bluet (fig. 62) possèdent un involucre bordé de petits aiguillons recourbés, tandis que le reste de la plante est glabre.

L'ortie et plusieurs autres procèdent autrement : les poils s'allongent, deviennent acérés, leur extrémité, fragile et leur contenu, très corrosif. Il en résulte que si un animal a des velléités de vouloir les détruire, le poil pénètre dans le tégument et lui injecte son liquide brûlant : qui n'a été piqué par des orties?

Au lieu de sécréter *intérieurement* du poison, les poils de plusieurs labiées et scrofulariées sécrètent *extérieurement* un liquide gluant, agglutinant, qui ne permet pas aux fourmis ou aux autres insectes dépourvus d'ailes d'arriver jusqu'à la fleur, l'organe le plus important pour la vie de l'espèce végétale.

Il faut aussi parler du *dipsacus*, dont la base des feuilles entoure la tige en formant une gaine creuse, un vaste réservoir qui, lorsqu'il pleut, se remplit d'eau et la garde. Il y a ainsi un petit lac que les insectes sans ailes ne peuvent traverser pour aller de la base de la tige jusqu'à la fleur. Cette curieuse disposition a fait donner à la plante le nom vulgaire de *cabaret des oiseaux*, parce que ceux-ci viennent quelquefois s'y désaltérer.

Quant aux arbres, ils portent leurs feuilles très haut, de façon à les soustraire à la dent des herbivores (fig. 63) et leur tronc est entouré par une couche épaisse de tissus morts, de liège, qui se régénèrent constamment et protègent la partie centrale, vivante.

*
* *

Dans tout ce que nous venons de dire au paragraphe précédent, le rôle protecteur se devine au premier coup d'œil; on s'est contenté d'observer; cela est déjà beaucoup, mais ce n'est pas tout, on n'a pas fait d'expériences. Il n'en va pas de même de la protection chimique, qui a été l'objet d'expériences méthodiques de la part de M. E. Stahl, l'ingénieux naturaliste d'Iéna. L'intérêt de ce travail, qui malheureusement est le seul dans cet ordre d'idées, nous oblige à entrer dans quelques détails. Des études de cette nature sont en somme faciles à réaliser ; elles n'exigent pas de matériel spécial; les plantes qui croissent à notre portée et les quelques animaux qui vivent autour de nous suffisent, comme nous allons le voir. M. Stahl a pris d'une part des plantes de son jardin et d'autre

Fig. 62. — Capitule de bluet.

part des limaces et des escargots, dont les ravages dans les potagers sont bien connus. Les animaux étudiés sont : *limax maximus, limax cereus* et *arion subfuscus*, qui se nourrissent seulement de champignons, puis *limax agrestis, arion empiricorum, arion hortensis, helix hortensis, helix nemoralis, helix arbustorum* et *h. fruticum*, qui mangent un peu de toutes les plantes et qui même s'accommodent parfois d'une alimentation animale. M. Stahl a donné à tous ces animaux des fragments de champignons frais et des fragments ayant d'abord macéré dans l'alcool, puis ayant été desséchés et lavés à grande eau. Les animaux de la première catégorie ont mangé les champignons frais. Au contraire, les mollusques de la seconde catégorie n'ont pas touché à ces derniers, mais ont dévoré les fragments traités par l'alcool. Il est facile de déduire de cette expérience qu'il y a dans les champignons frais une matière soluble dans l'alcool qui éloigne certains animaux. Cette petite expérience préliminaire nous montre déjà l'importance des corps chimiques contenus dans les tissus des végétaux pour la défense contre les animaux. En examinant les escargots et les limaces à l'état naturel, dans un jardin, on voit que pour certaines plantes ils s'attaquent seulement aux parties mortes, parce que celles-ci ne renferment plus les corps chimiques en question. On peut arriver au même résultat en traitant les plantes fraîches soit par l'alcool, soit par le chloroforme. Plusieurs de ces substances ont été étudiées par M. Stahl au point de vue qui nous occupe.

Le tanin se rencontre en abondance dans un grand nombre de tissus végétaux ; en général, il est localisé dans des cellules périphériques, mortes. Les botanistes sont loin d'être d'accord sur son rôle physiologique ; la plupart le considèrent

Fig. 63. — Pin pignon.
Cet arbre porte ses feuilles très haut pour les soustraire à la dent des herbivores et, par surcroît de précaution, les imbibe de résine.

comme un produit excrété ne servant pas plus à la plante que l'urine à l'animal. Kraus, remarquant que le tanin est un antiseptique, le croit destiné à protéger le végétal contre le développement des microbes et des moisissures ; ainsi s'expliquerait sa position périphérique. Warming a aussi imaginé qu'il agissait par son hygroscopicité en empêchant le dessèchement et en diminuant la turgescence des cellules ; mais ce sont là autant d'hypothèses gratuites. M. Stahl, au contraire, pense que le tanin est destiné à protéger les plantes contre les animaux. En effet, nos animaux domestiques évitent les plantes riches en tanin lequel, d'ailleurs, communique aux plantes un goût acerbe, bien connu par exemple dans le coing non mûr. Cependant le trèfle, qui en contient un peu, est dévoré par les chevaux et le bétail ; mais le peu qu'il renferme suffit à écarter les limaces et les escargots. En effet, si l'on donne à ceux-ci des feuilles traitées au préalable par l'alcool, on les voit se jeter dessus avec avidité, tandis qu'ils n'y touchent pas si elles sont vivantes. C'est probablement la présence de tanin qui empêche les escargots de toucher aux vesces, au sédum, à la saxifrage, etc. Une expérience simple va nous confirmer dans cette opinion : prenons des fragments de carottes, desséchons-les au four et imbibons-les ensuite de solutions à $1/1000$, $1/500$ et $1/100$. Offrons ces morceaux à une limace : elle dévorera les morceaux sortant de la solution au millième, elle touchera à peine à ceux de la solution au $1/500$ et respectera les fragments de la troisième solution. Le tanin protège aussi les plantes aquatiques (*potamogeton*, vallisnerie, *salvinia*, etc.).

Certaines feuilles, celles d'*œnothera*, *épilobium*, etc., portent à leur surface des poils cylindriques sécrétant un mélange d'acides oxalique, acétique et malique qui déterminent au contact de la langue une sensation acide très prononcée. L'acide oxalique paraît très désagréable aux limaces ; elles refusent même un fragment de carotte trempé dans une solution au $1/1000$; le simple contact des poils de l'*œnothera* avec leurs tentacules suffit à les faire se rétracter et à éloigner l'animal. Au contraire, si on lave la feuille avec soin, c'est-à-dire si on la débarrasse de sa sécrétion acide, on voit les limaces la manger sans répugnance.

Les plantes dont les tissus renferment des huiles essentielles, des liquides odorants, sont comme chacun sait extrêmement nombreuses ; il suffit de rappeler la menthe, le géranium, la rue, etc. Les botanistes ont émis beaucoup d'hypothèses sur le rôle physiologique de ces substances ; une des opinions les plus en cours consiste à les considérer comme des substances excrétées, ne pouvant plus servir au végétal. Stahl pense qu'au contraire les essences odorantes jouent un rôle actif dans la protection des plantes contre les attaques des animaux : il est facile de montrer la répugnance qu'ont les limaces et les escargots pour ces substances ; si, en effet, pendant qu'un de ces animaux rampe, on écrase un fragment de feuille sur leur chemin, on les voit se détourner aussitôt. Si l'on donne à manger à des limaces des feuilles fraîches de menthe poivrée, de dictame, de géranium, de rue, celles-ci sont laissées intactes. Mais si l'on traite au préalable ces feuilles par l'alcool, c'est-à-dire si on les débarrasse de leurs huiles essentielles, on les voit être dévorées avec avidité.

Il ne semble pas non plus y avoir de doute que le latex qui s'écoule à la moindre blessure du pavot, de la chélidoine, de l'euphorbe, ne soit un liquide protecteur, tant par une action mécanique en engluant la bouche des animaux, que par une action chimique, car il renferme généralement des substances narcotiques. La sortie du latex, paraît-il (?), peut se faire sans qu'il y ait la moindre lésion dans les tissus. M. Delpino a remarqué, par exemple, sur la laitue vireuse, dont les tissus sont encore tendres, que si l'on vient à toucher avec un corps quelconque mais mousse, soit les bractées, soit les poils de l'involucre, on voit immédiatement jaillir au dehors une goutte de latex. Et lorsqu'on observe le point touché au microscope, on n'observe pas de lésions épidermiques. Le lactifère aurait donc été irrité, se serait contracté, déchiré, et aurait laissé échapper une goutte de latex qui peut-être serait venue faire saillie au dehors par un stomate pour défendre la plante.

Les alcaloïdes semblent jouer le même rôle et l'on peut dire, avec M. Errera, que quelques grammes d'un alcaloïde protègent une plante contre les dévastations des animaux aussi efficacement que les plus fortes épines.

*
* *

Les diverses substances que nous venons de passer en revue agissaient soit par leur odeur, soit par leur saveur, pour repousser les animaux. Celles que nous allons étudier maintenant agissent mécaniquement.

Un certain nombre de plantes, le panais par exemple, remplissent leurs cellules superficielles de calcaire, dont l'utilité n'apparaît pas au premier abord. On démontre que cette calcification est très utile pour la protection contre les animaux. Voici comment M. Stahl le fait voir : il donne à des limaces des feuilles fraîches de vélar (crucifère), ces animaux n'en prennent pas ; il traite ces feuilles par l'alcool, qui enlève les essences, même résultat ; enfin, il les traite par l'acide acétique, qui dissout le carbonate de calcium, et nos animaux les mangent alors volontiers.

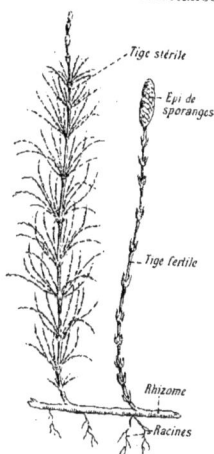

Fig. 64. — Prêle, plante barricadée de grains de silex microscopiques.

Tige stérile
Épi de sporanges
Tige fertile
Rhizome
Racines

Le dépôt de silice dans les cellules superficielles est un fait très fréquent, surtout chez les graminées et chez les prêles (fig. 64) : la silice est même si abondante chez ces dernières qu'on les emploie pour le polissage des meubles. Parmi les graminées, il en est qui sont tellement bourrées de silice, qu'avec un fragment de leur tige on peut battre le briquet comme avec un morceau de silex. On comprend que des limaces n'aiment pas à manger des tissus aussi durs. Mais même quand la quantité de silice est très faible, comme dans les herbes de nos pâturages, elle suffit à les protéger contre les limaces : on peut voir facilement que les champs de blé, de seigle, d'avoine, d'orge, etc., sont peu ou pas détruits par ces animaux. Prenons dans un pré des paturins, des blés, des houlques, etc., et donnons-les à des escargots, ils n'y toucheront pas. Mais prenons des graines de ces plantes et faisons-les germer dans un sol d'où l'on aura exclu toute trace de silice ; les plantes qui en proviendront ne pourront silicifier leurs cellules ; donnons-les à des escargots, ils les mangeront. Il semble donc que c'est à la propriété qu'elles ont de silicifier leurs membranes que les graminées ont pu se répandre avec une si grande abondance sur toute la terre ; de même que les composées sont si nombreuses en espèces et en individus, parce qu'elles sont protégées par leurs huiles essentielles et leur latex.

Si l'on fait une coupe transversale dans diverses plantes telles que le gouët (arum) (fig. 65), le narcisse des poètes, l'oseille, etc., nous voyons que certaines cellules dépourvues de protoplasme, mortes par conséquent et remplies de cristaux d'oxalate de calcium de formes très variées, les uns quadrangulaires, les autres octaédriques, d'autres réunis en oursin, d'autres enfin très allongés comme des aiguilles ; ces derniers sont désignés sous le nom de *raphides*. Comme pour les huiles essentielles, on regarde les cristaux d'oxalate de calcium comme un déchet organique, n'étant d'aucune utilité pour la plante. Ils semblent cependant très utiles ; ainsi, chez le narcisse des poètes, les escargots ne mangent que les fleurs et ne s'attaquent jamais aux feuilles ; si l'on recherche les raisons de ce choix, on voit qu'il est dû à la présence de raphides dans les organes végétatifs et à leur absence dans les fleurs. Les raphides jouent un rôle mécanique. Pour une bouche d'escargot elles ont une longueur comparable à celle d'une grande aiguille par rapport à nous. Si les pommes ou les poires étaient bourrées d'aiguilles, il est probable que nous n'y toucherions pas. Un escargot ne mangera pas des feuilles de gouët fraîches ; mais si nous les triturons dans un mortier, c'est-à-dire si l'on détruit les cristaux, ou si on les traite par l'acide chlorhydrique étendu, qui dissout les raphides, les limaces et les escargots les dévorent.

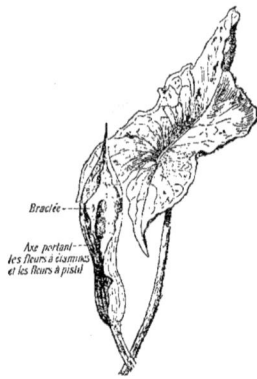

Fig. 65. — Gouët, plante protégée par des cristaux intérieurs microscopiques.

Bractée

Axe portant les fleurs à étamines et les fleurs à pistil

*

Tels sont, dans leurs grandes lignes, les moyens de défense biologiques, anatomiques, chimiques et mécaniques qui ont été observés jusqu'ici. Mais il est bon de remarquer que ces moyens de défense sont loin d'être exclusifs les uns des autres, et même on peut dire que les végétaux chez lesquels on a constaté une seule catégorie de moyens de défense constituent la minorité. Je viens de citer parmi eux le gouët, protégé par des raphides, la saxifrage, par le tanin, les graminées, par la silice. Parmi ceux pourvus de deux systèmes de défense, citons les *rumex* (tanin et acide oxalique), les *salvinia* (poils et tanin), le cerfeuil sauvage (poils et poison), etc. Enfin, parmi ceux doués de trois modes de protection, l'oxalide (acide oxalique, poils, tanin), le smilax (épines, poisons et raphides), etc.

Mais en somme, presque tous les végétaux ont un moyen de défense quelconque au moins contre certains animaux. Il faut aussi remarquer que cette protection n'est jamais absolue ; elle n'est que relative : telle plante protégée contre les limaces ne le sera pas contre les insectes, et réciproquement ; mais pour une plante, un ennemi de moins c'est déjà beaucoup, si l'on songe qu'un escargot des jardins, par exemple, mange en douze heures pour un quart de son poids et que le nombre de ses individus est parfois énorme : aux environs de Genève, Yung a compté 1 200 escargots de vigne sur un espace de 1 kilomètre carré.

Toutefois ici une question du plus haut intérêt se pose. Les divers moyens protecteurs que nous avons passés en revue ont-ils été créés pour le rôle qu'ils jouent aujourd'hui, ou bien leur rôle n'est-il venu qu'après? La protection n'est pas douteuse ; les exemples sont suffisamment probants ; quant à la genèse de cette protection, elle est bien difficile à reconstituer. Cependant il est admissible que la sélection naturelle ait joué un grand rôle : tel végétal qui s'est trouvé pourvu de cristaux d'oxalate de calcium, je suppose, a pu se perpétuer à travers les temps, tandis que tel autre, non armé pour la lutte contre les limaces, a été anéanti par elles. Une dernière remarque est nécessaire pour montrer le but évident des moyens protecteurs : presque toutes les plantes cultivées en sont dépourvues, tandis que, comme nous l'avons déjà dit, toutes les espèces sauvages en possèdent. Le cas le plus net est celui de la laitue. A l'état sauvage, si l'on casse une feuille ou une tige, on en voit sortir un suc blanc, un latex, corps formé de matières diverses, qui, nous l'avons observé, défend vigoureusement la plante contre les atteintes des limaces. Au contraire, dans l'espèce cultivée, qui dérive de la précédente, le latex fait presque défaut ; aussi la plante, au grand désespoir des jardiniers, n'est-elle plus capable de lutter et se laisse-t-elle manger par les limaces. Il semble — nous l'avons déjà fait remarquer mais il est bon de le répéter — que lorsque l'homme cultive une plante, c'est-à-dire la prend sous sa protection, la plante renonce peu à peu à ses armes défensives, désormais inutiles, puisqu'elle peut s'en remettre à la sollicitude intéressée du cultivateur.

N'est-il pas piquant de faire remarquer qu'en entourant nos champs de grilles armées de pointes, en entourant d'eau les pieds de nos plantes de serres, en camphrant nos vêtements et en empoisonnant nos herbiers, nous ne faisons qu'imiter les végétaux, qui pratiquent ces diverses méthodes depuis longtemps, bien avant que l'homme n'apparût sur la terre? Il n'y a rien de nouveau sous le soleil!

CHAPITRE IX

Les amies des fourmis.

C'est un fait bien connu de tous que les fourmis ont l'habitude — désagréable dans les jardins — de se promener à la surface des plantes pour recueillir le nectar que sécrètent les feuilles et les fleurs, ou encore « traire » les pucerons qui vivent sur elles ([1]). Quand elles ont terminé leur récolte, ces fourmis rentrent au nid et laissent les plantes un moment en repos. Il existe cependant un certain nombre de cas où les choses se passent autrement : la plante est creusée de cavités plus ou moins irrégulières où les fourmis passent toute leur existence y trouvant ainsi les vivres et le logement. On admet qu'en échange de ces bons offices, elles empêchent leur hôte d'être envahi par les insectes nuisibles. Dans cette hypothèse, la plante est « amie » de la fourmi et reçoit le nom de *myrmécophile*.

Au point de vue biologique, l'existence de ces plantes myrmécophiles présente un grand intérêt par les problèmes qu'elle soulève. On peut se demander, en effet, si les anfractuosités ont été créées *pour* les fourmis ou *par* les fourmis. Nous reviendrons plus loin sur cette question.

Le cas de myrmécophilie le plus bénin que l'on puisse citer est celui de divers palmiers dans la spathe (c'est-à-dire la gaine protectrice) desquels vivent des fourmis, mais sans y produire la moindre déformation. Chez les *dæmonorops*, elles élisent domicile, en outre, au milieu d'aiguillons qui, s'inclinant les uns vers les autres suivant plusieurs lignes longitudinales, constituent de véritables galeries couvertes, des sortes de huttes allongées, où elles vivent comme des « coq-en-pâte » à l'abri des intempéries.

Le cas de l'*acacia cornigera* est plus intéressant encore. Les feuilles de cet arbre possèdent à leur base — en guise de stipules — deux fortes épines si bien recourbées qu'on les a comparées aux cornes d'un bœuf. L'intérieur de ces

---

([1]) Cette histoire est traitée tout au long dans notre précédent ouvrage sur *les Arts et Métiers chez les animaux*. Paris, 1903.

épines est creux et occupé par des fourmis qui y pénètrent en creusant un petit trou à la surface. Les deux cavités des épines communiquent entre elles. Les fourmis qui y vivent appartiennent à deux espèces, mais ne se rencontrent jamais en même temps : sur certains arbres, c'est le *pseudomyrmex bicolor* ; sur d'autres, un *crematogaster*, et il y a antagonisme entre elles. Ces deux espèces vont recueillir le nectar sécrété par les nectaires qui garnissent le pétiole principal dans toute sa longueur. De plus, à l'extrémité des folioles, elles rencontrent de petits boutons qui, d'abord compacts, ne tardent pas à devenir succulents : quand ces sortes de fruits minuscules sont mûrs, les fourmis les coupent et les entraînent dans les épines pour les sucer tout à leur aise. Pour les amateurs de pittoresque on peut dire que le nectar constitue un « ordinaire » et les boutons sucrés, fruits en miniature, une friandise, un « dessert ».

Un fait curieux à constater, c'est que, par la culture, ainsi que Belt l'a démontré, on n'obtient que des épines molles et à contenu pulpeux. Celles-ci ne durcissent pas non plus lorsqu'on les fait envahir par des espèces quelconques de fourmis. Pour qu'elles acquièrent toutes leurs dimensions et toute leur dureté, la présence du *pseudomyrmex bicolor* ou d'un *crematogaster* est indispensable. On voit que ces deux sortes de fourmis sont utiles à l'acacia, puisque, grâce à elles, les épines deviennent des organes redoutables pour les herbivores qui voudraient s'en nourrir. Ceux-ci sont en outre éloignés par l'odeur des fourmis ; en effet, les feuilles de l'acacia, même débarrassées de leurs hôtes, ne sont pas dévorées par les herbivores.

Fig. 66. — Branche de *cleorodendron fistulosum*.
A. Entière. — B. Dépouillée de ses feuilles et en partie ouverte pour montrer les cavités intérieures et les orifices d'entrée et de sortie des fourmis.

Dans les forêts de la Malaisie on rencontre une belle euphorbiacée, l'*endospermum moluccanum*, qui est également myrmécophile. Sa tige est creusée de cavités où vivent des fourmis, lesquelles se nourrissent du nectar sécrété par les pétioles. Cet arbre est si beau que Rumph lui a donné le nom d' « Arbre royal ». Il semble que ses grandes dimensions soient dues à l'excitation produite par la présence des fourmis. En effet, lorsqu'on le cultive dans les jardins botaniques tropicaux, même en le comblant de soins, en le dorlotant, on n'arrive à lui faire acquérir que des dimensions restreintes.

Chez une verbénacée, le *cleorodendron fistulosum* (fig. 66), les fourmis habitent à l'intérieur de la tige. Les entre-nœuds de celle-ci sont très renflés et

H. COUPIN. — PL. ORIG.

leur intérieur communique avec l'extérieur par un orifice situé juste au-dessous de l'insertion de la feuille. Cet orifice est-il l'œuvre des fourmis, ou bien est-il naturel ? Beccari, qui a étudié la question, semble se rallier à cette dernière opinion, tout en admettant que le trou a été dans le temps l'œuvre des fourmis, mais qu'il est devenu héréditaire. Quoi qu'il en soit, pour se convaincre des services que rendent les fourmis à la plante, il suffit d'essayer de cueillir un rameau : aussitôt les bestioles envahissent la main profane et lui font de cruelles morsures.

L'habitation des fourmis, chez le *nepenthes bicalcarata* (fig. 67), est plus singulière : c'est le pétiole de ces curieuses urnes que l'on considère comme destinées à capturer les insectes. Le pétiole en question, tantôt droit, tantôt courbé, est creux, renflé, spongieux et sa cavité (qui ne communique pas avec celle de l'urne) s'ouvre au dehors par un orifice : c'est à son intérieur que vivent les fourmis. On rencontre aussi quelques ouvertures sur l'axe de l'inflorescence, dont l'intérieur est également habité. Il est curieux de constater que les fourmis choisissent, dans le pétiole, l'endroit de la plante le plus dangereux pour elles ; si, en effet, elles s'aventurent sur l'urne, il y a bien des chances pour qu'elles glissent à son intérieur et se noient.

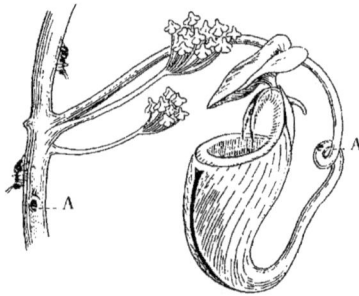

FIG. 67. — Urne de *nepenthes bicalcarata*.
A. Orifices d'entrée et de sortie des fourmis.

C'est une relation d'un autre genre qui se rencontre avec le *kibara formicarum*. Dans cette monimiacée, les entre-nœuds sont remplis de fourmis et de cochenilles. Il est très probable que celles-ci ont été transportées à cet endroit par les fourmis, lesquelles en tirent un bénéfice en léchant le liquide sucré qui suinte à leur surface. Il faut avouer que la présence de ces parcs à cochenilles dans l'intérieur d'une tige est bien singulière.

Mais l'une des plus curieuses plantes myrmécophiles, et aussi l'une des mieux étudiées, est certainement le *myrmecodia echinata* (fig. 68). Cette rubiacée épiphyte vit à de grandes hauteurs sur les arbres, attachée aux branches par quelques racines adventives. Elle se présente sous la forme de gros tubercules irréguliers surmontés de quelques tiges feuillées.

Ces tubercules énormes — ils peuvent atteindre plusieurs décimètres de diamètre — sont creusés à l'intérieur d'innombrables galeries communiquant toutes les unes avec les autres et s'ouvrant à l'extérieur par plusieurs orifices. Toutes ces cavités sont habitées par des fourmis.

Il semble évident *a priori* que ces tubercules soient des productions pathologiques, des galles provoquées par la présence irritante des fourmis. Il n'en est rien : d'après les recherches de Treub, la présence de ces insectes est très utile à la plante, mais c'est celle-ci qui, en quelque sorte de son plein gré, leur offre le logement. Si l'on fait germer des graines de *myrmecodia*, on obtient de petites plantules présentant à la base un léger renflement. Or, même en dehors de la présence des fourmis, ce jeune tubercule offre une galerie qui, d'abord interne, ne tarde pas à s'ouvrir pour communiquer avec l'extérieur. Donc, les fourmis ne sont pas indispensables à la formation du tubercule, lequel continue

Fig. 68. — *Myrmecodia echinata*, croissant sur une branche d'arbre.
Un des tubercules a été coupé en deux pour montrer les cavités habitées par les fourmis.
Sur la même branche (au milieu), on voit de jeunes germinations.

à croître et à se creuser de galeries. Il n'en est pas moins vrai que les fourmis favorisent le grand développement des tubercules et que ceux-ci, par leur nature spongieuse, deviennent de précieux réservoirs d'eau pour le reste de la plante.

Enfin nous donnerons, d'après M. Heim, la description d'une curieuse disposition myrmécophilique, chez les *dischidia* (fig. 69).

« Les *dischidia* sont des asclépiadacées épiphytes de l'Extrême-Orient, à tiges et à rameaux volubiles, s'enroulant autour des arbres-supports. Ces plantes sont surtout remarquables par des organes en forme d'urnes appendus aux rameaux volubiles, urnes généralement pendantes et où plongent des racines adventives émanées du pédoncule qui les supporte.

« La ressemblance de ces urnes avec les galles produites sur les feuilles des divers arbres par des pucerons du genre *pemphigus* est telle que nombre des premiers observateurs de ces plantes les ont considérées comme des organes anormaux, du fait de la piqûre d'insectes parasites.

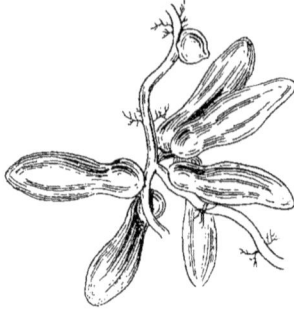

Fig. 69. — Un groupe d'urnes de *dischidia*.

« La nature morphologique de ces curieux organes a été parfaitement élucidée par les recherches de Treub : ce sont des feuilles modifiées. Les feuilles normales des *dischidia* sont orbiculaires, épaisses et charnues, opposées. Les urnes ne sont autre chose qu'un limbe de feuille dont la face inférieure correspond à la face interne de l'urne ; le pétiole de cette feuille anormale est plus épais que le pétiole des feuilles normales. On se rend parfaitement compte du mode de formation de ces organes en repliant, par la pensée, le limbe d'une feuille normale vers la terre, puis en le redressant et rapprochant ses bords. En réalité, un changement de croissance se manifeste dans la jeune urne en voie de formation ; la croissance se localise presque sur la partie médiane, de façon à lui faire prendre la forme d'un capuchon dont l'ouverture est d'abord tournée vers le bas ; puis, progressivement, plus ou moins complètement redressée.

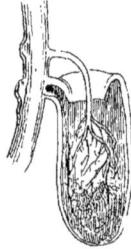

Fig. 70. — Urne de *dischidia* coupée en long. (A son intérieur on aperçoit la ramification d'une racine adventive appartenant à la même plante.)

« Les *dischidia* ont des feuilles opposées, mais la feuille normale opposée à l'urne avorte en général. Lorsque la jeune urne affecte la forme d'une outre allongée, on voit se produire sur son pétiole quelques racines adventives ; celles de ces racines qui poussent près de l'embouchure de l'urne entrent à son intérieur (fig. 70). Une urne adulte renferme d'ordinaire une ou deux longues racines adventives, munies d'un système de radicelles très développé. La surface interne des urnes est pourprée, tandis que leur surface externe est grisâtre, d'un vert glauque, ainsi d'ailleurs que la surface des tiges et des feuilles.

« La direction des urnes est variable et digne de fixer l'attention. La plupart sont accrochées verticalement, l'embouchure en haut, mais il y en a aussi d'horizontales et d'autres dressées, tournant leur extrémité fermée vers le haut, c'est-à-dire conservant la position qu'elles avaient lors de leur formation.

« Les urnes des *dischidia* sont habitées souvent par des fourmis. Les autres insectes ne pénètrent que très rarement à l'intérieur des urnes. Les fourmis qu'on y trouve sont toujours très vivantes et généralement en très grand nombre. Les ascidies deviennent de véritables fourmilières abritant des centaines d'individus et beaucoup de larves. Les fourmis en sortent avec la même facilité qu'elles y pénètrent, car l'urne ne présente aucune disposition apte à retenir les insectes qui y ont pénétré ; au contraire, les racines adventives qui la traversent, depuis le pétiole jusqu'au fond, forment avec leurs nombreuses radicelles des sortes d'échelles menant à l'extérieur de l'antre. Lorsqu'on presse une ascidie dans laquelle il y a des fourmis, on les voit sortir en grand nombre, emportant leurs larves et leurs nymphes. Il importe de noter que, suivant la localité, les *dischidia* offrent asile à des fourmis, ou bien végètent indépendamment de tous rapports avec ces insectes et présentent des urnes absolument normales. »

En somme, il existe de nombreux cas où des fourmis habitent à l'intérieur des plantes ; mais il y a toute une série de cas intermédiaires entre celui où leur présence est indifférente à ces dernières et celui où elle leur est, sinon indispensable, du moins très utile. Il n'est pas impossible même d'admettre, ainsi que cela semble évident chez les *myrmecodia*, que les lésions produites pendant plusieurs générations par les fourmis, soient devenues héréditaires. A cet égard, la myrmécophilie présente un grand intérêt biologique, puisqu'elle nous montre un bel exemple de l'hérédité des caractères acquis et une véritable symbiose entre un végétal et un animal.

CHAPITRE X

Plantes qui remuent.

L'immobilité des plantes — que l'on oppose généralement à la motilité des animaux — n'est qu'une apparence. En réalité, je crois qu'il serait impossible de trouver une seule espèce ayant à midi la même position que le matin ou le soir. Les mouvements de la tige et des feuilles sont lents et échappent à notre vue, mais, en prenant des points de repère on s'en rend facilement compte.

Dans certaines plantes ces mouvements sont très étendus et dès lors bien manifestes. Le cas le plus connu est celui de la sensitive, légumineuse qui couvre de vastes espaces au Brésil. « Qui ne connaît, qui n'a vu la sensitive et l'étrange sensibilité de ses feuilles? dit Figuier; il suffit du choc le plus léger pour faire fléchir ses folioles sur leur support, les branches pétiolaires sur le pétiole commun et le pétiole commun sur la tige. Si l'on coupe avec des ciseaux fins l'extrémité d'une foliole, les autres folioles se rapprochent successivement. » De Candolle s'était exercé à placer sur une des folioles de la sensitive une goutte d'eau, avec assez de délicatesse pour n'y exciter aucun mouvement. Mais, lorsqu'il substituait à l'eau une goutte d'acide sulfurique, il voyait les folioles se crisper, les pétioles partiels et le pétiole commun s'abaisser et graduellement subir la même influence, sans que les folioles situées au-dessous participassent au mouvement.

« Cette charmante légumineuse, dit de son côté F.-A. Pouchet, objet de tant d'ingénieuses comparaisons, possède une délicatesse de sensation qu'on serait loin de s'attendre à rencontrer dans le règne végétal. Lorsque M. de Martino traversait les savanes de l'Amérique tropicale, où elle abonde, il remarquait que le bruit des pas de son cheval faisait au loin contracter toutes les sensitives, comme si elles étaient effrayées. Un rayon de soleil ou l'ombre d'un nuage suffit même pour produire une animation manifeste au milieu de leurs groupes... »

Chose étrange! cette légumineuse sait, ainsi que nous, se façonner aux circonstances variées dans lesquelles elle se trouve. Desfontaines, en ayant placé une dans une voiture, la vit contracter immédiatement toutes ses feuilles, aussitôt qu'elle sentit l'ébranlement des roues. Le voyage s'étant prolongé, revenue de sa frayeur, la sensitive rouvrit peu à peu toutes ses feuilles et les tint étalées tant que dura le mouvement. Elle s'y était accoutumée. Mais, si la voiture s'arrêtait, on voyait le même phénomène se reproduire : au départ, la plante se contractait de nouveau pour ne se rouvrir que plus loin.

Chose plus étrange encore ! la sensitive est, comme les animaux, mais à un degré moindre, affectée par les agents anesthésiques, tels que le chloroforme et l'éther. Qu'on expose, par exemple, un oiseau, une grenouille, une sensitive (fig. 71) à l'action des vapeurs de chloroforme : l'oiseau le premier perdra toute sensibilité ; puis ce sera le tour de la grenouille, dont l'organisation est moins élevée que celle de l'oiseau ; la sensitive s'endormira la dernière.

A la base du pétiole de la feuille de la sensitive et de chacun des pétiolules des folioles, on remarque des renflements très notables.

Fig. 71. — Sensitive exposée sous une cloche aux vapeurs de chloroforme.

Lorsque, en la touchant, on a provoqué les mouvements de la feuille, on remarque que ces renflements sont devenus mous, flasques. C'est qu'en effet lesdits mouvements sont dus à ces derniers, appelés, pour cette raison, « renflements moteurs ».

Le mécanisme du mouvement provoqué de la sensitive peut s'expliquer de la façon suivante. « L'impression de contact entraîne une contraction brusque du réseau protoplasmique et, par suite, un retour élastique des membranes, jusqu'alors distendues, dans le parenchyme de la moitié inférieure du renflement principal. L'eau expulsée pendant cette contraction envahit les espaces intercellulaires et s'échappe en partie dans le pétiole et dans la tige, car il y a diminution de volume du renflement. Cette diminution de turgescence entraîne l'abaissement immédiat de la feuille, qui tombe en quelque sorte par son propre poids et aussi par suite de la légère extension qu'éprouve alors la moitié supérieure du renflement. Cela étant, il faut un certain temps pour qu'une nouvelle absorption d'eau rétablisse la turgescence dans les cellules de la moitié inférieure et amène cette turgescence à devenir supérieure à celle de la moitié opposée, ce qui provoquera le redressement du pétiole en même temps que l'épanouissement de la feuille entière. La durée de cette période est d'autant plus courte que la transpiration est plus faible.

« On voit que, dans le mouvement provoqué, c'est à une diminution prédominante de turgescence dans la moitié inférieure du renflement moteur qu'est dû l'abaissement du pétiole ; la différence réside dans la brusque et profonde dépression que provoque le départ d'eau dans la feuille excitée, et c'est ce qui explique comment une sensitive, naturellement endormie, peut abaisser encore ses pétioles sous l'action d'une stimulation mécanique. » (E. Belzung.)

On peut encore trouver des mouvements provoqués par un contact chez l'*oxalis sensitivum* qui jouit, dans l'Inde, sa patrie, d'une sensibilité digne de celle de la sensitive, mais qui, dans nos serres, est beaucoup plus réfractaire.

Très sensibles aussi à l'attouchement sont les plantes carnivores que nous avons déjà étudiées au chapitre 1, notamment la dionée attrape-mouche et le droséra.

*
* *

D'autres plantes présentent des mouvements spontanés, c'est-à-dire produits sans qu'il soit nécessaire de les provoquer. Elles remuent ainsi toute leur vie, d'ailleurs sans savoir pourquoi ni comment.

C'est le cas du sainfoin oscillant (fig. 72) qui croît au Bengale. Chacune de ses feuilles présente, à l'extrémité, une large foliole de 8 à 10 centimètres de

longueur, et sur le côté, deux petites folioles de 2 centimètres. Malgré leur aspect banal, ces folioles sont très curieuses ; comme les enfants un jour d'orage, elles ne peuvent rester en repos. Voici, sur cette « gigue » continue, quelques détails précis, empruntés à M. E. d'Hubert.

Les feuilles de cet étrange végétal exécutent deux sortes de mouvements différents. Ceux de la grande foliole impaire sont analogues à ceux de la veille et du

Fig. 72. — Feuille de sainfoin oscillant.

sommeil, que nous apprendrons à connaître plus loin, et, le pétiole commun y participant, la feuille entière change entièrement de position le jour et la nuit.

Cette foliole est tellement sensible sous ce rapport qu'elle modifie sa direction à presque toutes les heures de la journée : à la lumière, elle s'élève et finit, dans le milieu d'un beau jour ensoleillé, par se trouver en ligne droite avec le pétiole ; elle s'abaisse, au contraire, dès que le ciel se couvre ou que la lumière diminue, et pendant la nuit elle pend au point d'appliquer sa face inférieure contre la tige. Cette tige elle-même semble ressentir l'influence de la lumière, puisqu'elle prend une obliquité variable pour se porter vers le soleil, dans le milieu de la journée. Enfin le pétiole commun se relève aussi au soleil. Hufeland a remarqué qu'au moment de son plus grand redressement, vers midi, cette grande foliole a un tremblotement très appréciable si la chaleur est considérable.

Mais le phénomène le plus étonnant est celui des deux petites folioles. Leur mouvement est continu et uniforme le jour et la nuit, tant que la température reste également élevée ; aussi Hufeland le qualifie-t-il de spontané, et De Candolle, d'autonomique. Il consiste en ce que l'une des deux petites folioles se relève avec lenteur en dirigeant son sommet visiblement vers la tige ou en dedans, et, dès qu'elle est arrivée vers le terme de sa course ascendante, l'autre foliole, qui lui est opposée, s'abaisse en tournant sa face supérieure en dehors, et en éloignant notablement son sommet de la tige ; ensuite, selon l'expression de Sylvestre, Hallé et Cels, le sommet des folioles décrit une ellipse dont le plan est incliné sur l'axe de la feuille. Dès que cette seconde foliole est parvenue au point le plus bas, la première commence à s'abaisser à son tour, et ainsi de suite. La marche ascendante est beaucoup plus lente que la marche descendante, et elle s'opère souvent par secousses ou saccades tellement multipliées que, dans l'Inde, on a pu en compter jusqu'à soixante par minute. Dans le pays natal de la plante, deux minutes au plus suffisent pour faire exécuter aux folioles tout leur mouvement ; mais, dans nos serres, elles se meuvent d'ordinaire beaucoup plus lentement. Cependant Meyen dit que, dans une serre très chaude, on voit quelquefois une foliole parcourir tout son trajet en une minute ; après quoi, elle reste plusieurs minutes avant de reprendre sa marche en sens inverse.

La cause des mouvements de ces folioles latérales est inconnue. Quant à leur siège, Sylvestre, Hallé et Cels ont reconnu depuis longtemps qu'ils s'opèrent par une simple flexion du pétiole propre à ces folioles. Les mêmes observateurs ont constaté que la chaleur, réunie à l'humidité, agit puissamment sur la production et l'intensité du phénomène. C'est surtout la chaleur qui influe sur la rapidité de ce mouvement ; si, par une température de 35°, 85 à 90 secondes suffisent pour que sa révolution soit complète, il faut quatre minutes pour qu'elle s'effectue à 28 ou 30° et le phénomène cesse d'avoir lieu à 22°. Quant à la lumière, elle n'exerce aucune action, puisque les folioles oscillent également la nuit et le jour. Enfin Hufeland a constaté que l'électricité est entièrement inactive sur la plante, de même que les excitants de toute sorte.

Un autre fait remarquable, c'est que, même sur des portions détachées et sur des feuilles coupées, les oscillations des folioles latérales continuent d'avoir lieu pendant assez longtemps tant que le pétiole est intact.

On observe des mouvements analogues mais beaucoup plus lents chez l'*hedysarum vesperlionis*, de Cochinchine, et l'*hedysarum cuspidatum*.

* *

Ce sont là des plantes rares, qu'il est fort difficile de se procurer. Mais il y a chez nous une très grande quantité de plantes où de semblables mouvements sont très faciles à constater.

Regardez un de ces arbres qui ornent les allées de nos parterres et qui portent, vous le savez, le nom d'acacia alors qu'en réalité c'est le robinier *(robinia pseudacacia)* (fig. 73). Ses feuilles sont formées d'une longue aiguille terminée par une petite foliole arrondie. A droite et à gauche, l'aiguille porte une longue série de folioles semblables. Pendant la journée, les folioles sont largement étalées au soleil et donnent à

Folioles

Stipule épineuse

FIG. 73. — Feuille de robinier.

l'arbre un aspect touffu. Rien en apparence de plus immobile, par un temps calme, que ces feuilles, auxquelles on a donné le nom de feuilles « composées ». Mais ne vous contentez pas d'un examen pendant le jour ; revenez voir votre acacia après que le soleil a disparu sous l'horizon. Alors l'arbre paraît tout différent. Il semble beaucoup moins touffu que pendant la journée, Cette apparence est due aux feuilles, qui ont alors un aspect tout autre. Les folioles ont, en effet, tourné autour de leur point d'attache, et chaque foliole d'un côté est venue s'appliquer contre la face inférieure de la foliole opposée, qui a effectué le même mouvement. La feuille passe la nuit dans cet état. Le matin, à mesure que la lumière grandit, les folioles s'écartent peu à peu l'une de l'autre et finissent par reprendre leur position étalée.

Les mêmes phénomènes sont faciles aussi à constater chez le mimosa (fig. 74),

Fig. 74. — Feuille de mimosa.
A. Position de veille. — B. Position de sommeil.

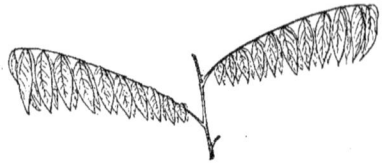

dont la feuille est composée à deux degrés et où, par suite, il y a un double rabattement vers le bas.

On a comparé ce phénomène à celui qu'on observe chez les animaux qui dorment pendant la nuit, et on l'a désigné sous le nom de « sommeil des plantes ».

On appelle « mouvements nyctitropiques » les mouvements ainsi exécutés par les feuilles en passant de l'obscurité à la lumière et réciproquement. On les a rencontrés dans quatre-vingt-dix genres, dont la moitié pour les légumineuses, plantes à feuilles composées.

La position diurne se caractérise toujours par un épanouissement maximum des feuilles ou des folioles. Au contraire, dans la position nocturne, les feuilles et les folioles se rabattent plus ou moins les unes sur les autres, mais en le faisant d'une manière spéciale à chaque espèce.

De même que chez l'acacia susnommé, les folioles du lupin (fig. 75), du

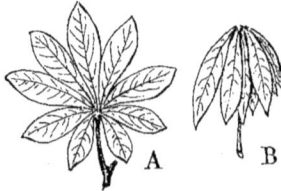

Fig. 75. — Feuille de lupin.
A. Position de veille. — B. Position de sommeil.

Fig. 76. — Feuille de carambolier (pendant la nuit).

haricot, de l'oxalide, du carambolier (fig. 76) se rabattent vers la base, de manière à appliquer leurs faces inférieures l'une contre l'autre.

Dans le trèfle (fig. 77), pendant la nuit, deux des folioles s'appliquent l'une sur l'autre, tandis que la troisième se rabat sur les deux précédentes en se repliant en même temps sur elle-même, à la façon d'un livre que l'on ferme.

Les folioles du lotus, de la luzerne, de la gesse, de la coronille (fig. 78), du

FIG. 77. — Trèfle.
A. Position de veille. — B. Position de sommeil.

FIG. 78. — Feuilles de coronille (pendant la nuit).

strephium (fig. 79), se tournent vers le haut de manière à appliquer leurs faces supérieures l'une contre l'autre.

Les folioles de la sensitive présentent des mouvements nyctitropiques entièrement indépendants des mouvements provoqués dont nous avons parlé plus haut. « Elles sont repliées la nuit, à la façon de celles des acacias, et étalées le jour, mais le pétiole primaire y est jour et nuit en mouvement continuel. Fortement abaissé le soir, il commence à se relever avant minuit et atteint, avant l'aurore, son maximum de redressement. Au lever du soleil, il s'abaisse rapidement pendant que les folioles s'étalent, et sa marche descendante continue jusqu'au soir pour atteindre à la tombée de la nuit son maximum d'affaissement, en même temps que les folioles se replient. Le matin et l'après-midi, la descente du pétiole est interrompue par un faible relèvement. Ce qui frappe tout d'abord, c'est que l'apparition de la lumière coïncide avec un brusque abaissement du pétiole commun. Elle semble donc agir comme l'obscurité, quand on y place subitement la plante au milieu du jour. Remarquons aussi que, tandis que l'intensité lumineuse va d'abord en croissant le matin, puis en décroissant le soir, le pétiole n'en continue pas moins à s'abaisser constamment du matin au soir. Enfin, notons que le pétiole, fortement abaissé le soir, se relève progressivement pendant la nuit et, deux fois par jour, remonte faiblement. » (d'Hubert.)

FIG. 79. — Strephium floribundum.
A. Position de veille. — B. Position de sommeil.

Les cotylédons se montrent souvent aussi doués de mouvements nyctitropiques.

*\
* *

En fixant à la feuille d'une légumineuse sommeillante un petit stylet s'appuyant sur une surface enfumée mobile, on peut inscrire le mouvement des feuilles passant de la position diurne à la position nocturne. Ce passage s'opère par une série d'oscillations.

Les mouvements nyctitropiques, quelle que soit leur forme, ont toujours pour conséquence de diminuer la surface foliaire et par conséquent la transpiration : c'est un procédé de défense contre le froid des nuits et l'influence perturbatrice du rayonnement nocturne.

On remarque que les mouvements nyctitropiques sont surtout fréquents chez les feuilles composées où la base des pétioles primaires et secondaires est pourvue d'un léger renflement : c'est à ce « renflement moteur » qu'ils sont dus, de même que les mouvements provoqués de la sensitive.

Au moment où le soleil se cache sous l'horizon, la transpiration est très diminuée : la feuille et le renflement moteur se remplissent d'eau. Or, celui-ci n'est pas homogène ; il ne contient pas les mêmes tissus dans toutes ses parties. Si ce sont les tissus inférieurs qui deviennent turgides, la foliole est relevée. Si au contraire la turgescence porte sur les tissus supérieurs, la foliole se rabat. Ces mouvements sont donc produits par l'afflux de l'eau causé par la diminution de la perte de vapeur d'eau. Il faut ajouter que le renflement moteur est riche en glucose surtout à la fin de la journée : il absorbe à ce moment beaucoup d'eau. Au matin, le glucose ayant été résorbé, le renflement redevient flasque.

*\
* *

Presque toutes les tiges, du moins à leur extrémité jeune, présentent un mouvement continu. On peut assez facilement s'en rendre compte.

Un pied de haricot étant placé verticalement dans un pot, plaçons horizontalement, au-dessus et tout près du sommet de sa tige, une lame de verre ou, à défaut, une feuille de papier transparent, et marquons par un point l'endroit où la tige touche le papier. Si, au bout d'une heure ou deux, nous notons de nouveau la position du sommet de la tige, nous verrons que ce point est différent du premier. En pointant ainsi, d'heure en heure, les positions successives du sommet, nous constatons facilement que la tige, loin d'être immobile comme nous étions portés à le penser au premier abord, est, en réalité, constamment en mouvement et qu'elle décrit dans l'espace une sorte de spirale plus ou moins irrégulière selon les circonstances. On donne quelquefois à ces mouvements en spirale de la tige le nom de « circumnutation ».

En répétant les mêmes expériences sur la racine, nous arriverions à des conclusions analogues, savoir que le sommet de la racine s'enfonce dans la terre en spirale. Cette propriété, cela est évident, est éminemment favorable à la pénétration de la racine dans le sol. Chacun sait, en effet, qu'on enfonce plus facilement un tire-bouchon qu'un poinçon dans un corps suffisamment résistant.

*
* *

La circumnutation est particulièrement développée chez les plantes volubiles (fig. 80), c'est-à-dire s'enroulant autour d'un support, et cette amplitude est évidemment en rapport avec leur genre de vie. Lorsque la tige en « circumnutant » vient à buter contre un support, le mouvement est arrêté au point de contact, mais, au dessus, la tige continue à tourner sur elle-même : elle embrasse ainsi forcément le tuteur. L'enroulement se fait toujours à une certaine distance du support ; ce n'est que plus tard que, la circumnutation devenant moins ample, la tige enlace étroitement le support. D'ailleurs, en arrivant au sommet de celui-ci, la tige continue à s'enrouler sur elle-même.

On sait, d'autre part, que les tiges volubiles ont chacune leurs habitudes, et n'y dérogent jamais : les houblons s'enroulent toujours de droite à gauche, et les liserons

Fig. 80. — Houblon (tige volubile).

de gauche à droite. N'essayez pas de les faire changer d'idée, vous perdriez votre temps.

*
* *

Il est bon nombre d'autres plantes qui grimpent avec ce que les botanistes appellent des « vrilles » (fig. 81), dont l'étude, on va le voir, rentre dans ce chapitre. Les vrilles sont quelquefois, comme dans la vigne, des tiges modifiées. Souvent elles proviennent de la différenciation d'une feuille, comme dans la courge, ou d'une simple foliole comme dans le pois. Chez la clématite, ce sont les pétioles qui s'enroulent en tire-bouchon.

Quelle que soit leur origine, les vrilles s'enroulent pour la même cause : leur extrême sensibilité à la pression. En touchant légèrement l'une d'elles dans sa région de croissance, celle-ci diminue dans la partie touchée. La face opposée continuant à croître au moins autant qu'au début, la vrille s'appuie sur le support en se courbant.

Pour provoquer une telle courbure, il n'est pas nécessaire d'appuyer d'une manière continue, ni avec une très grande force. Il en est qu'on peut faire courber, rien qu'en les effleurant du doigt à plusieurs reprises comme si on les caressait pendant quelques minutes. On fait naître la courbure de la vrille de la passiflore en la pressant avec une force d'un milligramme pendant vingt-cinq secondes. Pour la vrille de la vigne vierge, il faut plus d'une heure.

Le sommet de la vrille rencontrant le support s'applique sur lui et s'y enroule.

Chez quelques vrilles — celles de la bryone sont bien connues à cet égard, — la portion de la vrille comprise entre la tige et le support se contracte en hélice rapprochant ainsi les deux sommets. Ceux-ci étant fixes, la conséquence mécanique de la torsion est de faire naître un ou plusieurs points de rebroussement de l'hélice.

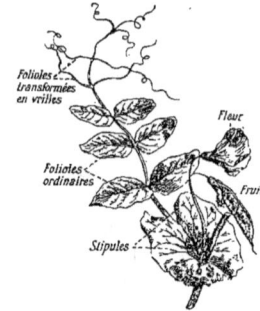

Fig. 81. — Feuille de pois (exemple de vrilles).

Folioles transformées en vrilles
Fleur
Folioles ordinaires
Fruit
Stipules

Les vrilles ne s'enroulent que si le support est suffisamment épais : celles de la passiflore s'enroulent cependant autour d'un fil de soie, mais un tuteur d'au moins trois millimètres d'épaisseur est nécessaire aux vrilles de la vigne.

Ces faits se comprennent si l'on remarque que le contact ne supprime pas la croissance, mais seulement la ralentit : si la torsion n'est pas assez forte pour amener un nouveau contact avec le tuteur, l'enroulement cesse et la vrille croît en ligne droite.

CHAPITRE XI

Fleurs agitées.

Pas plus que les tiges et les feuilles dont nous venons d'étudier les évolutions dans l'espace, les fleurs ne demeurent immobiles. Mais avant d'étudier ce point particulièrement, donnons quelques détails sur la floraison — ou, comme on disait autrefois, la fleuraison.

Généralement les fleurs apparaissent après les feuilles, ou plutôt pendant la période de plus grande vigueur de celles-ci. Les exceptions sont assez rares ; mais, comme elles sont relatives à des espèces vulgaires, elles paraissent beaucoup plus fréquentes qu'elles ne le sont en réalité. Citons le pêcher, l'orme, le peuplier, le tussilage, le magnolier.

Les pièces constituant les fleurs sont, quand elles sont jeunes, rabattues les unes sur les autres pour constituer ce qu'on appelle le bouton. Quand celui-ci est mûr, le calice et la corolle se rabattent au dehors de manière à exposer à l'air les parties centrales : c'est l'*épanouissement*, état de la fleur jusqu'à sa mort.

Fig. 82. — Belle-de-nuit.

La durée de l'épanouissement est très variable. Il est des fleurs qui ne vivent guère que douze heures : on les dit alors *éphémères*. Les unes s'épanouissent le soir et meurent le matin : ce sont les *éphémères nocturnes* (belle-de-nuit, fig. 82), céreus (voir p. 76, fig. 47). Les autres s'épanouissent le matin et meurent le soir : ce sont les *éphémères diurnes* (cistes, certains lins).

Si la fleur dure plus d'un jour, on la dit vivace.

Il y a un assez grand nombre de plantes, des arbres notamment, où les fleurs sont déjà formées — du moins en partie — bien avant leur épanouissement. Elles passent alors l'hiver enfermées dans des bourgeons dont les écailles sont alors garnies de poils blancs et cotonneux, destinés à les protéger du froid.

L'âge de la floraison des plantes est variable. Les herbes fleurissent la première année ; les plantes bisannuelles, la deuxième année. Les arbrisseaux et les arbres commencent généralement à fleurir d'autant plus tard que leur croissance est plus lente et leur durée habituelle plus prolongée. Il y a des exceptions à cette règle (ricin d'Afrique, rosier de Bengale, pin des Canaries). Une même espèce fleurit plus tôt dans les pays chauds que dans les régions froides ou tempérées.

Les plantes bien nourries ont une tendance à produire peu de fleurs et plus de feuilles ; les boutures, à fleurir plus tôt que si elles étaient restées en place. D'une manière générale, on peut dire, je crois, que tout ce qui peut faire souffrir une plante (transplantation, voyages, traumatismes) l'engage à fleurir plus vite et plus abondamment.

La floraison des plantes à fleurs vivaces a lieu généralement tous les ans à la même époque. Cependant il n'est pas rare de voir un arbre qui a beaucoup fleuri et fructifié une année ne pas fleurir l'année suivante. Par contre, on voit parfois les marronniers d'Inde qui mènent une vie misérable sur les boulevards de Paris fleurir plusieurs fois par an.

La floraison a lieu surtout au printemps et d'autant plus tôt que celui-ci est plus chaud. Mais elle peut avoir lieu à diverses autres époques, ce qui a permis aux botanistes à l'âme poétique de faire un *calendrier de Flore*. Celui-ci, naturellement, est variable avec les régions, et, jusqu'à une certaine limite, avec les conditions météorologiques de l'année. En voici un exemple :

Janvier : Perce-neige, peuplier blanc.
Février : Anémone hépatique, daphné bois gentil, lauréole, noisetier, violette.
Mars : Abricotier, amandier, anémone sylvie, giroflée jaune, narcisse, pêcher, primevère.
Avril : Couronne impériale, frêne, jacinthe, lilas, marronnier, petite pervenche, poirier, prunier, tulipe.
Mai : Filipendule, fraisier, iris, muguet, pivoine, pommier.
Juin : Bluet, nénuphar, nielle, pavot, pied-d'alouette.
Juillet : Catalpa, chicorée sauvage, laurier-rose, menthe, œillet.
Août : Balsamine, laurier-tin, magnolia, myrte, scabieuse.
Septembre : Amaryllis jaune, colchique, cyclamen, lierre, ricin.
Octobre : Aralia, aster, chrysanthème, topinambour.
Novembre : Anémone du Japon, éphémérine, verveine.
Décembre : Ellébore noir, lopézie.

L'heure à laquelle les fleurs s'épanouissent varie avec les espèces et les climats, ce qui a permis d'imaginer des *horloges de Flore*. En voici une « réglée » pour Paris, en été :

Entre 3 et 4 heures du matin. *Convolvulus nil et c. sepium* (fig. 83).
— 4 — 5 — — — *Matricaria suaveolens*, salsifis.
— 5 — 5 1/2 — — — Chicoracées, *papaver nudicaule*.
— 5 — 6 — — — *Convolvulus tricolor, momordica elaterium, lapsana communis.*
À 6 heures. . . . . . . *Convolvulus siculus, hypochœris maculata.*
Entre 6 et 7 heures. . . . . . *Hieracium, sonchus.*
À 7 heures. . . . . . . Camélines, laitues, nénuphar, *prenanthes muralis.*
De 7 heures à 8 heures. . . . . *Cucumis anguria, mesembryanthemum barbatum, specularia speculum.*
À 8 heures. . . . . Mouron rouge.
De 8 à 9 heures. . . . . . . *Nolana prostrata.*
À 9 heures. . . . . . . Souci.
De 9 à 10 heures. . . . . . Glaciale.
De 10 à 11 heures. . . . . *Mesembryanthemum nodiflorum.*
À 11 heures. . . . . . . *Ornithogalum umbellatum*, pourpier, *tigridia pavonia.*
À midi. . . . . . . Ficoïdes (La plupart des).
De 5 à 6 heures du soir. . . . *Silene noctiflora.*
De 6 à 7 heures. . . . . . Belle-de-nuit (fig. 82).
De 7 à 8 heures. . . . . . *Cereus grandiflorus*, ficoïde noctiflore, *œnothera tetraptera et suaveolens.*
À 10 heures. . . . . . *Convolvulus purpureus.*

Une fois épanouies, les fleurs présentent très souvent des mouvements de veille et de sommeil, tout à fait analogues à ceux des feuilles.

Le pourpier s'épanouit vers midi et se ferme une heure après.

La grande marguerite s'ouvre avec le soleil levant et se replie au soleil couchant.

Le pissenlit s'ouvre à sept heures du matin et se ferme à trois heures de l'après-midi.

L'arenaria s'éveille à neuf heures et s'endort à trois heures.

L'*hieracium pilosella* est ouverte de huit heures à deux heures.

L'ornithogale en ombelle ou « dame de onze heures » s'ouvre vers onze heures, mais ne tarde pas à se refermer.

Le salsifis s'éveille à quatre heures et s'endort à midi.

La pimprenelle écarlate s'ouvre à sept heures et s'endort après deux heures.

Fig. 83. — Liseron des haies (*convolvulus sepium*).

Certaines fleurs, fermées pendant le jour, sont ouvertes pendant la nuit. C'est le cas des silènes et des cierges.

C'est aussi dans cette catégorie que viennent se placer les fleurs du superbe *victoria regia* (fig. 84) qui ne s'ouvrent que vers cinq heures du soir. On sait que cette plante célèbre se trouve dans l'Amérique du Sud équinoxiale. « Je parcourais en tous sens, raconte d'Orbigny, la province de Corrientes, lorsque, en mars 1827, descendant le Parana pour en relever le cours, je me trouvai dans une frêle pirogue sur cette majestueuse rivière, dont les eaux, à trois cents lieues de la Plata, ont encore près d'une lieue de large. Tout y est grandiose, tout y est imposant, et, seul avec deux Indiens Guaranis, je me livrais en silence à l'admiration que m'inspiraient ces sites si beaux et si sauvages. Pourtant, sans doute injuste envers cette superbe nature, j'aurais désiré mieux encore, tant cette énorme masse d'eau me semblait réclamer une végétation qui pût rivaliser avec elle, et je la cherchais en vain.

« Bientôt, au lieu nommé *Arroyo de San José,* les immenses marais de la côte méridionale vinrent augmenter l'étendue des eaux, et, toujours attentif, je commençai à découvrir au loin une surface verte et flottante. Questionnant mes Guaranis, je sus d'eux que nous approchions de la plante qu'ils appellent *Yrupé* (de Y, eau, et de *rupé,* grand plat ou couverture de panier ; traduction littérale : *plat d'eau*), et un instant après je découvrai enfin cette riche végétation, dont les rapports grandioses venaient surpasser mes espérances, en m'offrant un ensemble de la plus magnifique harmonie.

« De la famille des nymphéacées, je connaissais le nénuphar, dont tout le monde apprécie la taille. Ici, je le voyais remplacé par une étendue d'un quart de lieue, couverte de feuilles arrondies, larges de 1 mètre et demi à 2 mètres, à pourtour relevé perpendiculairement sur 5 à 6 centimètres de hauteur. Le tout formait une vaste plaine flottante où brillaient de loin en loin de magnifiques fleurs larges de 30 à 35 centimètres, de couleur blanche ou rosée, dont le parfum délicieux embaumait l'air. En un instant, ma pirogue fut remplie des feuilles, des fleurs et des fruits de l'objet de mon admiration. Chaque feuille, lisse en dessus, est pourvue en dessous d'une multitude de grosses nervures saillantes, ramifiées et remplies à l'intérieur de l'air qui les soutient à la surface des eaux ; leur poids est si lourd qu'un homme peut à peine les porter. La partie inférieure des feuilles, ainsi que la tige des fleurs et le fruit sont couverts de longues épines. Le fruit, de 14 centimètres de diamètre à sa maturité, est rempli de graines noires, arrondies, dont l'intérieur est blanc et farineux.

« Arrivé à Corrientes, je m'empressai de dessiner cette belle plante et de la montrer aux habitants ; ils m'apprirent que la graine, comestible estimé, se mange rôtie comme celle du maïs, analogie qui lui a fait donner par les Espagnols le nom de *maïs del agua* (maïs d'eau). Je sus aussi d'un ami intime de M. Bonpland que le célèbre compagnon de l'illustre M. de Humboldt s'étant trouvé, huit ans avant cette époque, près de la petite rivière nommée *Riachuelo,* avait aperçu de la berge cette magnifique plante et que, enthousiasmé par cette découverte, il avait failli se précipiter dans ses eaux pour se la procurer. Il entretint ensuite durant plus d'un mois et avec la même exaltation toutes les per-

Fig. 84. — *Victoria regia.*

sonnes de sa connaissance de cette superbe espèce, dont la possession lui causait la plus vive joie.

« Je pus dessécher les feuilles, les fruits et les fleurs, en placer dans l'alcool, et, dès la fin de 1827, j'eus le plaisir d'adresser le tout, avec mes autres collections, au Muséum d'histoire naturelle.

« Cinq ans après, parcourant le centre du continent américain, j'arrivai au milieu des sauvages Guaranis ou des Caraïbes, si remarquables par leurs vertus patriarcales, et je rencontrai le P. Lacueva, missionnaire espagnol, bon et instruit, qui tentait de les convertir au christianisme. Pour le voyageur depuis une année toujours avec les indigènes, c'est une véritable joie que de trouver un être qui puisse converser avec lui et le comprendre. J'éprouvai donc un bonheur réel à m'entretenir avec ce vieillard vénérable qui, depuis trente ans au moins, n'avait cessé de vivre au milieu des sauvages. Dans une des conversations qui me rappelaient des jouissances longtemps inconnues pour moi, il me cita un trait dont l'intérêt me frappa vivement. Envoyé par l'Espagne pour étudier les productions végétales du Pérou, le fameux botaniste Haenke, dont malheureusement les travaux sont perdus, se trouvait avec lui en pirogue sur le Rio Manoré, un des grands affluents des Amazones, lorsqu'ils découvrirent, dans un marais du rivage, une plante si belle et si extraordinaire que, transporté d'admiration, Haenke, en la voyant, se précipita à genoux, adressant à l'Auteur d'une si magnifique créature les hommages de reconnaissance que lui dictaient son étonnement et sa profonde émotion. Il s'arrêta en ces lieux, y campa même et s'en éloigna avec beaucoup de peine.

FIG. 85. — Épine-vinette.

« Quelques mois après ma rencontre avec le P. Lacueva, parcourant les nombreux cours d'eau de la province de Moxos, seules routes offertes aux voyageurs, je remontais du Rio de Madéeras vers les sources du Manoré, lorsque, entre les confluents des Rios Apéré et Tijamuchi, ayant toujours présente à la pensée la conversation du bon missionnaire, j'aperçus enfin sur la rive occidentale, dans un immense lac d'eau stagnante communiquant avec la rivière, j'aperçus, dis-je, la plante si extraordinaire découverte par Haenke, et qu'à la description j'avais reconnue comme devant appartenir au même genre que le *maïs del agua* de Corrientes. Heureux de voir les lieux témoins de l'exaltation du botaniste allemand, je ressentis une joie d'autant plus vive de rencontrer ce géant végétal, qu'il me fut facile de reconnaître au-dessous des feuilles et aux sépales pourprés que l'espèce que j'avais sous les yeux différait spécifiquement de la première. »

Aujourd'hui, on sait cultiver dans les serres le *victoria regia*. Ses feuilles peuvent soutenir sans s'enfoncer un enfant de 4 à 5 ans. Ses fleurs s'ouvrent vers cinq heures du soir et, le lendemain matin, se referment vers dix heures.

* *

Mais revenons aux mouvements des fleurs. La plupart sont causés par la lumière. Quelquefois aussi, ils sont sous la dépendance de la chaleur. Le safran n'ouvre sa fleur que si la température s'élève au-dessus de 8° et il la referme au delà de 28°. Toute élévation de température l'ouvre et tout abaissement la ferme.

Une simple variation de $0°,5$ lui est déjà sensible. Tous ces mouvements se produisent même quand la fleur est sous l'eau.

La corolle peut aussi présenter des mouvements spontanés. Le grand pétale d'une orchidée, le *mégaclinum falcatum*, exécute des oscillations continues, un peu à la manière des petites folioles du desmode oscillant.

On peut aussi observer dans les fleurs des mouvements provoqués.

Les stigmates du mimulus et de la martynia, par exemple, se rabattent l'un sur l'autre sous l'influence d'un choc.

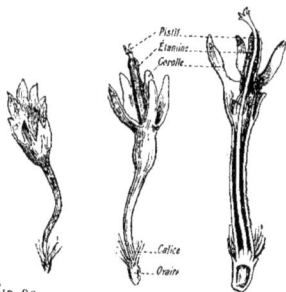

Fig. 86. — Détail des fleurs d'une composée, le bluet.

Dans l'épine-vinette (fig. 85), les étamines sont rabattues normalement en dehors ; si l'on vient à toucher la base du filet, elles s'infléchissent de manière à amener les anthères sur le stigmate.

Les étamines de la pariétaire, traitées de la même façon, se rabattent en dehors comme un ressort qui se détend.

Chez beaucoup de composées, chez le bluet par exemple (fig. 86), les anthères soudées en tube autour du style sont portées sur des filets arqués à convexité externe : si on les touche, les filets se raccourcissent, puis reprennent leur première forme un instant après. En soufflant sur le capitule, tous les filets se contractent l'un après l'autre et produisent la sensation d'un fourmillement.

CHAPITRE XII

Les jolies parfumeuses.

La nature semble avoir voulu rassembler dans la fleur tous les moyens de séduction dont elle dispose ; à l'élégance de la forme, à la délicatesse de la couleur, elle a ajouté un parfum délicieux, auquel personne n'est insensible : lorsque l'on cueille une fleur, le premier geste n'est-il pas d'en aspirer les effluves ?

Au point de vue botanique, les parfums ne sont pas moins intéressants qu'au point de vue esthétique.

Les fleurs ne sont pas toujours parfumées d'une manière continue. Il en est bon nombre qui, restant fermées et inodores pendant le jour, s'ouvrent et exhalent leur parfum pendant la nuit : telles sont la belle-de-nuit, le *mirabilis dichotoma*, le *mirabilis longiflora*, le *datura ceratocaula*, le *nycthantes arbor tristis*, le *cereus grandiflorus*, le *cereus nycticalus*, le *cereus serpentinus*, le *mesembryanthemum noctiflorum*.

D'autres font l'inverse : restant fermées et inodores pendant la nuit, elles s'ouvrent et répandent leur odeur pendant le jour : ainsi font le liseron, la courge, le nénuphar blanc.

Dans les cas qui précèdent, on pourrait croire que l'absence de parfum, pendant le jour ou la nuit, tient à ce que la fleur est fermée. Il n'en est rien, car la même alternance s'observe chez les fleurs qui restent constamment ouvertes. Parmi elles, il en est qui n'ont d'odeur que le jour, par exemple le *cestrum diurnum*, le *coronilla glauca*, le *cacalia septentrionalis*. Au sujet de cette dernière, on peut, dans le jour, rendre son odeur nulle en interceptant les rayons solaires au moyen d'un chapeau ou de la main : à peine ces écrans sont-ils retirés que le dégagement du parfum reprend.

D'autres fleurs enfin, quoique toujours ouvertes, n'ont d'odeur que la nuit : c'est le cas du *pelargonium triste*, de l'*hesperis tristis*, du *gladiolus tristis*.

Les fleurs du cierge *(cereus grandiflorus)* (fig. 87) présentent à ce point de vue une particularité intéressante ; elles ne sont odorantes que par intervalles et envoient des bouffées parfumées toutes les demi-heures, depuis huit heures du matin jusqu'à minuit. Dans une observation faite par Morren, les fleurs commencèrent à s'ouvrir à six heures du soir, moment où la première odeur fut perceptible dans la serre ; un quart d'heure après, à la suite d'un mouvement rapide du calice, la première bouffée se fit sentir ; à 6 h. 23 minutes, nouvelle et très puissante émanation ; à 6 h. 35, les fleurs étaient toutes grandes ouvertes ; à 7 heures moins un quart, l'odeur du calice devint plus forte, quoique modifiée par celle des pétales. Les émanations reprirent ensuite leurs intervalles accoutumés.

FIG. 87. — Fleur (cereus) à odeur nocturne.

Il y a aussi une certaine relation entre l'odeur et la fécondation. En général, ce dernier phénomène exalte le parfum au moment où il se produit, puis le fait cesser. Ainsi les fleurs du *marillaria aromatica* perdent leur parfum une demi-heure après l'application artificielle du pollen : les fleurs non fécondées conservent naturellement leur parfum plus longtemps.

On a remarqué qu'il y a une certaine relation entre la teinte des fleurs et leur parfum. Voici le classement auquel sont arrivés Cobler et Schlübert :

COULEURS DES FLEURS		NOMBRE D'ESPÈCES	FLEURS ODORANTES	ODEUR AGRÉABLE	ODEUR DÉSAGRÉABLE
Blanches.	. . . . .	1 193	187	175	12
Jaunes.	. . . . .	951	75	61	14
Rouges.	. . . . .	923	85	76	9
Bleues.	. . . . .	594	31	23	7
Iris.	. . . . .	307	23	17.	6
Vertes.	. . . . .	153	12	10	2
Orangées.	. . . . .	50	3	1	2
Brunes.	. . . . .	18	1	0	1

Les fleurs blanches sont donc en général les plus parfumées et les plus agréables à l'odorat, tandis que les fleurs orangées et brunes sont de peu d'utilité au parfumeur.

La plupart des fleurs ont chacune une odeur bien à elles qui pourrait les faire reconnaître entre cent mille. Un assez petit nombre ont des parfums analogues. « Ainsi, récemment, dit M. Georges Bellair, un horticulteur français, M. Lemoine, appelait l'attention des amateurs sur deux bégonias rhizomateux, importés de Bolivie et dont les fleurs ont très nettement l'odeur de la rose thé. On pourrait dans cet ordre d'idées dresser tout un tableau de végétaux n'ayant que des aromes similaires à ceux d'autres fleurs. Ainsi l'odeur de rose est commune aux feuilles de *pelargonium capitatum* et *roseum*, aux fleurs du *begonia Baumanni*, du *begonia fulgens*, du *magnolia glauca*, de la pivoine de Chine et d'une dizaine d'orchidées. On retrouve le parfum de la violette dans la racine d'iris, dans les fleurs du *paulownia imperialis* et de quelques orchidées. En décembre, le tussilage qui épanouit ses fleurs exhale un parfum tellement analogue à celui de l'héliotrope, qu'on le désigne souvent sous le nom d'héliotrope d'hiver. L'héliotrope commun, lui-même, rappelle de

bien près la vanille. Qui n'a eu la sensation du lilas en respirant certaines jacinthes, la sensation de la fleur d'oranger en flairant celles du pittosporum et du bouvardia, la sensation de la tubéreuse quand les seringas fleurissaient? Qui n'a trouvé l'odeur de la pêche mûre dans une rose thé, l'odeur de la pomme de reinette dans les fleurs de l'arbre aux anémones, et l'odeur du camphre dans le bois de cette même plante?

J'ai nommé les orchidées : devant ces fleurs où le merveilleux contour des formes s'allie si souvent à la richesse fastueuse des couleurs, on cherche des perceptions olfactives nouvelles, des aromes non encore sentis, qu'on imagine déjà originaux et surnaturels, comme les objets dont on voudrait les faire émaner. Mais on se leurre vainement. Tous ou presque tous les parfums d'orchidées sont imités des autres, imités au point qu'on les confond avec eux. Après avoir dépensé toute sa force créatrice dans la coloration et le dessin de ces étranges fleurs, la

Fig. 88. — *Zigopetalum*, orchidée à odeur de lilas.

nature, semble-t-il, s'est arrêtée, exténuée, incapable de parachever l'œuvre, impuissante à lui communiquer la senteur s'harmonisant avec sa haute et typique beauté. Fermez les yeux et que l'on fasse passer sous vos narines la collection des orchidées odorantes : vous prenez le *cattleya mossiæ* pour une branche d'aubépine, le *zigopetalum Mackaii* (fig. 88) pour une grappe de lilas, l'*épidendrum varicosum* pour une violette et le *lælia albida* pour une fleur de tilleul. Vous croyez respirer du muguet, et c'est un *cœlogyne cristata* qu'on vous présente ; du chocolat, et c'est le *brassia cinnamomea*. Si l'on approche de vous une grappe de *cœlogyne flaccida*, vous demandez qu'on bouche vite ce flacon d'ammoniaque. Quand passe du *lælia anceps*, vous dites : voici un gâteau de miel ; et quand c'est le tour du *vanda Baternani*, vous nommez le cuir de Russie. »

* *

Les parfums émis par les fleurs ont été depuis fort longtemps utilisés pour donner une odeur agréable à diverses substances.

La plupart des industries ont commencé par être basées sur des faits obtenus plus ou moins empiriquement ; plus tard, nos connaissances scientifiques devenant plus précises, les modes opératoires se sont complétés, perfectionnés, pour le plus grand bien du fabricant et de l'acheteur. De ces industries anciennes, il en est une, cependant, qui est singulièrement restée à la première phase ; c'est celle des parfums, qui, malgré l'importance de la vente, est demeurée empreinte d'un empirisme extraordinaire. La chose se comprend, d'ailleurs, un peu, si l'on songe combien les parfums et les odeurs sont des choses impalpables, semblant échapper à toute analyse. Depuis ces dernières années, cependant, les chimistes et les physiologistes semblent vouloir s'occuper de ces questions si intéressantes.

La fabrication des parfums est, on peut le dire, une industrie toute française. Sauf en Angleterre, où l'on produit de grandes quantités d'essences de lavande (fig. 89) et de menthe — toutes deux, d'ailleurs, très recommandables par leur grande finesse, — et en Allemagne, où l'on traite les glaïeuls, la presque totalité des essences viennent du midi de la France : les grands cultivateurs de Grasse, de Nîmes, de Nice, de Montpellier, exportent annuellement pour plus de 30 millions de fleurs. Dans la banlieue parisienne, on produit également, dans le même but, des roses, de la violette, de l'héliotrope et surtout de la menthe, plante qui, dans la plaine de Gennevilliers, possède une finesse à rendre des points à la menthe anglaise. L'Algérie et la Tunisie fournissent encore de grandes quantités d'essence de géranium, remplaçant dans beaucoup de cas celle de rose venant de Turquie et d'Asie Mineure.

Fig. 89. — Lavande.

On voit, d'après ce qui précède, combien est importante en France la culture des fleurs à parfums, et cette importance devient encore plus manifeste si l'on songe au prix très élevé qu'atteignent les produits obtenus, et cela malgré la grande facilité de l'extraction. Quelques détails généraux, rappelés sur ce point, ne seront peut-être pas superflus.

Le procédé d'extraction le plus simple consiste à distiller les fleurs avec une grande quantité d'eau. Une partie du parfum distille avec la vapeur et se sépare de celle-ci dans le réfrigérant. C'est ainsi que l'on obtient l'essence de rose, de néroli, de menthe, de lavande. L'opération est surtout avantageuse, non pas par la faible quantité d'essence que l'on obtient et qui, malgré son prix élevé, ne suffirait pas à couvrir les frais, mais surtout par les eaux qui ont servi à la distillation et que l'on vend sous les noms d'eau de rose, d'eau de fleurs d'oranger, etc. C'est ainsi, par exemple, qu'avec 100 000 kilogrammes de pétales de roses, on obtient une vingtaine d'hectolitres d'eau de rose et seulement 1 kilogramme d'essence.

Quand la distillation altère la finesse des parfums, il faut avoir recours à des procédés spéciaux. On fait généralement appel à la propriété que possède la graisse d'absorber les odeurs et de les céder ensuite sans perte notable à l'alcool fort ; les graisses parfumées s'appellent des *pommades*; on désigne sous le nom d'*extrait* l'alcool chargé du parfum emprunté aux pommades. Pour rendre le contact le plus intime possible avec la graisse, on pratique l'opération connue

sous le nom d'*enfleurage* : elle consiste à placer les pétales sur de la graisse et à en ajouter chaque jour de nouveaux fraîchement cueillis. Cette opération est très coûteuse, mais donne des parfums d'une grande finesse ; on traite ainsi la violette, le réséda, la tubéreuse (fig. 90), le jasmin. On se sert aussi de divers dissolvants, tels que l'éther de pétrole et le sulfure de carbone : on obtient ainsi des rendements supérieurs à ceux des autres méthodes, mais les produits en sont peut-être moins recherchés.

Ces diverses industries sont une source de richesse pour les régions privilégiées où elles peuvent se développer et ce n'est pas trop dire que les trois quarts de la population rurale des environs de Nice, de Cannes et de Grasse, sont employés à la culture ou au traitement des fleurs à parfums.

Fig. 90. — Tubéreuse.

Quoi qu'il en soit, cette branche si prospère de notre industrie horticole a vu naître depuis une dizaine d'années une industrie rivale qui menace de l'étouffer, je veux parler de l'obtention des parfums par synthèse. Par les procédés ordinaires de la chimie, on est arrivé, en effet, à produire artificiellement des parfums qui remplacent fort bien les parfums naturels et dont le prix de revient est beaucoup moindre. Il se passe à ce sujet ce qui a lieu pour la garance : le jour où l'on a obtenu synthétiquement l'alizarine, les champs de garance ont été ruinés de fond en comble. La même chose, si l'on n'y prend garde, ne va sans doute pas tarder à arriver pour la culture des fleurs à parfums. Déjà la fabrication du musc artificiel a détruit les grandes cultures de géranium de l'Algérie et de la Tunisie, et nombre de maisons n'arrivent plus à écouler leurs produits.

Que faire en cette occurrence ? abandonner la culture des fleurs et laisser à tous les chimistes de l'Europe la fabrication des parfums ? Mais alors, à quoi utiliserions-nous notre beau soleil de Provence et le climat privilégié dont jouit la France dans le Midi ? Non, il vaut mieux réagir, non pas en cherchant à obtenir des produits aussi bon marché que ceux de la chimie, ce qui serait tout à fait chimérique, mais en *faisant mieux*, c'est-à-dire en produisant des parfums délicats, fins, susceptibles par conséquent de lutter avec les produits toujours assez grossiers obtenus par synthèse. Pour arriver à ce résultat, il est nécessaire de déterminer d'une manière précise les modes de formation et de localisation des parfums dans les fleurs, de voir leurs variations dans la vie d'une même plante, de se rendre compte des conditions de culture qui donnent des rendements maxima, de créer des méthodes rationnelles d'extraction et de classer les parfums. C'est à ces divers problèmes que s'est attelé M. E. Mesnard et il les a en partie résolus. Nous ne nous occuperons guère ici que de ses recherches sur la mesure de l'intensité des parfums, travaux de nature à intéresser le grand public.

Il ne faudrait pas croire, en effet, que pour exciter agréablement notre nerf olfactif, il suffise de mélanger dans des proportions quelconques et d'une manière quelconque des odeurs qui, isolées, sont agréables à respirer, pas plus qu'en tapotant au hasard sur un piano, on ne joue un air harmonieux. Il y a, dit M. Piesse dans son traité sur les parfums, une octave d'odeurs, comme il y a une octave de notes; certains parfums se marient comme les sons d'un instrument. Ainsi l'amande, l'héliotrope, la vanille, la clématite s'allient très bien, chacune d'elles produisant à peu près la même impression, à un degré différent. D'autre part, nous avons le limon, l'écorce d'oranges, la verveine, qui forment une octave d'odeurs plus élevée, et qui s'associent pareillement; l'analogie se complète par ce que l'on peut appeler des demi-odeurs, telles que la rose avec le géranium-rosat pour demi-ton, le petit grain, le néroli suivi de la fleur d'oranger. Puis viennent le patchouli, le bois de santal et le vétiver, et plusieurs autres qui rentrent l'un dans l'autre.

Il est curieux de noter qu'en mélangeant dans des proportions déterminées un petit nombre de parfums, on peut obtenir la plupart des odeurs des fleurs, à l'exception de celle du jasmin, qui est seule et unique dans son genre. Avec une grande habitude, on parvient, si j'ose m'exprimer ainsi, à faire l'éducation de son nez, et l'on devient compositeur de parfums, comme les musiciens deviennent compositeurs de musique: certains parfumeurs arrivent à distinguer plus de quatre cents odeurs et à les marier sans difficulté d'une manière convenable. Mais ce sont là des exceptions; aussi M. Piesse, pour aider à la confection des parfums, a-t-il eu l'ingénieuse idée de choisir les odeurs qui sont plus spécialement employées dans la parfumerie, et de placer dans une gamme le nom de chaque odeur, dans la position correspondant à son effet sur le sens olfactif.

Les odeurs non désignées dans les gammes en question (voir page suivante) s'intercalent sans difficulté entre celles qui y sont inscrites. Certaines n'admettent ni dièses, ni bémols; d'autres, grâce à leurs diverses variétés, pourraient former une gamme à elles seules. « Lorsqu'un parfumeur veut faire un bouquet d'odeurs primitives, il doit prendre les odeurs qui s'accordent ensemble; le parfum alors sera harmonieux. En jetant les yeux sur la gamme, on verra ce que c'est qu'harmonie et discordance en fait d'odeurs. Comme un peintre fond ses couleurs, de même un parfumeur doit fondre les aromes. Quand on fait un bouquet de plusieurs parfums, il faut les mélanger, pour que rapprochés, ils fassent contraste. » (Piesse.)

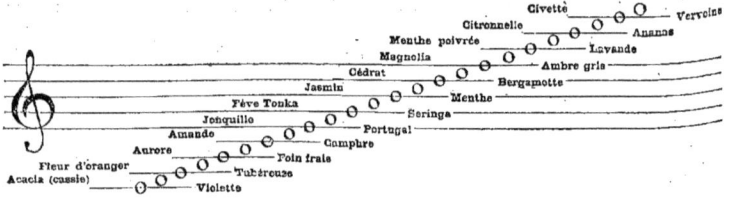

Gamme des odeurs : dessus ou clé de *sol*.

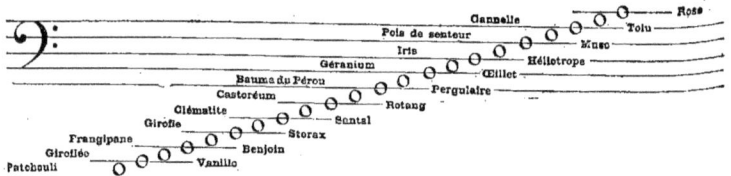

Gamme des odeurs : basse ou clé de *fa*.

Voici quelques exemples qui montrent la manière de composer des parfums selon les lois de l'harmonie.

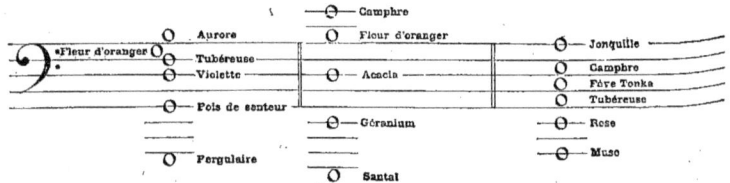

Bouquet accord de *sol*.   Bouquet accord de *do*.   Bouquet accord de *fa*.

Cette méthode des gammes est ingénieuse et rend de très grands services ; mais on ne peut nier qu'elle soit artificielle, scientifiquement parlant. C'est ce qui a engagé M. Mesnard à mesurer l'intensité des parfums d'une manière plus précise. La chose est extrêmement délicate à tous les points de vue ; il est intéressant de voir la méthode détournée par laquelle M. Mesnard y est arrivé.

Elle consiste essentiellement à faire venir, dans un récipient donné, de l'air chargé d'un parfum connu et de l'air ayant passé sur une essence spéciale, facile à se procurer, de l'essence de térébenthine. Si l'odorat n'est pas capable, comme on peut le supposer *a priori*, d'évaluer l'intensité d'une odeur en mesure absolue, il peut être un comparateur merveilleux. On peut donc réaliser un mélange pour lequel l'odorat arrive à ne percevoir qu'une odeur neutre, c'est-à-dire une odeur telle qu'il suffirait de faire varier un peu la proportion des essences dans un sens ou dans l'autre, pour sentir, soit le parfum, soit l'essence de térébenthine. A ce moment on peut admettre que les deux odeurs s'équivalent. Il ne reste plus maintenant qu'à déterminer la quantité d'essence employée : on se base pour cela sur la propriété curieuse que possède l'essence de térébenthine d'éteindre la phosphorescence du phosphore. On calcule aisément la dose d'essence, en remarquant que, pour empêcher le phosphore de briller, dans un espace donné, il faut y amener un volume d'air d'autant plus grand qu'il est chargé d'un poids moindre de vapeurs d'essence de térébenthine. L'intensité du parfum est évidemment d'autant plus forte qu'il a fallu, pour le neutraliser, employer une quantité d'essence plus considérable.

Dans ces expériences, il est bon de brasser les vapeurs odorantes pour obtenir, condition très importante, des mélanges bien homogènes.

Dans le dernier modèle, et non le moins curieux, imaginé par M. Mesnard, le nez de l'observateur communique avec la cavité de l'appareil, cavité dans laquelle on fait arriver le parfum et l'essence à l'aide de deux fils qu'ils imprègnent. On commence par faire venir une longueur déterminée de fil à parfum, puis on amène de la même façon une certaine longueur de fil à essence jusqu'à ce que les odeurs se neutralisent. On peut alors exprimer l'intensité du parfum en longueur de fil. Mesurer un parfum à la chaîne d'arpenteur, voilà une chose à laquelle on ne se serait pas attendu !

En ce qui concerne la localisation des parfums dans les fleurs, M. Mesnard a montré que les huiles essentielles qui produisent les parfums sont un produit de transformation de la matière verte des végétaux, de la chlorophylle ; elles se trouvent généralement à la face interne des pétales et des sépales. La lumière, d'ailleurs, favorise la formation de l'odeur, mais, si elle devient trop forte, son action change de sens et elle exerce sur elle une action destructive. Au bout de quelques heures, une botte de roses placée à l'obscurité dégage une odeur d'une intensité à peu près double de celle d'une botte placée à la lumière. Il convient donc de cultiver les fleurs à parfums dans des conditions telles que la radiation lumineuse soit un peu atténuée. C'est ainsi que les violettes que l'on cultive sous les arbres à Toggia sont plus odoriférantes que celles qui croissent en plein soleil. Tout le monde sait que le muguet, le chèvrefeuille donnent leurs parfums les plus exquis à l'ombre des grands bois.

Certaines personnes se parfument avec excès, ou sans souci de l'harmonie des odeurs. Entre parenthèses, il en est sans doute de la justesse de l'odorat comme de la justesse de l'ouïe, qui n'est pas universelle, tant s'en faut. Quoi qu'il en soit, ces personnes improvisent des mélanges qui vont tout juste à l'encontre du but qu'elles se proposaient, à savoir d'embaumer. Elles ne se doutent point, au surplus, que les parfums ont quelquefois une influence pernicieuse sur la santé en général et sur la voix en particulier. Divers médecins, et notamment le

Dr Joal, se sont livrés sous ce rapport à une enquête démonstrative. Sans remonter très haut dans l'histoire, on trouve de nombreux exemples de ces troubles, qui, d'ailleurs, ne paraissent se montrer que chez certains sujets nerveux, névropathes. Le peintre Vincent ne pouvait sentir une rose sans se trouver mal et Mlle Contat s'évanouissait à l'odeur du musc. Nombre de personnes ne peuvent respirer le lilas ou le mimosa sans être suffoquées, au moins passagèrement. Mais ce que l'on a constaté maintes fois, c'est que les parfums peuvent rendre aphones. C'est ainsi que Mme Marie Sass fut un jour dans l'impossibilité de chanter, pour avoir respiré l'odeur d'un superbe bouquet de violettes ; Mme Richard, de l'Opéra, défendait expressément à ses élèves d'apporter aux leçons le plus petit bouquet de violettes ; Mme Isaac proscrivait toutes les fleurs, sauf la rose. Cette aphonie n'est pas toujours exclusivement nerveuse, mais se manifeste encore, sur les muqueuses nasale et laryngée, par des troubles visibles au laryngoscope. Elle l'est parfois, le cas rapporté par le Dr Rolland Mackensie, de Baltimore, le prouve : une femme prétendait ne pouvoir sentir une rose sans éternuer et tousser immédiatement. Un jour, le Dr Mackensie lui présenta une magnifique rose ; la jeune femme éternue aussitôt, elle manque de se trouver mal... La rose était artificielle.

*
* *

Je parlais plus haut de l'analogie qu'il y a entre les parfums et la musique. On la retrouve manifestement exprimée par divers poètes, ainsi Sully-Prudhomme :

> C'est la félicité que la senteur éveille,
> C'est une pure extase, exempte de frissons,
> Moins vive que l'émoi des plaisirs de l'oreille,
> Où l'âme et l'air troublés vibrent dans mille sons.
>
> L'odeur suave emplit jusqu'au bord toute l'âme,
> Philtre plus vague et plus obsédant que la voix,
> C'est une autre musique, immobile, où se pâme
> Une note éthérée, une seule à la fois.

Baudelaire, qui aimait les parfums :

> Avec ivresse et lente gourmandise,

parfums qui lui apparaissaient

> ..... frais comme des chairs d'enfants,
> Doux comme des hautbois, verts comme des prairies,
> Et d'autres corrompus, riches et triomphants,
> Ayant l'expansion des choses infinies,
> Comme l'ambre, le musc, le benjoin et l'encens,
> Qui chantent les transports de l'esprit...

Baudelaire, dis-je, a noté la nature musicale de l'impression que nous causent les odeurs :

> Les sons et les parfums tournent dans l'air du soir,
> Valse mélancolique et langoureux vertige.

Le délicieux conteur, Guy de Maupassant, éprouvait une sensation analogue. Couché et regardant les étoiles, il était une nuit, sur son yacht, à quelques lieues des côtes italiennes. Tout à coup, le vent de terre lui apporta vers le large, en la mêlant à l'odeur des plantes alpestres, une « harmonie vagabonde » partie d'une musique des jardins de San Remo. « Je demeurai haletant, dit-il, si grisé de sensations que le trouble de cette ivresse fit délirer mes sens. Je ne savais plus vraiment si je respirais de la musique ou si j'entendais des parfums ou si je dormais dans les étoiles. »

*
* *

Il est juste de remarquer que les fleurs n'ont pas toutes un agréable parfum. Un grand nombre n'en ont aucun. Quelques-unes même — assez rares heureusement — ont une odeur désagréable. Ainsi la rose *persian yellow* sent la punaise ; l'*orchis hircina* empeste le bouc ; l'*ailante* rappelle à l'odorat l'urine de chat ; certain *chenopodium*, appelé d'ailleurs arroche puante, exhale un relent de poisson pourri. Mais la plus célèbre à ce point de vue est l'*amorphophallus Rivieri* (fig. 91), qui dégage une odeur de viande pourrie : les insectes qui sont attirés par les chairs en putréfaction s'y laissent prendre et viennent même y pondre leurs œufs !

Fig. 91. — Fleur à odeur cadavérique (*amorphophallus*).

*
* *

Heureusement ce sont là des exceptions, et, en général, des fleurs émanent les plus suaves parfums. Toutes les parties des plantes peuvent d'ailleurs en fabriquer : l'odeur d'anis vient des graines ; l'odeur d'iris, des tiges souterraines ; l'essence de bergamotte, des fruits de l'oranger ; la menthe, des feuilles de cette plante. Le camphre se trouve dans la tige, le patchouli, dans les feuilles et la tige ; la vanille, dans le fruit (fig. 92), le vétiver, dans la racine.

Mais avant de terminer ce chapitre revenons à l'odeur des fleurs et cherchons à résoudre cette question souvent posée: comment les fleurs attirent-elles les insectes?

Point n'est besoin d'être grand botaniste pour savoir que les insectes ont une prédilection particulière pour les fleurs, sur lesquelles ils viennent butiner. Nul n'ignore non plus qu'insectes et fleurs trouvent grand avantage à ce commerce. Les premiers recueillent le nectar pour eux-mêmes ou leur progéniture. Les dernières bénéficient du remue-ménage qu'opèrent dans leur sein les bestioles ailées, branle-bas grâce auquel le pollen est transporté sur ce qui deviendra le fruit et provoque la formation des graines. C'est donc une véritable association à bénéfice réciproque et un bel exemple des harmonies de la nature. Tout cela est bien connu. Mais il n'en est pas de même de la « philosophie » de la chose. Comment les fleurs attirent-elles les insectes? pourquoi ceux-ci viennent-ils se poser sur certaines fleurs et pas sur d'autres? par quelle rouerie les fleurs charment-elles les insectes, sans lesquels elles risqueraient de mourir sans progéniture?

FIG. 92. — Vanille.

Poser la question, c'est la résoudre, semble-t-il au premier abord. Les insectes sont comme les femmes : ils aiment tout ce qui frappe l'œil et s'ils vont sur les fleurs, c'est qu'ils y sont attirés par l'éclat du coloris. Les mystères de l'attraction d'une fleur et d'un papillon ne s'élucident pas si simplement. Il n'y a pour s'en convaincre qu'à voir le volumineux travail que M. Félix Plateau, le savant professeur liégois, a publié il y a deux ans sur la question, travail que nous voudrions résumer brièvement. Il nous montrera combien la plus petite question scientifique demande d'expériences pour être résolue. Pour fixer d'ores et déjà le lecteur, disons de suite qu'il résulte de ces recherches que les insectes viennent sur les fleurs attirés qu'ils y sont, non par la forme et la couleur, mais par l'odeur.

Les premières expériences de M. Plateau furent faites sur des dahlias simples. Devant un mur bien exposé, d'une vingtaine de mètres de longueur, et à deux mètres de ce mur, étaient dix touffes de cette fleur. Le mur était tapissé de vigne vierge et, entre le mur et les dahlias, il y avait des lilas ou autres buissons élevés, de sorte que les fleurs se détachaient d'une façon bien nette sur un fond vert à peu près uniforme. En raison de cette disposition et de la tendance des fleurs à se diriger vers la lumière, presque tous les capitules de dahlias avaient la même orientation, tournant leur centre jaune vers le spectateur et leur face opposée vers le mur. On sait que, dans les fleurs (ou plus exactement les capitules) des dahlias simples, il y a au centre un cœur jaune et tout autour de longs pétales de différentes couleurs. Malgré les nombreuses fleurs qui les entouraient, les dahlias étaient très visités par les insectes.

Ceci étant constaté, on découpa dans des papiers légers, de couleurs vives, des carrés de 8 à 9 centimètres de côté, au centre de chacun desquels fut pratiqué un trou circulaire du diamètre d'un cœur jaune. Les couleurs des papiers étaient le rouge vif, le violet, le blanc et le noir. A l'aide d'une épingle de grosseur moyenne, on attacha ces carrés de papier sur quatre capitules de dahlias, de façon à masquer complètement les pétales périphériques colorés et à ne laisser à découvert que le cœur jaune. On pouvait supposer que les insectes se seraient portés exclusivement sur les autres capitules intacts, voisins en grand nombre, et auraient négligé complètement les inflorescences masquées. Il n'en fut rien : les bestioles volaient vers les cœurs jaunes sans s'inquiéter de ce que les pétales du pourtour n'étaient plus visibles.

On découpa ensuite dans du papier vert et dans du papier blanc des disques de 2 à 2 centimètres 1/2 de diamètre et, au moyen d'une seconde épingle, on attacha l'un de ces disques sur le centre des capitules déjà garnis d'un carré, de manière à cacher le cœur, sans l'écraser. Les capitules ainsi habillés n'avaient, pour l'observateur, plus rien qui rappelât des fleurs ; on aurait dit de petites cibles pour tirer à la carabine. Malgré cela, des insectes les visitèrent encore : ils arrivaient au vol, hésitaient un peu, gênés par la présence du disque central, mais trouvaient bientôt à introduire leur trompe ou à se glisser tout entiers entre ce disque et le cœur, de façon à opérer leur récolte.

La conclusion à tirer de ces essais est évidemment que la forme des fleurs ne joue pas de rôle ou n'en a qu'un peu important pour attirer les insectes.

Voilà pour la forme. Mais la couleur ? A-t-elle un rôle attirant ? Pour le savoir, il suffisait de la supprimer. Employer encore des papiers ou des étoffes, même de couleur verte, c'était donner lieu à l'objection très sérieuse et très juste qu'un papier vert ou une étoffe verte, sa nuance fût-elle par hypothèse pour l'œil humain exactement celle du feuillage environnant, pouvait fort bien produire sur l'œil des insectes une impression totalement différente, les couleurs vertes des papiers et des étoffes n'étant pas de la chlorophylle, mais provenant de sels de cuivre ou de couleurs d'aniline. Le moyen, très simple, d'éviter cette difficulté, consistait à se servir, pour masquer des fleurs ou des inflorescences, d'organes végétaux verts. Pour ce faire, M. Plateau prit de larges folioles de vigne vierge bien vertes et en écarta soigneusement celles rougies par l'approche de l'automne. Ces feuilles ont l'avantage de ne pas se faner vite et de conserver, au soleil, leur forme et leur couleur pendant un temps très long. On découpa au milieu de chaque foliole un trou circulaire du diamètre d'un cœur jaune de dahlia, puis on la fixa à un capitule au moyen d'une épingle. L'observation permit de voir que les insectes visitaient les fleurs masquées de cette manière sans hésitation et avec la même ardeur que celles qui avaient gardé leur aspect naturel.

Les résultats sont les mêmes lorsque, en outre, on cache le cœur jaune avec une petite foliole de vigne vierge. Ce qui est surtout intéressant à observer, ce sont les allures curieuses des insectes : un bourdon, par exemple, arrive vers une des inflorescences habillées de vert, attiré évidemment par autre chose que la forme ou la couleur ; il hésite, tournoie, repart, revient, constatant un obstacle entre lui et le cœur jaune dont les émanations excitent sa convoitise ; enfin, guidé par ces émanations, il s'insinue entre la grande foliole et la petite qui, tant que dure la récolte du nectar et du pollen, est secouée par les poussées que déterminent les mouvements du dos de l'insecte.

D'autres expériences montrent nettement que les insectes sont attirés vers les fleurs, non par le parfum de leurs pétales, mais par celui du nectar qu'elles sécrètent. Le fait est facile à constater chez les dahlias simples, où ce sont les cœurs jaunes qui sécrètent le miel. Sur quelques capitules, on enlève soigneusement tous les cœurs centraux et l'on remplace chacun de ceux-ci par un petit disque, jaune aussi, découpé dans une feuille jaunie de cerisier et fixé à l'aide d'une fine épingle neuve. La couleur jaune des disques est à peu près la même que celle des cœurs enlevés et appartient à un corps végétal n'ayant fait partie d'aucune fleur. Durant trois quarts d'heure d'observation attentive, M. Plateau n'a vu aucun insecte se poser sur les capitules transformés. Ceci étant bien constaté, M. Plateau enduisit de miel, à l'aide d'un pinceau, les disques artificiels jaunes. Aussitôt, les insectes n'hésitèrent plus un instant et visitèrent les dahlias mutilés aussi activement, et même plus activement que les autres.

D'ailleurs, on peut rendre « attractive » une fleur quelconque non visitée par les insectes. Un parterre elliptique assez étendu fut couvert de capucines naines — fleurs qui sont généralement fréquentées par les insectes, surtout par des bourdons — et garni, en bordure, de pélargoniums (*vulgo* géraniums) à fleurs écarlates, toujours dédaignées malgré leur coloration intense par les abeilles et les bourdons. Un matin pluvieux, M. Plateau introduisit, à l'aide d'une pipette effilée, une goutte de vrai miel liquide de ruche dans les fleurs de dix-sept ombelles de pélargoniums situés en série continue et en prenant la précaution de marquer, par des piquets fichés en terre, le commencement et la fin de la série, dans le but de ne pas confondre les fleurs miellées avec les autres. L'après-midi, durant une éclaircie, M. Plateau put déjà observer en une heure huit visites de bourdons. Chaque fois, l'insecte négligeait absolument les capucines et visitait activement les pélargoniums garnis de miel, passant de fleur en fleur et restant souvent à sucer sur la même durant vingt-cinq secondes. Lorsqu'il avait absorbé le liquide d'un certain nombre de fleurs miellées, il lui arrivait de se diriger vers des pélargoniums non munis de miel ; il se bornait alors à voler en tournant rapidement autour, sans se poser, puis partait vers son nid ou revenait aux pélargoniums à miel.

CHAPITRE XIII

Fleurs truquées.

Pour que la fleur se transforme en fruit, il faut que du pollen tombe sur le stigmate, qu'il y germe et aille féconder les ovules. Dans un assez grand nombre de plantes, que le pollen vienne de la même fleur que celle qui contient ces derniers, ou qu'il sorte d'une fleur appartenant à un autre pied de la même espèce, peu importe : toujours les ovules se transforment en graines.

Mais, pour quelques autres plantes, les choses ne se passent pas aussi simplement : si le pollen tombe sur le stigmate de la même fleur, c'est l'abomination de la désolation ! Ou bien la fécondation ne se produit pas, ou bien les graines sont mal formées, ou bien celles-ci peuvent germer mais donnent un pied malingre, abâtardi, incapable de se conduire dans la vie. Dans tous les cas, le résultat est lamentable.

Pour que, dans ces plantes, les ovules arrivent à bien, il faut et il suffit que le stigmate reçoive du pollen *d'une autre fleur*. La nature s'étant ainsi mis dans l'idée de créer ces plantes difficiles, il lui fallait donc résoudre la question : 1° de rendre possible le transport du pollen d'une fleur à une autre ; 2° d'empêcher le pollen d'une fleur de tomber sur le stigmate de la même fleur. Elle est arrivée à résoudre ces deux problèmes en alléchant les insectes par du miel répandu à profusion dans les fleurs et en « truquant » celles-ci de différentes façons, ainsi qu'on va le voir.

Une de ces dispositions ingénieuses se rencontre par exemple chez l'aristoloche, plante assez commune dans nos prés. Par l'aspect de la figure 93, on voit que la fleur a la forme d'un cornet étranglé dont le goulot est garni de poils dirigés vers le bas. Quant aux anthères, elles ne sont pas encore mûres et sont d'ailleurs recouvertes par les lobes du stigmate. Supposons qu'une mouche arrive, couverte de pollen d'une autre fleur. Elle pénètre dans la fleur

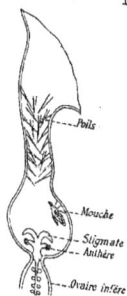

Fig. 93. — Fleur d'aristoloche coupée en long (représentée un peu schématiquement).

Poils

Mouche

Stigmate
Anthère

Ovaire infère

de l'aristoloche et ne peut en sortir à cause des poils ; elle est enfermée comme un poisson dans une nasse. Dans ses va-et-vient, elle rencontre les papilles stigmatiques, auxquelles le pollen se colle. Aussitôt la fécondation opérée, les papilles du stigmate se relèvent, les anthères mûrissent et s'ouvrent. La mouche cherchant toujours à s'échapper se couvre de poussière pollinique. Pendant ce temps, les poils se sont desséchés et sont tombés, la mouche peut sortir pour aller féconder une autre fleur. La fleur fécondée se rabat du côté de la terre et son lobe supérieur en se pliant sur lui-même ferme l'orifice du cornet.

*

On peut rencontrer d'autres dispositions plus simples assurant la fécondation croisée. En examinant les fleurs de primevère (fig. 94), si communes au printemps,

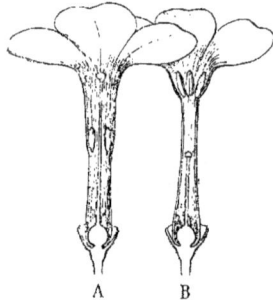

FIG. 94. — Les deux sortes de fleurs de la primevère.
A. Fleur à style long. — B. Fleur à style court.

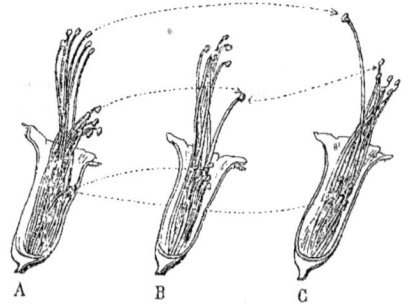

FIG. 95. — Les trois formes de fleurs de la salicaire.
A. Style petit. — B. Style moyen. — C. Style grand.
Les lignes ponctuées réunissent les pollens et les stigmates qui sont le mieux disposés l'un pour l'autre.

on voit qu'il y en a de deux sortes. Dans les unes, les étamines sont insérées vers le milieu de la corolle et le stigmate est placé au-dessus d'elles, ce sont les *fleurs à style long*. Dans les autres, les étamines sont insérées au sommet du tube de la corolle, et le stigmate est au-dessous d'elles, ce sont les *fleurs à style court*. Supposons qu'un papillon vienne plonger sa trompe dans une fleur de la première catégorie : le pollen se dépose *au milieu* de la trompe. Supposons maintenant que le même insecte aille visiter une fleur à style court : le pollen de la première fleur se dépose sur le stigmate, tandis que la trompe se charge de pollen dans sa région supérieure. Que le même insecte aille encore visiter une fleur à style court, la fécondation ne pourra s'opérer, mais elle aura lieu si l'insecte va chercher le nectar dans une fleur à style long. On voit que toujours une fleur à style court sera fécondée par le pollen d'une fleur à style long et réciproquement.

La même chose a lieu chez la salicaire (fig. 95), avec cette différence qu'il y a ici trois modes de fécondation, puisque le stigmate occupe trois positions différentes, suivant la longueur du style.

Dans la pensée, le stigmate (fig. 96 et 97) a une forme singulière : c'est une sphère creuse, percée latéralement d'un trou pouvant être fermé par le rabattement d'un petit clapet couvert de poils stigmatifères. Un papillon arrive pour recueillir le nectar de l'éperon (fig. 98) : sa trompe se couvre de pollen ; mais en se retirant elle ferme le stigmate et empêche ainsi la fécondation directe. Si le même papillon va maintenant visiter une autre fleur, la trompe, en pénétrant dans l'éperon, racle le clapet et y dépose le pollen de la première fleur.

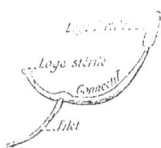

Fig. 96. — Pensée. dé-
pouillée de sa corolle et
d'une partie de son calice.

Fig. 97. — Stigmate
de pensée.

Fig. 98. — Coupe
d'une pensée.

Fig. 99. — Une étamine
de sauge officinale.

Dans la sauge officinale, les filets des deux étamines sont soudés et articulés. Quand un insecte pénètre dans la fleur, il heurte la partie soudée de cette sorte de fléau de balance (fig. 99) : les parties des filets des anthères se rabattent sur le dos de l'insecte et le pollen se dépose. A ce moment, le stigmate est encore

Fig. 100. — Fleur d'orchidée,
vue de trois quarts.

caché sous la partie supérieure de la fleur, il est donc impossible, ou tout au moins difficile, qu'il se couvre de pollen. Quand un insecte est venu visiter la fleur, le style s'allonge, fait saillie en dehors de la corolle, et peut, dès lors, recevoir le pollen d'une autre fleur.

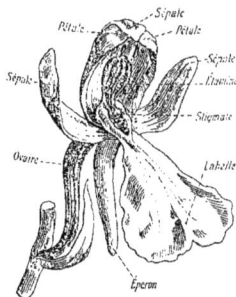

*
* *

C'est surtout chez les orchidées (fig. 100), que la fécondation croisée est particulièrement nette. Ici, le pollen n'est pas pulvérulent : les masses polliniques sont composées de grains entiè-rement agglomérés entre eux. Il y a deux masses polliniques ou pollinies réunies, par leur

partie effilée, en une masse gommeuse agglutinante. Le pollen ne peut quitter de lui-même les anthères et tomber sur le stigmate : la fécondation ne peut avoir lieu que par les insectes. Supposons qu'une de ces bestioles vienne à introduire sa trompe dans la fleur : la tête vient buter sur les pollinies, qui, s'agglutinant par leur partie visqueuse quand l'insecte s'en va, restent collées à sa tête et sortent des anthères. Les deux masses polliniques forment sur la tête de l'insecte deux sortes de petites antennes supplémentaires et ont été prises autrefois comme telles par les naturalistes. L'extraction des pollinies peut aussi facilement s'opérer avec un crayon, que l'on plonge dans la gorge de la corolle (fig. 101). Quand l'insecte, portant les pollinies, va visiter une autre fleur, celles-ci viennent heurter contre le stigmate et s'y fixer.

Fig. 101. — Amas de pollen (pollinies) fixés sur un crayon que l'on a introduit dans une fleur d'orchidée.

Dans chaque espèce d'orchidées, il y a toute une série de dispositions particulières dont le jeu est aussi compliqué que le maniement des décors dans une féerie. Darwin les a longuement décrites dans un livre célèbre ; mais il serait trop long de le faire ici. Nous nous contenterons de donner à titre d'exemples ses observations sur deux espèces — bien qu'elles soient d'une lecture un peu aride.

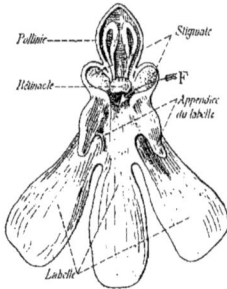

Fig. 102. — Fleur d'orchis pyramidal, vue de face.

Dans l'orchis pyramidal (fig. 102), orchidée commune dans nos pays, le stigmate se compose de deux surfaces arrondies et parfaitement distinctes placées de chaque côté d'un rostellum ou rétinacle (sorte de bosse en saillie). Ce dernier organe, au lieu de rester un peu au-dessus du nectaire, est tellement déjeté vers le bas qu'il s'avance au-dessus de lui et ferme en partie son orifice. Le vestibule qui conduit au nectaire, formé par la colonne unie aux bords du labelle, c'est-à-dire du pétale inférieur, est peu vaste. Le rostellum est creusé d'un sillon vers le milieu de sa face inférieure ; il est plein d'une matière fluide. Il n'y a qu'un seul disque visqueux, de la forme d'une selle (fig. 103), portant sur son côté presque plat les deux caudicules — les deux queues — des pollinies ; les extrémités tronquées de ces caudicules adhèrent fortement à sa surface supérieure. Avant la rupture de la membrane du rostellum, le disque en forme de selle — le fait est facile à constater *de visu* — fait partie de la surface continue de cet organe. Les membranes qui forment la base des loges de l'anthère, se repliant largement au-dessus du disque, le couvrent en partie et lui conservent sa fraîcheur, ce qui est d'une grande importance. La membrane supérieure du disque se compose de plusieurs couches de petites cellules et par conséquent son épaisseur est assez grande ; elle est enduite en dessous d'une couche de matière très adhésive, qui s'élabore

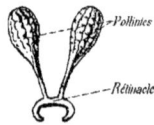

Fig. 103. — Pollinies de l'orchis pyramidal.

dans le rostellum. Ce disque unique, en forme de selle, correspond exactement aux deux disques membraneux séparés, petits ou ovales, auxquels sont fixés les caudicules chez d'autres orchis : ici, deux disques primitivement distincts se sont complètement soudés.

Quand la fleur s'ouvre (fig. 104) et que le rostellum, soit spontanément, soit à la suite d'un contact, s'est rompu suivant des lignes symétriques, il suffit de le la suite d'un contact, s'est rompu suivant des lignes symétriques, il suffit de le toucher aussi légèrement que possible pour abaisser la lèvre, portion inférieure et bilobée de sa membrane inférieure qui s'avance dans l'orifice du nectaire. Lorsque la lèvre s'est abaissée, la surface inférieure et visqueuse du disque, bien que restant dans sa position première, est à découvert, et il est presque sûr qu'elle s'attachera à l'objet qu'elle touchera. Un cheveu d'homme (représenté schématiquement par une flèche F dans nos figures 102 et 104), introduit dans le nectaire,

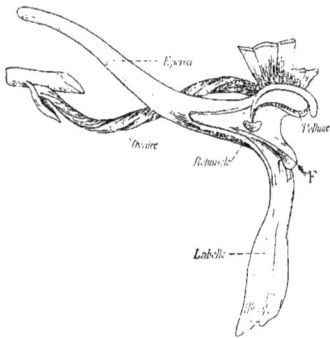

est assez raide pour abaisser la lèvre, et la surface visqueuse de la selle s'attache à lui. Néanmoins, si la lèvre est trop légèrement touchée, elle se redresse et recouvre de nouveau le bord inférieur de la selle.

Pour bien juger de la parfaite adaptation des parties, on peut couper l'extrémité du nectaire et insérer une soie de porc dans l'ouverture ainsi faite, c'est-à-dire dans une direction inverse de celle que la nature s'est proposé de faire suivre aux papillons quand ils engagent leur trompe dans les fleurs ; on peut aussi percer ou déchirer aisément le rostellum, sans jamais atteindre ou

Fig. 104. — Fleur d'orchis pyramidal vue de côté et en partie ouverte.

en atteignant rarement la selle. Aussitôt que celle-ci, s'attachant à la soie, est enlevée avec ses pollinies, la lèvre inférieure s'enroule rapidement de dehors en dedans et laisse l'orifice du nectaire plus largement ouvert qu'il ne l'était d'abord.

Enfin, le labelle est muni de deux crêtes proéminentes, inclinées vers le centre et s'étalant au dehors comme l'ouverture d'un piège. Ces crêtes sont très propres à diriger tout corps souple, un cheveu ou un crin, par exemple, vers l'entrée étroite et arrondie du nectaire, qui, bien que déjà peu spacieuse, est encore en partie fermée par le rostellum. Ces crêtes, entre lesquelles glissent les trompes des insectes, peuvent être comparées au petit instrument dont on se sert parfois pour guider un fil dans le mince trou d'une aiguille.

Voyons maintenant comment agissent ces organes. Qu'un papillon engage sa trompe entre les deux crêtes-guides du labelle, ou qu'on insère dans ce passage une soie très fine, l'objet sera sûrement conduit à l'entrée étroite du nectaire, et ne pourra guère manquer d'abaisser la lèvre du rostellum ; cela fait, la soie entre en contact avec la face inférieure du disque qui est suspendu à l'entrée du nectaire, surface gluante et qui vient d'être mise à nu. Si l'on retire la soie, on retire avec elle la selle et les pollinies qui lui sont attachées.

Presque instantanément, dès que la selle est exposée à l'air, il se produit un mouvement rapide ; les deux ailes du disque se recourbent en dedans et embrassent la soie. En enlevant les pollinies par leurs caudicules à l'aide d'une paire de pinces de telle sorte que la selle n'ait rien à embrasser, on voit ses deux bouts se recourber en dedans pour venir se toucher l'un l'autre en neuf secondes, et après neuf autres secondes, le mouvement continuant, la selle prend l'apparence d'une balle compacte.

Darwin a examiné les trompes de plusieurs papillons, auxquelles étaient attachées les pollinies de cet orchis; elles étaient si menues que les bouts de la selle se rencontraient juste sous elles. Un naturaliste lui envoya un papillon avec quelques pollinies à sa trompe (fig. 105), et ignorant ce mouvement, il fut très naturellement amené à cette conclusion surprenante que l'insecte avait été assez adroit pour percer le centre de la glande visqueuse de quelque orchidée.

Fig. 105. — Trompe de papillon garnie de plusieurs pollinies d'orchis pyramidal.

Sans doute, par cet enlacement rapide, le disque s'affermit sur la trompe et maintient les pollinies dressées, ce qui est très important; toutefois le durcissement si prompt de la matière visqueuse suffirait probablement pour atteindre ce but, et l'avantage réel ainsi obtenu est la divergence des pollinies. Les pollinies attachées au sommet, ou côté plat de la selle, sont d'abord dirigées directement en haut et presque parallèlement l'une à l'autre ; mais dès que ce côté plat s'enroule autour de la trompe fine et cylindrique de l'insecte ou autour d'une soie de porc, elles divergent forcément. Aussitôt que la selle a embrassé la soie et que les pollinies divergent, commence un second mouvement : comme le premier, il est exclusivement dû à la contraction du disque membraneux qui a la figure d'une selle ; les deux pollinies divergentes, qui d'abord étaient perpendiculaires à l'aiguille ou à la soie, décrivent un arc d'environ 90° en s'abaissant vers le bout de l'aiguille et viennent finalement s'abattre dans la même direction qu'elle.

L'utilité de ce double mouvement devient évidente si l'on fait glisser une soie portant des pollinies qui ont divergé et se sont abaissées, entre les crêtes-guides du labelle, jusque dans le nectaire de la même ou d'une autre fleur; on voit alors que les extrémités des pollinies ont pris exactement une position telle que l'une vient frapper un des stigmates, tandis qu'au même instant l'autre s'applique sur celui du côté opposé. Les stigmates sont assez visqueux pour briser les fils élastiques qui relient les paquets de pollen, et l'on peut voir, même à l'œil nu, quelques grains d'un vert sombre retenus sur leurs surfaces blanches.

*
* *

Passons maintenant à l'étude d'une orchidée exotique, le *cataselum saccatum* (fig. 106), dont la fleur par elle-même est déjà excentrique, avec une couleur sombre et cuivrée, un labelle bordé de franges, un pétale supérieur armé de deux antennes dirigées vers le bas et d'une pointe dirigée vers le haut. Cette plante pourrait faire l'objet d'un chapitre intitulé : une plante qui lance le disque à la manière des athlètes-discoboles d'autrefois. « Le labelle, dit Darwin, se tient perpendiculairement à la colonne ou un peu incliné vers le bas ; ses lobes latéraux et basilaires se recourbent sous la portion médiane, afin qu'un insecte ne puisse s'abattre qu'en face de la colonne.

Au milieu du labelle est une cavité profonde, bordée de crêtes saillantes ; les parois de cette cavité ne sécrètent point de nectar, mais sont épaisses et charnues et ont une saveur légèrement douce et succulente. Je pense que les insectes visitent les fleurs du *cataselum* pour ronger ces parois et ces crêtes charnues. La pointe de l'antenne gauche se trouve infailliblement atteinte par un insecte conduit à visiter, dans un but quelconque, cette partie du labelle.

« Les antennes, qui n'existent chez aucun genre, sont les plus singuliers organes de cette fleur. Ce sont deux cornes rigides, recourbées, se terminant en pointe. Elles sont formées d'une étroite bande membraneuse, dont les bords se replient en dedans et viennent se toucher, mais ne se soudent pas ; chaque corne

Fig. 106. — Fleur de *cataselum*, vue de profil.

est donc un tube semblable à la dent à venin d'une vipère, et fendu sur un de ses côtés. Les antennes sont les prolongements des côtés de la face antérieure du rostellum ; de plus, elles sont mises en relation directe avec le disque visqueux.

« Dans toutes les fleurs que j'ai examinées, et qui avaient été cueillies sur trois plantes, les deux antennes avaient la même position ; mais, quoique semblables d'ailleurs, elles n'étaient pas placées symétriquement. La partie terminale de l'antenne gauche se recourbe vers le haut et, en outre, un peu en dedans, de sorte que sa pointe est sur la ligne médiane et défend l'entrée de la fossette du labelle. L'antenne droite est pendante, la pointe tournée un peu en dehors ; par suite de cette position, le pli ou sillon, formé par l'union de ses deux bords, se voit à l'extérieur ; nous allons voir que l'antenne droite est un organe secondaire, presque paralysé et apparemment sans fonction.

« Étudions maintenant l'action de tous ces organes. Si l'on touche l'antenne gauche, les bords de la membrane supérieure du disque, qui sont en continuité avec la surface environnante, se rompent instantanément, et le disque se trouve libre. Le pédicelle, qui est très élastique, lance aussitôt le disque pesant hors de la chambre stigmatique, et avec une telle force que toute la pollinie est expulsée, y compris les deux masses de pollen, et que la longue pointe lâchement attachée de l'anthère se détache du sommet de la colonne. La pollinie est toujours lancée avec son disque visqueux en avant, l'élasticité du pédicelle, cause de ce brusque redressement qui entraîne l'expulsion des pollinies, se manifeste dans le sens longitudinal et dans le sens transversal, ses bords se recourbant en dedans. Quelques personnes m'ont rapporté qu'ayant touché des fleurs de ce genre dans leurs serres chaudes, elles ont été frappées à la figure par les pollinies. J'ai

Fig. 107. — Une orchidée épiphyte.

touché moi-même les antennes du *catasetum callosum*, en tenant la fleur à 92 centimètres environ d'une fenêtre, et j'ai vu la pollinie frapper un carreau de vitre et s'attacher par son disque adhésif à la surface lisse et verticale du verre ! L'excitation déterminante de la projection de la pollinie ne peut être quelconque : j'ai laissé deux fleurs tomber de la hauteur de deux ou trois pouces sur la table, sans que cette projection se produisît ; à l'aide d'une paire de ciseaux, j'ai coupé l'ovaire immédiatement au-dessous de la fleur, les sépales et même dans quelques cas la masse épaisse du labelle, mais cette mutilation n'a pas eu le résultat attendu ; des piqûres profondes dans diverses parties de la colonne et même dans la chambre stigmatique n'ont pas eu plus d'effet.

« Les antennes sont sensibles à leur pointe et dans toute leur longueur. Sur une fleur de *catasetum tridentatum*, il m'a suffi de les toucher avec une soie de porc ; cinq fleurs de *catasetum saccatum* ont exigé le léger contact d'une fine aiguille ; enfin, pour quatre autres, un petit coup fut nécessaire. Dans aucun cas un cheveu d'homme n'est assez fort ; du reste, une extrême sensibilité n'eût pas été utile à cette plante, car il y a lieu de croire que ses fleurs sont visitées par de gros insectes.

« Chez le *catasetum saccatum*, l'antenne droite est invariablement pendante, et presque paralysée. J'ai violemment frappé, ployé et piqué cette antenne sans produire le moindre effet ; tandis qu'à peine avais-je touché l'antenne gauche avec une force bien moindre, la pollinie était lancée en avant.

« Dans la nature, l'expulsion résulte du contact des antennes avec un gros insecte posé sur le labelle, et dont la tête et le thorax sont peu éloignés de l'anthère. Un objet arrondi, mis dans la même position, est toujours frappé exactement en son milieu, et si on le retire avec la pollinie qui s'est attachée à lui, celle-ci s'abat sous le poids de l'anthère à partir de son articulation avec le disque ; alors l'anthère tombe, laissant les masses polliniques libres et dans une position convenable pour la fertilisation. L'utilité d'une expulsion aussi violente de la pollinie est sans doute d'appliquer le coussin doux et gluant du disque sur le thorax velu d'un gros hyménoptère ou sur le dos sculpté d'un scarabée qui cherche sa nourriture sur les fleurs. Quand le disque et le pédicelle se sont attachés à l'insecte, celui-ci ne peut certainement s'en débarrasser ; mais les caudicules se brisant assez aisément, les masses polliniques doivent être déposées sur le stigmate visqueux d'une fleur femelle. »

Fig. 108. — Orchis homme-pendu.

Fig. 109. — Une orchidée de serre (cypripedium caudatum).

*
* *

Puisque nous en sommes sur le chapitre des orchidées, rappelons que c'est chez elles que l'on trouve les formes de fleurs les plus extraordinaires (par exemple les orchidées épiphytes (fig. 107), qui poussent sur les branches des arbres et semblent y vivre de l'air du temps; l'orchis homme-pendu (fig. 108), espèce indigène dont le labelle figure un homme ayant voulu se suicider par strangulation; les admirables orchidées de serre dont nous nous contentons de figurer une espèce, le *cypripedium caudatum* (fig. 109) aux pétales démesurés, etc.), les couleurs les plus délicates et les plus variées, les parfums les plus exquis. Parcourir une serre d'orchidées est un enchantement, les cultiver, un plaisir de roi. Un volume — quel magnifique volume! — ne suffirait pas pour en énumérer toutes les bizarreries et toutes les beautés. Mais il faut savoir se borner, et nous devons courir après d'autres fleurs.

CHAPITRE XIV

La palette des fleurs.

Au point de vue artistique et poétique, il y aurait beaucoup à dire sur la couleur des fleurs. C'est, en effet, dans les corolles que les couleurs revêtent leur plus grande délicatesse. Les teintes si répandues chez les animaux, voire même chez les papillons, sont grossières à côté des leurs et, souvent, la palette du peintre reste impuissante à les imiter. En somme, les couleurs des fleurs peuvent parcourir toute la gamme du spectre solaire et cela, dans ses moindres détails. Quelques naturalistes se sont évertués à établir une classification de ces couleurs; leurs essais — quoique non décisifs, et un peu artificiels comme toute classification — sont bons à connaître. En voici une des plus ingénieuses :

VERT

| Série cyanique. | Bleu verdâtre.
Bleu.
Bleu violet.
Violet.
Violet rouge. | Jaune vert.
Jaune.
Jaune orange.
Orange.
Orange rouge. | Série xantique. |

ROUGE

La série cyanique a pour type le bleu et la série xantique, le jaune. On donne quelquefois à la première le nom de *série désoxydée* et à la seconde, celui de *série oxydée*, mais ces dénominations ne paraissent pas reposer sur des bases suffisamment solides pour être conservées. De Candolle, qui donne ce tableau dans sa belle *Physiologie végétale*, le fait suivre de quelques remarques intéressantes.

On peut déjà observer, à la seule inspection de ce tableau, que presque toutes les fleurs susceptibles de changer de couleur ne le font en général qu'en s'élevant ou en s'abaissant dans la série à laquelle elles appartiennent. Ainsi, quant à la série xantique, les fleurs de la belle-de-nuit peuvent être jaunes, jaune orange ou rouges. Celles de l'églantine, jaune orange ou orange rouge. Celles des capucines varient du jaune à l'orange ; celles du *ranunculus asiaticus* présentent toutes les teintes de la série du rouge jusqu'au vert ; celles de l'*hieracium stati-cefolium* et de quelques autres chicoracées jaunes, ou de quelques légumineuses, telles que le lotus, passent au vert jaunâtre en se desséchant, etc. Quant à la série cyanique, les fleurs d'un grand nombre de borraginées, notamment le *lithosper-mum purpureocœruleum*, varient du bleu au violet-rouge ; celles de l'hortensia, du rose au bleu ; les fleurs ligulées des asters varient du bleu au rouge ou au violet ; celles des jacinthes, du bleu au rouge, etc.

Hâtons-nous cependant de signaler quelques exceptions ou réelles ou appa-rentes : 1° Quoique en général les jacinthes ne varient que dans les couleurs bleues, rouges ou blanches, on en trouve dans les jardins quelques variétés jau-nâtres et même d'un jaune un peu citron qui semblent s'approcher de la série xantique. 2° La primevère auricule, qui est originairement jaune, passe au rouge brun, au vert et à une sorte de violet, mais n'atteint cependant jamais le bleu pur. 3° Quelques pétales semblent offrir les deux séries dans deux parties distinctes de leur surface.

On remarquera sans doute avec étonnement que le blanc ne figure pas dans le tableau de de Candolle. C'est qu'en effet la couleur blanche absolu-ment pure ne paraît pas exister dans la fleur. Pour s'en convaincre il suffit de mettre les fleurs réputées les plus blanches, telles que le lis, la rose de noël, la campanule blanche, l'anémone des bois, etc., sur une feuille de papier bien blanc. On se rend compte alors que la couleur blanche de la corolle est en réalité lavée de jaune, de bleu ou de rouge suivant les cas. Si cette souillure n'apparaît pas très nettement, on fait des infusions des corolles dans l'alcool, infusions qui en montrent les tons franchement jaunes ou rouges, etc. Les fleurs blanches sont donc des fleurs dont les teintes rentrent dans les deux séries précédentes, mais sont atteintes d'albinisme, un peu comme si elles étaient *étiolées*. D'ailleurs un certain nombre de fleurs naissent blanches et ne se colorent qu'un peu plus tard sous l'action de la lumière. C'est le cas du *cheiranthus chamæleo*, qui passe du blanc au jaune citron et au rouge un peu violet, de l'*œnothera tetraptera*, qui, d'abord blanc, devient rose, puis presque rouge, du tamar indien, dont les pétales sont blancs le premier jour et jaunes le second et du *cobea scandens,* qui a une corolle blanc verdâtre en s'épanouissant et violette le second jour. La plante la plus remarquable à cet égard est celle de l'*hibiscus mutabilis*, que Rumph appelait *flos horarius* parce qu'elle naît blanche, puis devient incarnate vers le milieu de la journée et finit par être rouge quand le soleil est couché.

On remarquera aussi dans le tableau de la classification des couleurs donné plus haut que le *noir* ne figure pas. La couleur noire absolue n'existe, en effet, chez aucune fleur. Lorsqu'il y a des parties paraissant noires, cela tient seulement à ce que leur teinte est excessivement foncée : les noirs des pétales du *pelargornium triste* et de la fève ne sont que des jaunes et ceux de l'*orchis nigra* rentrent dans la catégorie des bruns. Ces apparences noires sont d'ailleurs extrêmement rares.

Dans un très intéressant ouvrage paru il y a cinq ou six ans, M. J. Costantin fait quelques remarques relatives à la précocité des diverses races et à la teinte de leurs fleurs.

Hoffmann a fait pendant un certain nombre d'années des observations intéressantes sur ce point. Il a remarqué que le lilas vulgaire à fleurs blanches fleurit en moyenne six jours plus tôt que la forme normale à fleurs violacées ; ce résultat lui a été fourni par huit années d'observations. Ce pourrait être une anomalie curieuse et sans portée, mais plus on avance dans l'étude de la nature, plus on s'aperçoit que tous les phénomènes, même ceux qui semblent les plus insignifiants, méritent d'être examinés. Or, il se trouve que des résultats semblables ont été observés pour les variétés du radis et du safran : pour la première plante les variétés blanches fleurissent en moyenne seize jours plus tôt que les variétés jaunes (douze années d'observation), pour la deuxième, la différence entre les deux époques est plus faible, de quatre jours seulement.

Ces changements de teintes paraissent souvent être sous la dépendance de la chaleur. On sait que le lilas blanc est obtenu par les horticulteurs grâce à l'action d'une température de 30 à 35°. C'est en 1858 qu'apparurent pour la première fois, dans le commerce, les magnifiques inflorescences blanches de cette plante, dont le succès durable fut prodigieux dès l'origine.

On ne peut affirmer que les races spontanées à fleurs blanches aient la même origine que le lilas blanc horticole, car aucune recherche expérimentale n'a été faite sur cette question. Contentons-nous d'indiquer certains faits qui contribueront à guider ceux qui cherchent comment ces variétés coloriées diversement peuvent prendre naissance. Le pavot des Alpes a une variété à fleurs jaunes très stable, que l'on observe dans les régions circumpolaires (d'après Focke), tandis que les variétés blanches ont été signalées en Suisse. Les cultures de cette même espèce, faites à Giessen, en Allemagne, ont permis d'obtenir des individus à fleurs blanches par métamorphose d'individus à fleurs jaunes. Est-ce la chaleur qui produit ces changements dans ce cas ? Nous n'osons répondre ni oui ni non. Les expériences de Schübeler et de M. Bonnier ont bien établi que, dans les régions élevées et au voisinage du pôle, la couleur des fleurs devient plus foncée, mais sans changement de teinte : seulement ce phénomène est dû à la lumière et non à la chaleur.

Quelle que soit d'ailleurs l'origine de ces formes blanches et coloriées, elles ont souvent une fixité très remarquable.

La gamme des rouges est beaucoup plus variée que celle des autres couleurs. Les rouges de la série xantique ont en général une teinte plus vive, incarnat ou ponceau ; ceux de la série cyanique offrent des teintes se rapprochant davantage du violet. Ces deux rouges peuvent d'ailleurs donner des roses, mais avec un peu d'habitude on devine leur origine : le rose de l'hortensia tient en effet au bleu, tandis que celui de la rose tire plutôt sur le jaune.

Les couleurs bleues sont les plus changeantes ; elles passent facilement au violet et au rouge, mais surtout au blanc, surtout en vieillissant, ainsi que le fait le gentil bluet, gloire des moissons.

Les fleurs jaunes sont celles dont la teinte est la plus tenace : c'est ainsi que les jaunes vifs et luisants des boutons d'or ne peuvent pour ainsi dire pas changer. Les jaunes plus pâles varient plus facilement, mais ne passent guère qu'au blanc (belle-de-nuit).

Quant aux fleurs vertes, comme elles ne se distinguent pas du feuillage ambiant, on les laisse passer sans y faire attention et on les croit beaucoup plus rares qu'elles ne le sont en réalité.

Elles sont même inconnues des poètes à en juger par l'excellent et si original littérateur Mæterlinck — pourtant si attiré vers les choses de la nature — qui, à propos des chrysanthèmes verts, vient d'écrire ce délicieux passage :

« Pourtant, grâce à quelque inadvertance de la nature, voici que la couleur la plus extraordinaire et la plus sévèrement défendue dans le monde des fleurs, la couleur que la corolle de l'euphorbe vénéneuse est à peu près seule à porter dans la cité des ombelles, des pétales et des calices, le vert, exclusivement réservé aux feuilles esclaves et nourricières, vient de pénétrer dans l'enceinte jalousement gardée. Il est vrai qu'il ne s'y est glissé qu'à la faveur d'une équivoque, en traître, en espion, en transfuge livide. Il parjure le jaune et le trempe avec crainte dans l'azur vacillant d'un rayon de lune. Il est encore nocturne et fallacieux comme une irisation sous-marine ; il ne se révèle que par reflets, pour ainsi dire intermittents, à l'extrémité des pétales ; il est fugace et anxieux, fragile et décevant, mais indéniable. Il a fait son entrée, il existe, il s'affirme ; il va se fixer, s'accentuer de jour en jour ; et, par la brèche qu'il vient de pratiquer, toutes les joies et toutes les magnificences du prisme excommunié vont se précipiter dans leur domaine vierge et y préparer pour nos yeux des fêtes inaccoutumées. C'est, au pays des fleurs, une grande nouvelle et une mémorable conquête. »

On sait que par la culture, la sélection et l'hybridation, les horticulteurs font varier les couleurs des fleurs dans des proportions considérables. Mais on connaît fort mal les lois de ces variations, surtout parce que les jardiniers qui pourraient renseigner les botanistes sur ce point intéressant n'ont pas suffisamment l'esprit scientifique. Nous nous contenterons d'indiquer ci-après les renseignements que donnent MM. Decaisne et Naudin, sur la variation du coloris des fleurs.

« L'altération se fait ici de deux manières : c'est tantôt une simple décoloration qui ramène au blanc plus ou moins pur les teintes rouges, jaunes ou bleues de la corolle, tantôt la substitution radicale d'une couleur à une autre. Les fleurs dont le rouge ou le bleu sont les teintes dominantes sont les plus sujettes à tourner au blanc, mais on observe aussi ce changement sur quelques fleurs naturellement jaunes, comme, par exemple, celles du disque de la reine-marguerite, du dahlia, des chrysanthèmes, etc., lorsque ces fleurs subissent la transformation ligulaire. Rien, au contraire, n'est plus commun dans nos jardins que les variétés blanches de l'œillet, des roses rouges, du lilas, du haricot d'Espagne, du pied-d'alouette, de la digitale pourprée, des campanules, etc., en un mot de presque toutes les plantes à fleurs lilas, roses, rouges, pourpres, bleues ou violacées. Il en est cependant aussi, dans ces catégories, dont la coloration est très tenace et ne faiblit jamais sensiblement, ainsi qu'on le voit dans le petunia à fleurs pourpres (*petunia violacea*), dont la teinte ne perd de sa vivacité que lorsqu'il a été croisé avec une espèce voisine, le *petunia nyctaginiflora*, à fleurs toutes blanches.

« La substitution radicale d'une couleur à une autre, soit sur l'étendue de la corolle, soit seulement sur quelques-unes de ses parties, sous forme de macules, de stries, de panachures, etc., est aussi un cas fréquent, et c'est là une des altérations dont l'horticulture ornementale a tiré le plus grand parti ; un nombre considérable de ces plantes dites de collection tirent presque toute leur importance de la facilité avec laquelle les couleurs les plus vives se remplacent les unes les autres, se nuancent et s'entremêlent de mille manières et dans des proportions relatives qui n'ont rien de fixe ; aussi ne trouve t-on pas dans ces collections, lorsqu'elles sont bien choisies, deux plantes sur cent qui soient exactement semblables par le ton et la distribution des couleurs. Ces variétés multicolores, toutes nées de la culture, se conservent en général très fidèlement par le bouturage, et très peu au contraire par le semis, qui a, par compensation, le privilège de donner naissance à de nouvelles combinaisons de couleurs. Il n'en est pas tout à fait de même des variétés unicolores qui, à moins d'être croisées avec des variétés différentes, tendent à se perpétuer dans cette voie. Par exemple, les variétés jaune, pourpre, et blanche de la belle-de-nuit, lorsqu'elles sont pures, se reproduisent intégralement et avec une grande constance ; croisées les unes avec les autres, elles donnent lieu à des coloris intermédiaires et, plus souvent, au mélange de ces différentes couleurs sous forme de panachures. »

Lorsque des fleurs s'épanouissent hors de saison, il arrive que leur couleur peut ne pas être la même qu'en temps ordinaire. C'est ce qu'a pu noter M. Hughes Gibb en 1898, où l'hiver a été particulièrement doux.

Les dahlias cactus, rouges d'ordinaire, ont donné une floraison presque orange, et les fleurettes extérieures étaient même parfois presque jaunes. En outre, ces dahlias ont montré dans beaucoup de cas une tendance marquée à revenir à la forme simple.

Une espèce de capucine, habituellement d'un rouge écarlate vif, a, de même, donné dans une serre froide des fleurs tardives d'un jaune clair, une bande rouge près du centre des pétales restant comme seul vestige de la couleur normale.

Dans ces deux cas, le changement de coloration se produit d'abord sur les bords des pétales.

Enfin la floraison des myosotis, normalement d'un bleu très vif, est devenue presque rose clair sans la moindre trace de bleu ; et un phlox, d'un blanc pur, s'est nuancé de jaune verdâtre.

10

J'ai eu la curiosité de faire la statistique de la couleur des fleurs croissant spontanément en France. Il est inutile de dire que cette statistique, bien que faite très minutieusement, n'a pas une valeur absolue, car d'une part les noms des couleurs n'ont pas une définition bien précise; et d'autre part la teinte des fleurs n'est pas toujours très facile à évaluer. Pour fixer les idées d'une manière suffisamment précise, j'ai employé **trente-trois** noms de teintes dont je vais donner quelques exemples :

1° **Bleu.** — Dauphinelle d'Ajax, *eryngium maritimum*, lin des Alpes.

2° **Bleuâtre.** — Mâche, violette admirable.

3° **Bleu pâle.** — Campanule barbue, nigelle.

4° **Blanc.** — Bourse à pasteur, lychnis dioïque, mouron blanc, nénuphar blanc.

5° **Blanchâtre.** — *Asterocarpus Clusii, reseda phyteuma, rhamnus frangula.*

6° **Blanc rosé.** — Guimauve, petite mauve.

7° **Blanc rougeâtre.** — Renoncule à fleur de rue.

8° **Blanc jaunâtre.** — Tilleul.

9° **Blanc verdâtre.** — *Honckeneja peploïdes.*

10° **Rouge.** — Adonis d'automne, pivoine coralline, trèfle incarnat.

11° **Rose.** — *Dianthus deltoïdes*, géranium à feuilles rondes.

12° **Purpurin.** — *Ononis fructicosa.*

13° **Rouge vineux.** — Pavot hybride.

14° **Rouge clair.** — *Allium vineale.*

15° **Rougeâtre.** — *Epimedium alpinum.*

16° **Pourpre.** — *Fumaria spicata.*

17° **Rouge brun.** — *Nonnea pulla.*

18° **Rose pourpré.** — *Dianthus cœsius, geranium columbinum.*

19° **Rose violet ou lilacé.** — *Geranium pusillum.*

20° **Vert.** — *Coriaria myrtifolia*, ellébore verte.

21° **Verdâtre.** — Pistachier, *sagina apetala*, vigne.

22° **Jaune.** — Épine-vinette, genêt des teinturiers, renoncule âcre.

23° **Jaune clair.** — *Sisymbrium officinale, trollius europœus, ulex europœus.*

24° **Jaunâtre ou brun jaunâtre.** — *Rhamnus alaternus.*

25° **Jaune soufre.** — *Ranunculus ophioglossifolius.*

26° **Jaune-orangé ou rosé.** — *Hypecoum procumbens, meconopsis cambrica.*

27° **Jaune verdâtre.** — *Acer platanoïdes.*

28° **Violet.** — *Vicia amphicarpa*, violette.

29° **Violacé.** — *Geranium phœum.*

30° **Lilas.** — *Cardamine pratensis.*

31° **Violet pourpre.** — *Geranium bohemicum, geranium tuberosum.*

32° **Variable.** — *Anagallis arvensis* (fleurs rouges ou bleues); *myosotis versicolor* (fleurs bleues ou jaunes); pavot somnifère (fleurs rougeâtres, violettes, blanches ou rosées).

33° **Multicolore.** — Marronnier d'Inde (fleurs blanches tachées de rouge et de jaune); *pisum maritimum* (fleurs pourpres à ailes bleuâtres); *silene noctiflora* (fleurs roses en dessus, jaunes en dessous); *silene nocturna* (fleurs blanches en dessus, verdâtres en dessous).

Voici les résultats généraux de cette statistique :

COULEURS DES FLEURS	NOMBRE D'ESPÈCES	COULEURS DES FLEURS	NOMBRE D'ESPÈCES
Bleu.	116	Rose pourpré.	23
Bleuâtre	29	Rose violet ou lilacé. . .	27
Bleu pâle.	12	Vert.	16
Blanc	485	Verdâtre	297
Blanchâtre.	70	Jaune.	600
Blanc rosé.	29	Jaune clair.	39
Blanc rougeâtre. . . .	4	Jaunâtre ou brun jau-	
Blanc jaunâtre	43	nâtre.	106
Blanc verdâtre	56	Jaune soufre. . . .	2
Rouge.	69	Jaune orangé ou rosé. . .	21
Rose ou rosé. . . .	289	Jaune verdâtre	46
Purpurine.	6	Violet.	59
Rouge vineux.	4	Violacé.	29
Rouge clair	2	Lilas.	29
Rougeâtre.	29	Violet pourpre	5
Pourpre.	40	Variable	136
Rouge brun	16	Multicolore.	68

En réunissant sous un même nom les teintes les plus voisines, la couleur des fleurs de la flore française est, par ordre de fréquence (fig. 110) :

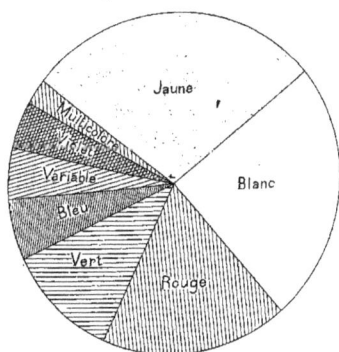

Fig 110. — Graphique exprimant le degré de fréquence de la couleur des fleurs de la flore française.

1° Les jaunes.	Avec 808 représentants.
2° Les blanches.	— 687 —
3° Les rouges.	— 505 —
4° Les vertes.	— 313 —
5° Les bleues.	— 157 —
6° Les variables	— 136 —
7° Les violettes.	— 122 —
8° Les multicolores.	— 68 —

En étudiant la répartition des fleurs colorées dans ses rapports avec la localité, on constate qu'elle n'est pas la même que celle qui se rapporte à la statistique générale. C'est ainsi que les fleurs jaunes ne gardent leur suprématie que dans les rochers et les montagnes ainsi que dans les prés et les champs et surtout les endroits incultes, tandis que dans les bois et les forêts, les fleurs les plus nombreuses sont les blanches. Dans les endroits humides et sur le bord de la mer, la suprématie appartient aux fleurs vertes. Quoi qu'il en soit de cette répartition inégale, si la France voulait choisir une fleur symbolique, c'est parmi les jaunes qu'il faudrait la prendre : ni la fleur de lis, ni la violette, ni l'œillet rouge ne pourraient faire l'affaire et c'est peut-être pour cela qu'ils ont disparu. Mais l'existence devient si difficile, que le souci est tout indiqué.

CHAPITRE XV

Fleurs et légumes symboliques.

Nous avons fait jusqu'ici de la botanique pure. De la science il en faut, mais pas trop cependant. Reposons nous un instant pour traiter d'un sujet un peu frivole.

Les fleurs sont tellement mêlées à notre existence que, de tous temps, elles ont été employées comme symboles, depuis la simple fleur passée à la boutonnière de l'élégant, jusqu'à la corbeille de superbe lilas blanc que le fiancé envoie à sa future épouse.

De là est né le *langage des fleurs,* sur lequel on a tant écrit et que l'on ne me pardonnerait pas d'oublier ici, bien que, pour ma part, je le trouve un peu « bébête ». Voici un certain nombre de ces « fleurs parlantes ». (Si elles se contredisent parfois, c'est qu'elles sont comme beaucoup de personnes bavardes) :

Bouquet de feuilles vertes.	Espérance.
— *de lierre et d'immortelles.*	Amitié pour la vie.
— *de mauves et de soucis.*	Douce peine.
— *de pavots et de soucis.*	Peines calmées.
— *de myrtes et d'immortelles.*	Amour pour la vie.
— *de myrtes et de soucis.*	Hymen.
— *de roses ouvertes.*	Philanthropie.
Couronne de roses.	Anacréontisme.
— *de roses blanches.*	Vertu.
Guirlande de fleurs.	Chaîne d'amour
— *de feuilles.*	Chaîne d'amitié.
— *de dictames, de roses, de soucis et de cyprès.*	Chaîne de la vie.
Rose unie au lis.	Fraîcheur.
Rose unie au pavot.	Amour passé.
Rosier entouré de gazon.	Il y a tout à gagner avec la bonne compagnie
Souci uni au cyprès.	Désespoir.
Rose unie au cyprès.	Mort de la personne aimée.

A

Abricotier.	. . .	Insensibilité.
Absinthe.	. . .	Absence. Amertume.
Acacia.	. . . .	Affection constante.
Acanthe.	. . .	Artifice.
Ache.	. . . .	Agonie.
Achillée.	. . .	Animosité. Héroïsme.
Aconit.	. . .	Fausse nécessité.
Adonide.	. . .	Tristes souvenirs.
Airelle.	. . . .	Trahison.
Ageratrum.	. . .	Confiance.
Alcée.	. . . .	Amour simple.
Algue marine.	. .	Instabilité.
Alizier.	. . . .	Éloge.
Alpiste.	. .	Espoir confiant.
Althæa.	. . .	Doux égards.
Alysson.	. .	Guérison.
Amandier.	. . .	Étourderie, gaîté vive.
Amarante.	. . .	Fidélité sûre.
Amaryllis.	. . .	Artifices, coquetterie.
Améthystée.	. .	Confiance.
Ananas.	. . .	Perfection
Ancolie.	. .	Folie.
Anémone.	. . .	Jalousie.
Angélique.	. . .	Inspiration.
Apocyn gobe-mouches.		Piège.
Arbousier.	. . .	Renommée grande.
Arbre de Judée.	. .	Egoïsme.
Aristoloche.	. .	Ambition.
Armoise.	. . .	Bonheur. Constance
Arrête-bœuf.	. .	Intrépidité.
Arum.	. . .	Ardeur.
Asphodèle.	. . .	Regrets.
Aster.	. . .	Amère pensée.
Astragale.	. . .	Adoucissement.
Aubépine.	. . .	Prudence. Espérance.
Aubergine.	. . .	Fécondité.
Aveline.	. . . .	Réconciliation. Douceur.
Azalée.	. . .	Joie d'aimer.
Azédarac.	. . .	Originalité.

B

Baguenaudier.	. .	Frivolité.
Balizier.	. . .	Cruauté.
Balsamine.	. .	Fragilité. Impatience.
Barbe-de-Jupiter.	.	Prépondérance.
Barbe-de-renard.	.	Ruse.
Bardane.	. . .	Importunité.
Basilic.	. . . .	Pauvreté.
Bégonia.	. . .	Cordialité.
Belladone.	. .	Silence. Charmes trompeurs.
Belle-de-jour.	. .	Coquetterie. Infidélité.
Belle-de-nuit.	. .	Timidité.
Bétoine.	. . . .	Surprise.
Blé.	. . . .	Abondance.
Bluet.	. . .	Timidité. Délicatesse.
Bois-gentil(lauréole)		Désir de plaire.
Bon-Henri.	. . .	Bonté.
Bouillon blanc.	. .	Bon caractère.
Boule-de-neige.	. .	Froideur.

Bourrache.	. . .	Brusquerie.
Bouton d'argent.	. .	Prospérité.
Bouton d'or.	. .	Joie. Amour de l'or.
Brise tremblante.	. .	Légèreté.
Bruyère.	. . .	Solitude.
Buglosse.	. . .	Mensonge.
Bugrane.	. . .	Empêchement.
Buis.	. . . .	Stoïcisme.
Buisson ardent.	. .	Colère.

C

Cactus.	. . . .	Bizarrerie.
Caille-lait.	. . .	Changement.
Camara piquant.	.	Rigueur.
Camélia.	. . .	Fierté. Talent modeste et vénéré.
Camomille.	. . .	Calme. Haine.
Campanule.	. . .	Coquetterie. Reconnaissance.
Capillaire.	. . .	Mystère.
Capucine.	. . .	Indifférence.
Carline.	. .	Isolement.
Cèdre.	. . .	Résistance. Immortalité.
Centaurée.	. . .	Maladie.
Cerisier.	. . .	Bonne éducation.
Champignon.	. . .	Soupçon.
Chanvre.	. . .	Destinée.
Chardon.	. . .	Vengeance. Bêtise.
Charme.	. . .	Ornement.
Charmille.	. . .	Mariage.
Châtaignier.	. . .	Prévoyance.
Chélidoine.	. . .	Joies futures. Soins maternels.
Chêne.	. . . .	Force.
Cheveux de Vénus.	.	Parure naturelle.
Chèvrefeuille.	. .	Liens.
Chicorée.	. . .	Frugalité. Amertume.
Chiendent.	. . .	Adresse.
Chou.	. . . .	Profit.
Chrysanthème.	. .	Vérité. Souvenirs d'enfance.
Ciguë grande.	. . .	Trahison. Mort.
Cinéraire.	. . .	Douleur de cœur. Culte des tombeaux.
Circée.	. . . .	Sortilège.
Ciste.	. . . .	Sans jalousie.
Citronnelle.	. .	Politesse.
Citronnier.	. . .	Fécondité.
Citrouille.	. . .	Obésité.
Clandestine.	. .	Mystère.
Clématite.	. . .	Artifice. Pénétration.
Clochette.	. . .	Bavardage.
Cobéa.	. . .	Bavardages.
Cocrète des prés.	.	Entêtement
Colchique.	. . .	Méditation.
Convolvulus.	. .	Importunité. Crime.
Coquelicot.	. . .	Consolation.
Coquelourde.	. .	Sans prétention.
Coqueret.	. . .	Erreur.
Corbeille d'or.	. .	Tranquillité.
Coréopsis.	. . .	Rivalité.
Coriandre.	. . .	Mérite caché.

Cormier. . . . . .
Cornouiller sauvage. . Durée. Prudence.
Coucou. . . . . Durée.
Coudrier. . . . Retard.
Couronne impériale. Charme. Réconciliation.
Crapaudine. . . Puissance.
Cresson. . . . Laideur.
Crête-de-coq. . . Puissance.
Crocus. . . . Impatience. Vigilance.
Croix-de-Malte. . Inquiétudes.
Cumin. . . . Dévotion.
Cupidone. . . Ressemblance.
Cuscute. . . . Espièglerie.
Cyclamen. . . Bassesse.
Cyprès. . . . Défiance. Adieu plaisirs.
Cytise. . . . Deuil.
. . . . . Noirceur.

Dahlia. . . . . .
. . . . Reconnaissance. Nouveauté.
Datura. . . . Confiance ébranlée. Charmes trompeurs.
Dent de lion. . . Oracle.
Dianelle (Reine des bois). . . Amour de la chasse.
Dictame. . . Naissance.
Digitale. . . Ardeur. Désir de justice.
Doronic. . . Agilité.
Douce-amère. . Vérité. Rapprochement.

E

Ebénier (Faux-). . Noirceur. Mauvais augure.
Echinops. . . Se méfier.
Eclaire. . . Artifice.
Eglantine. . . Amour. Poésie.
Ellébore. . . Bel esprit.
Ephémérine de Virginie. . Plaisir fugitif.
Epicéa. . . Temps.
Epine noire. . Difficulté.
Epine-vinette. . Aigreur.
Erable. . . Bêtise. Réserve.
Esparcette. . Poltronnerie.
Estragon. . Aménité.
Eupatoire. . Amour paternel.

F

Fenouil. . . . Digne de louanges. Déraison.
Férule. . . Punition.
Feuilles mortes. Dépérissement.
Feuilles de rose. Consentement.
Feuilles vertes. Espérance.
Ficoïde. . Froideur.
Figuier. . Douceur.
Pilaria. . Bon caractère.
Fleur-du-ciel. Sagesse.
Fleur-de-paon. Vanité.

Fleur de la Passion. Foi.
Fleur d'un jour. . Faveur.
Fougère. . . . Confiance.
Fragon. . . . Irascibilité.
Fraisier. . . Bonté. Amabilité.
Fraisier de l'Inde. . Apparence trompeuse.
Framboise. . . Remords.
Fraxinelle. . . Gratitude. Lumière.
Frêne. . . . Grandeur. Soumission.
Fritillaire. . . Majesté.
Fuchsia. . . Légèreté naïve.
Fumeterre. . . Amertume. Crainte

G

Gainier. . . . Vigueur nouvelle. Poltronnerie.
Galéga. . . . Raison.
Garance. . . Calomnie.
Gardénia. . . Sincérité.
Genêt. . . . Propreté. Faible espoir.
Genevrier. . . Protection. Hospitalité.
Gentiane jaune. Ingratitude.
Geranium. . . Caprice.
Geranium rosat. . Amour poétique. Préférence.
Gerbe d'or. . . Avarice.
Giroflée. . . Constance. Dévouement.
Glaïeul. . . Défi. Indifférence.
Glaux. . . Fécondité.
Glycine. . . Tendresse. Amitié douce.
Gourde. . . Capacité.
Grande-Marguerite. Oracle.
Grateron. . . Rusticité.
Grenadier. . . Amitié sincère.
Groseiller. . . Joie. Délice.
Guède. . . Honte.
Gueule de lion. . Désirs.
Gui. . . . . Parasitisme. Attachement.
Guimauve. . . Fadeur. Bienfaisance. Persuasion.
Guitarin. . . . Mélodie.

H

Hébé. . . . Soupir.
Hélénie. . . Pleurs.
Héliotrope. . . Attachement.
Hémérocale. . Aigreur. Entreprise active.
Hépatique. . . Confiance.
Hêtre. . . Grandeur.
Hortensia. . . Caprice. Constance.
Houblon. . Injustice.
Houx. . . Prévoyance. Misanthropie.
Hyacinthe. . . Prudence.
Hysope. . . Froideur.

I

Ibéride de Perse. . Insouciance.

If . . . . . . Chagrin. Tristes adieux.
Immortelle. . . . Regrets éternels.
Impériale. . . . Puissance.
Ipoméa. . . . . Envie de plaire.
Iris. . . . . . Bonnes nouvelles.
Isatis. . . . . Déclaration.
Ivraie. . . . . Mauvaise compagnie.

J

Jacinthe. . . . Joie du cœur.
Jasmin. . . . . Amour. Ivresse.
Jasmin de Virginie. Séparation.
Jonc. . . . . . Souplesse. Docilité.
Jonc fleuri.. . . Attraction.
Jonquille. . . . Désir.
Joubarbe. . . . Vivacité. Ambition.
Jujubier. . . . Concorde.
Julienne simple. . Amusement. Fausseté.
Jusquiame. . . . Imperfections.

K

Kadoura. . . . Frugalité.
Kaki. . . . . Solidité.
Kalmic. . . . . Gémissements.
Ketmie. . . . . Beauté délicate.

L

Laitue. . . . . Refroidissement.
Laurier-amandier.. Perfidie.
Laurier blanc. . . Candeur.
Laurier d'Espagne. Courage.
Laurier-rose. . . Triomphe. Séduction.
Laurier-thym. . . Petits soins.
Lavande. . . . Tendresse respectueuse.
                Ferveur.
Lianes. . . . . Nœuds indissolubles.
Lierre. . . . . Vif attachement.
Lilas. . . . . Amitié.
Lin. . . . . . Simplicité.
Lis. . . . . . Pureté. Majesté.
Lis blanc. . . . Innocence.
Lis jaune. . . . Orgueil.
Liseron. . . . . Insinuation. Obstination.
Lobélia.. . . . Malveillance. Bonne pen-
                sée.
Lotus. . . . . Éloquence.
Lunaire. . . . Honnêteté.
Lupin. . . . . Imagination.
Luzerne. . . . Vie.

M

Magnolia. . . . Force.
Mahaleb. . . . Enivrement.
Mancenillier. . . Fausseté.
Mandragore. . . Délire. Disette.
Marguerite blanche. Oracle. Destin.

Marguerite double. Réciprocité.
Marjolaine.. . . Consolation. Jeux des
                champs.
Marronnier. . . Bravoure.
Marronnier d'Inde. Luxe.
Matricaire. . . . Réunion.
Mauve. . . . . Peine de cœur. Douceur.
Méléagre fritillaire. Rareté.
Mélèze. . . . . Audace.
Mélianthe. . . . Calme.
Mélisse. . . . . Charme.
Ménianthe. . . . Tranquillité.
Menthe. . . . . Mémoire. Ardeur jalouse.
Mercuriale. . . . Déception. Bon penchant.
Mignardise. . . . Enfantillage.
Millepertuis. . . Fausseté.
Mimosa.. . . . Sécurité.
Miroir de Venise. . Louanges. Flatteries.
Mogori. . . . Esprit léger.
Moline. . . . . Mollesse.
Momordique piquante. Critique.
Morelle. . . . . Vérité.
Mouron.. . . . Ingénuité.
Mouron rouge . . Rendez-vous.
Mousse. . . . . Santé. Amour maternel.
Moutarde. . . . Indifférence.
Mufle de veau.. . Grossièreté.
Muflier. . . . . Présomption.
Muguet. . . . . Coquetterie discrète. Fa-
                tuité.
Murier blanc. . . Prudence. Opulence.
Myosotis. . . . Souvenir fidèle.
Myrte. . . . . Force de cœur. Amour
                timide.
Myrtille. . . . Trahison.

N

Narcisse. . . . Froideur. Amour de soi.
Navet. . . . . Charité.
Néflier.. . . . Persévérance.
Nénuphar. . . . Pureté. Froideur.
Nicotiane. . . . Difficulté vaincue.
Nielle des blés.. . Politesse.
Noyer. . . . . Intelligence. Confidence.
Nymphée jaune. . Calme.

O

Œillet. . . . . Amour vif et pur.
— blanc. . . Sentiments purs.
— de Chine.. . Aversion.
— de la Régence. Petit-maître.
— de montagne. Aspiration.
— de paon. . Orgueil.
— de poète. . Admiration. Talent.
— d'Inde. . . Séparation. Tromperie.
— jaune. . . Exigence. Mépris.
— mignardise. Enfantillage.
— panaché. . Refus.
— rouge. . . Énergie.
Œnothère. . . . Inconstance.

Olivier.	Concorde. Paix. Sagesse.	Pulmonaire rouge..	Passion.
Ophrys.	Rapprochement.	Pyramidale.	Constance.
Ophrys-araignée.	Adresse.		
— -homme.	Supplice.		
— -mouche.	Importunité.		
Oranger.	Chasteté. Générosité.		
Orchidées.	Ferveur.	Queue de lion.	Inconduite.
Oreille d'âne.	Sentiments inaltérables.	— de pourceau.	Bonheur champêtre.
— d'ours.	Guet-apens.	Quibey (Lobélie lon-	Hypocrisie.
Orme.	Bienfaisance.	giflore).	
Ortie.	Cruauté.	Quintefeuille.	Amour de la famille.
Osier.	Franchise.		
Osmonde.	Rêverie.		
Oublie.	Oubli.		**R**
Oxalis.	Joie.		
		Raquette (figuier	
	P	d'Inde)	Exercice.
		Reine des prés.	Inutilité.
Paille brisée.	Rupture.	Reine-marguerite.	Splendeur. Variété.
— entière.	Union.	Renoncule asiatique.	Beauté.
Palme.	Victoire.	— des prés.	Malice.
Pâquerette.	Résurrection. Age heu-	— scélérate.	Corruption.
	reux.	Réséda.	Mérite modeste.
Pariétaire.	Chagrin. Gloriole.	Rhododendron.	Premier aveu.
Parnassie.	Génie.	Rhubarbe.	Avis.
Passiflore.	Croyance.	Romaine.	Bonne consolation. Bonne
Patience.	Patience.		foi.
Pavot.	Sommeil.	Ronce.	Remords. Envie.
Pêcher.	Bonheur défendu. Aveu	Rose.	Amour.
	timide.	— à cent feuilles.	Grâce.
Pélargonium.	Prétention.	— blanche.	Innocence.
Pensée.	Pensée affectueuse.	— capucine.	Éclat.
Perce-neige.	Consolation.	— de jardin.	Tendresse.
Persil.	Réjouissance. Festin.	— de mai.	Grâces précoces.
Pervenche.	Mélancolie. Premier	— de Noël.	Manie.
	amour.	— du Bengale.	Aveux.
Petite centaurée.	Félicité.	— en bouton.	Cœur fermé.
Petite sauge.	Estime.	— épanouie.	Beauté.
Pétunia.	Obstacle.	— incarnate.	Santé.
Peuplier.	Courage. Élégance.	— jaune.	Coquetterie.
— blanc.	Bon emploi du temps.	— pompon.	Gentillesse.
— tremble.	Gémissement.	— rouge.	Rébellion.
Phlox.	Unanimité.	— sous des feuil-	
Pied-d'alouette.	Préoccupation. Amour du	les.	Charmes discrets.
	changement.	— trémière.	Fécondité.
Pimprenelle.	Changement.	Roseau fleuri.	Flatterie.
Pin.	Douleur. Hardiesse.	Roseaux.	Musique.
Pissenlit.	Oracle.	Rue sauvage.	Abandon de soi.
Pivoine.	Honte.	Rue des jardins.	Mauvais cœur. Dédain.
Plantain.	Duperie.		
Platane.	Protection. Génie.		
Poirier.	Bien-être. Bonne éduca-		**S**
	tion.		
Pois de senteur.	Plaisirs délicats.	Sabine.	Dépit.
Polémoine bleue.	Rupture.	Safran.	N'en abusez pas. Modé-
Polygala.	Ermitage.		ration.
Pomme.	Désobéissance.	Sainfoin oscillant.	Agitation.
— d'amour	Discorde.	Salicaire.	Prétention.
Pommier.	Préférence. Brouillerie.	Sapin.	Fortune.
Primevère.	Ame pensive.	Saponaire.	Excellence.
Prunier cultivé.	Promesses tenues.	Sardoine.	Moquerie.
Prunier sauvage.	Indépendance.	Sauge.	Santé. Estime.
Printanière.	Jeunesse.	Saule.	Forte vieillesse.
		— pleureur.	Mélancolie.

Scabieuse. . . .	Veuvage.
Sceau de Salomon..	Secret gardé.
Seneçon.. . . .	Humeur calme.
Sénevé.	Amitié précieuse.
Sensitive. . . .	Abattement. Sensibilité extrême.
Seringat. . . .	Mémoire. Amour fraternel.
Serpentaire. . .	Envie.
Serpolet. . . .	Etourderie.
Sistre.	Sûreté.
Soleil.	Prière. Fausses richesses.
Sorbier.. . . .	Prudence.
Soucis.	Chagrins. Inquiétude.
Spirée ulnaire.. .	Inutilité.
Staticée.. . . .	Séjour.
Stramoine. . . .	Artifice.
Sureau.. . . .	Zèle. Bienfait.
Sycomore. . . .	Curiosité.
Symphorine.. . .	Gracieuseté.

T

Tamaris. . . .	Crime.
Tanaisie. . . .	Dehors trompeurs.
Tête de dragon. .	Ne t'y fie pas.
Thlaspi.. . . .	Indifférence. Assurance.
Thuya.	Avarice. Vieillesse.
Thym.	Activité.
Thymélée. . . .	Humilité.
Tilleul.	Amour conjugal.
Toque.	Sympathie.
Tournesol. . . .	Opinion changeante.
Trèfle.	Empressement. Humilité.
Trémelle-nostoc. .	Résistance.
Troène.	Empêchement. Guerre.
Truffe.	Gloutonnerie.
Tubéreuse. . . .	Plaisir.
Tulipe.	Affection sans espoir. Déclaration.
— de Gessner..	Plaisirs champêtres.
— double. . .	Réussite honorable.
— dragonne. .	Folie furieuse.
— du duc de Tholl. . . .	Danger des richesses.
— œil du soleil.	Ce qui brille est faux.
— sauvage.. .	Haine.
Tussilage. . . .	Fermeté.
— odorant. .	Justice rendue.

U

Ulmaire (Reine des prés).. . . .	Autorité.

Ulmus.	Paresse.
— subéreux. .	Vétusté.
— tortillard. .	Commerce agréable.
Uvulaire de Chine.	Idolâtrie.

V

Valériane rouge. .	Facilité.
Vélar.	Hommage.
Verge d'or. . . .	Précaution. Sage réprimande.
Véronique. . . .	Fidélité. Enchantement.
Verveine. . . .	Inspiration.
Veuve (Scabieuse noire). . . .	Veuvage.
Vigne.	Ivresse.
Violette.. . . .	Modestie.
— blanche. .	Candeur.
— de Parme..	Déclaration.
— double.. .	Amitié réciproque.
— violet clair.	Obscurité.
Violier (Giroflée des jardins). . . .	Beauté durable.
Viorne.	Rigueur.
Vipérine. . . .	Justice. Méchanceté.
Volubilis. . . .	Caresses. Promesses.

X

Ximénèse. . . .	Attente.
Xyloston. . . .	Doux liens

Y

Yappé.	Influence néfaste.
Yèble.	Consolation.
— à grappes. .	Bavardage.
Yucca.	Grandeur. Voyages lointains.

Z

Zalia.	Joliesse.
Zéphyranthe. . .	Inconstance.
Zinnia.	Pensée aux absents. Précaution.
Ziziphus lotus. . .	Querelle.
— de Chine..	Fièvre.

Et il y en a comme cela à n'en plus finir...

On peut aussi employer des légumes dans le symbolisme. C'est du moins un vieil almanach qui l'affirme :

« La carotte est le symbole de la ruse. Elle est généralement cultivée par les collégiens et les militaires. L'expression *tirer une carotte* est proverbiale. Ce malin légume sert aussi d'enseigne aux bureaux de tabac.

« La bêtise est représentée par le chou, si l'on s'en rapporte à la maxime : *bête comme un chou.*

« On dit aussi *faire chou blanc*, quand on manque un but ou qu'on revient bredouille de la chasse ou de la pêche.

« La betterave et le melon, surtout le melon, partagent le renom de sottise attribué au chou. Chacun sait que le melon désigne le *conscrit* qui entre à Saint-Cyr. Seulement ici il est qualifié de « saumâtre ».

« Le panais est l'emblème des meurt-de-faim et des sans-le-sou. Il est triste d'être appelé panné.

« Le navet est plus réjouissant, il fait tout de suite penser au canard dodu. Il est aussi quelque peu gavroche. Il accompagne certains gestes de refus parisien par cette locution populaire : *des navets !*

« Le petit pois est le symbole du chic suprême. En effet pour vanter l'élégance d'un gentleman accompli, ne dit-on pas : *c'est la fleur des pois !*

« L'épinard a des fortunes diverses, appelé tantôt à figurer un fonctionnaire subalterne, quand on le qualifie de *balai de l'estomac*, et tantôt à représenter un grade élevé dans l'armée. Ne dit-on pas d'un officier supérieur qu'il porte *la graine d'épinards ?* Enfin il lui échoit aussi d'exprimer un événement heureux, un gain arrivé à propos. On dit qu'il *met du beurre dans les épinards.*

« L'oseille, par son acidité, intervient dans les mouvements d'aigreur : *Vous me la faites à l'oseille* est de style courant dans certains milieux. Inutile d'ajouter que ce n'est pas dans le grand monde.

« Salut maintenant au plus décoratif des légumes : le poireau, emblème officiel du mérite agricole. D'aucuns affectent d'en rire, ceux-là rient jaune, croyez moi, et le trouvent trop vert. »

Rappelons aussi comment le poireau est devenu emblème :

Vers l'an 600, les Gallois étaient en guerre contre les Saxons. Comme les soldats des deux armées ennemies étaient pareillement vêtus de rouge, le fameux général gallois Cadwallon fit, un jour de bataille, mettre au chapeau de chacun de ses soldats un poireau pris au champ voisin, afin qu'ils se reconnussent entre eux. Les Gallois furent vainqueurs. Depuis ce temps, le poireau est demeuré l'emblème distinctif des Gallois, et ils l'arborent dans leur fête particulariste annuelle du 1ᵉʳ mars, à la *Saint David's Day.*

***

Les plantes ont aussi joué un rôle dans la politique et dans l'héraldisme. Voici sur cette question ce que dit un aimable écrivain-artiste, M. G. Fraipont :

« Ne demandant qu'à être aimée, la fleur a fait naître des haines farouches ; ne cherchant qu'à épandre son parfum, elle a fait verser des flots de sang.

« La rose rouge et la rose blanche devinrent ennemies jurées et se firent une guerre acharnée, d'autant plus odieuse que ce fut une guerre civile. Je fais allusion ici à la fameuse guerre des Deux-Roses, qui eut lieu au xvᵉ siècle entre les maisons d'York et de Lancastre se disputant le trône d'Angleterre.

« Les partisans des Lancastres portaient, comme marque distinctive, la rose rouge; ceux de la maison d'York, la rose blanche. Mais la fleur ne voulut pas perdre à jamais sa réputation et, ayant servi d'emblème de discorde, elle servit aussi d'emblème de réconciliation : Henri Tudor, un Lancastre, épousa Élisabeth d'York. »

Ce que fit la rose en Angleterre, l'œillet le fit en France. Ce fut moins grave peut-être, mais terrible néanmoins. En 1815, peu après la seconde restauration, l'œillet rouge devint l'insigne des partisans de Napoléon, l'œillet blanc celui des royalistes, surtout des pages et des gardes du corps. Œillets rouges et œillets blancs eurent entre eux de sérieux combats, des querelles funestes se terminant souvent par des catastrophes.

« L'histoire de Jules Saint-Prix, jeune page de Louis XVIII, en est une preuve. Il était, un jour, venu voir sa tante, dame d'honneur de la duchesse d'Angoulême. Celle-ci remarquant qu'il ne portait nul emblème lui dit : « Eh! quoi, vous avez donc peur des Bonapartistes !... » La duchesse, entrant en ce moment, entendit le propos : « Le reproche de votre tante est injuste, chevalier, je sais que vous et les vôtres êtes, comme Bayard, sans peur et sans reproche. Et cueillant dans un bouquet un œillet blanc, elle l'accrocha au pourpoint du jeune homme. « Merci, Madame, dit-il en s'inclinant, que Votre Altesse Royale soit assurée que je ne la ferai pas mentir. » Le soir, le chevalier de Saint-Prix, en habit de ville et accompagné de plusieurs amis, se promenait au boulevard étalant à sa boutonnière l'œillet blanc qu'il avait reçu, lorsque passa un groupe d'officiers à la demi-solde et portant l'œillet rouge. « Bien salissante, jeunes gens, la couleur que vous étalez là, s'écria l'un d'eux. — Trop salissante, en effet, pour que vous la portiez », riposta Saint-Prix...
Les épées furent tirées.

« Malheureusement l'officier qui avait suscité la querelle était un spadassin redoutable. Saint-Prix était plein de bravoure, mais incapable de lutter longtemps avec un pareil adversaire. Le chevalier reçut un coup d'épée en pleine poitrine, au moment où une patrouille accourait pour séparer les combattants. Les officiers s'échappèrent rapidement, tandis que le blessé, relevé par ses amis, était mis en voiture et dirigé sur l'hôtel des pages. Comme il descendait, sa tante passait en calèche; sans remarquer la pâleur livide de son neveu : « Horreur, s'écria-t-elle, le malheureux nous déshonore, il porte l'œillet rouge ! — Oui, Madame, répliqua Saint-Prix d'une voix faible, rouge, mais toujours pur, c'est mon sang qui l'a teint ! — Grand Dieu ! s'écria la comtesse éperdue, pauvre enfant, c'est moi qui l'ai tué. »

« Le jeune page mourut le soir même après avoir demandé qu'on mît à côté de lui, dans sa tombe, le funeste œillet !

« Le lis fut l'emblème de la royauté. Il fut aussi la marque infamante imprimée au fer rouge sur l'épaule des forçats !

« La rose de France fut la fleur de la comtesse de Paris.

« La violette, l'humble et modeste fleur qui ne demande qu'à passer inaperçue, devint un jour d'aberration une fleur séditieuse, elle fit mettre en prison, eut des amendes à payer... Elle est, maintenant, redevenue sage, tranquille, et peut, sans danger pour celui qui la porte, être arborée à la boutonnière. Elle n'indique plus que le printemps.

« Le houx fut, en Écosse, un signe de ralliement.

« La feuille de marronnier, cueillie au Palais-Royal, fut l'emblème des partisans de Camille Desmoulins.

« Un beau jour, çà n'est pas vieux, l'œillet blanc renaquit, l'œillet rouge, ne voulant point rester en arrière, fit comme l'œillet blanc. Et voilà les fleurs partant encore en guerre les unes contre les autres. Heureusement, de cet éparpillement de pétales, de ces trois « renaissances », c'est la Comédie, plus que la Tragédie, qui surgit.

« La fleur fut aussi anoblie. Bien que, parmi les figures ou pièces placées sur les écus des gentilshommes, elle n'ait pas la prépondérance, elle y tient néanmoins une place fort honorable.

« N'est-ce pas elle qui meubla l'écu de France « *d'azur à trois fleurs de lis d'or ?...* »

« Certains auteurs prétendent que cette fleur de lis n'est point une fleur, mais représente tout simplement une pointe de hallebarde, décrite, dans de très mauvais vers du reste, par Guillaume Le Breton. D'autres disent que la fleur de lis est une fleur d'iris. Ne nous mêlons point à la discussion, et contentons-nous d'adopter ce que l'usage a consacré.

« La fleur de lis a figuré pour la première fois sur l'écusson des rois de France, disent les plus érudits de ceux qui ont écrit sur la science héraldique, au commencement du règne de Louis le Jeune qui régla les fonctions des hérauts pour le sacre de Philippe-Auguste et qui fit semer des fleurs de lis sur tous les ornements qui servirent à cette cérémonie. Ce prince est le premier qui en chargea son contre-scel (petit sceau ajouté au grand sceau pour affirmer avec plus de force l'authenticité d'un acte et rendre le faux plus difficile).

« Il est une coïncidence assez curieuse à signaler : presque exactement à l'époque où l'usage des armoiries naissait en France, le même usage apparaissait dans un lointain pays avec lequel aucune relation n'existait alors : le Japon. La royale fleur de lis a au Japon son équivalent dans l'impériale fleur de *kiri* dont l'origine est inconnue ; une autre fleur nationale japonaise est le chrysanthème dont l'adaptation au blason, datant de la fin du XIIᵉ siècle, serait due à l'empereur Go-Tobba-Tenô. Les armoiries japonaises ne semblent pas être emblématiques comme celles de la chevalerie française, mais paraissent créées suivant le caprice des familles qui en adoptaient les figures. Vers le milieu du XVIIᵉ siècle, toutefois, il fut décrété que tout membre de la noblesse militaire devrait avoir des « armoiries réglementaires » *(Djô-mon)*, originelles de la famille, et des armoiries exceptionnelles *(Kahé-mon)*, désignant les diverses branches d'une même famille, ou les familles autres possédant les mêmes armes. Certaines maisons japonaises ont des armes parlantes.

« L'usage des couronnes, des cimiers, des supports, des devises n'existe point au Japon.

« Les armes de la Grande-Bretagne portent deux fleurs, non point sur l'écu, mais agencées dans les ornements du support ou accrochées à la banderole portant la devise : *Dieu et mon Droit*, devise écrite en bon français, sous ces armes anglaises !...

« L'une de ces fleurs est le chardon, l'autre la rose.

« L'ordre du Chardon fut créé en 1540 par Jacques V, roi d'Écosse. Il ne comportait que douze chevaliers. Les cérémonies de l'ordre avaient lieu à l'église Saint-André, à Edimbourg, d'où le nom « d'ordre de Saint-André » qu'il porte aussi. Supprimé à la mort de Marie Stuart, puis rétabli par Jacques II d'Angleterre (1687), il fut supprimé derechef lorsque Jacques II se réfugia en France. La reine Anne le rétablit en 1703; il fut continué par Georges Ier qui en modifia les statuts ; le nombre des chevaliers, qui était de douze au début, fut porté à seize: trois écossais, treize anglais. L'ordre du Chardon comporte un écusson ovale, d'or, à l'image de Saint-André, à la devise sur fond sinople (vert) : *Nemo me impune lacessit*. Le bijou se suspend par un large ruban vert.

« La rose est un souvenir de la fameuse guerre des Deux-Roses dont nous avons parlé. »

La science héraldique a adopté un langage spécial pour indiquer les plantes des blasons.

CHAPITRE XVI

Fruits explosifs et graines qui volent.

La graine sort du fruit et, lorsqu'elle se trouve dans des conditions favorables, elle germe et devient une plante analogue à celle qui lui a donné naissance. Mais pour que les choses se passent dans les meilleures conditions possibles pour la conservation de l'espèce, il faut d'abord que les graines ou les fruits puissent quitter la plante-mère et il faut ensuite, condition importante entre beaucoup d'autres, que les graines d'un même végétal ne tombent pas toutes au même point du sol. Chaque plante produit, en effet, généralement un nombre considérable de graines: il est évident que si ces graines tombaient toutes au pied de la plante-mère, la plupart, sinon toutes, périraient étouffées : la *dissémination* des graines est donc l'une des conditions indispensables à la conservation de l'espèce. Mais si la nature avait employé pour disséminer les graines un seul et même moyen, elle n'aurait fait que de bien médiocre besogne, car toutes les plantes se trouvant dans les mêmes conditions, auraient vu leurs graines s'accumuler en certains points très limités du sol et donner naissance à des végétaux qui, à peine nés, se seraient étouffés mutuellement. Les quelques exemples que nous allons citer vont nous montrer combien les procédés de dissémination sont variés et souvent l'esprit restera confondu à voir l'ingéniosité que la nature a déployée pour arriver à son but.

Lorsque le fruit contient plusieurs graines, on comprend facilement qu'il lui soit très avantageux de pouvoir s'ouvrir pour laisser échapper son contenu. La manière dont s'ouvrent les fruits, la *déhiscence*, est extrêmement variée. Dans beaucoup de cas, le fruit se fend purement et simplement suivant une ou plusieurs lignes. Le fruit de l'aconit (fig. 111), par exemple, s'ouvre par plusieurs fentes; les fruits des haricots, des fèves et des pois (fig. 112) par deux fentes longitudinales (gousses); ceux de la giroflée (fig. 113) par quatre fentes isolant ainsi quatre valves qui se soulèvent pour permettre aux graines de tomber à terre (silique).

Chez la jusquiame et le mouron rouge (fig. 114), la déhiscence se fait suivant une ligne circulaire qui isole ainsi un petit couvercle semblable à celui d'une marmite (*pyxide*). Les choses sont un peu plus compliquées chez le pavot : ici la capsule (fig. 115) volumineuse se termine par un large disque qui la surplombe un peu sur les bords, à la manière d'un toit ; les graines, extrêmement nombreuses,

FIG. 111. — Follicule d'aconit.

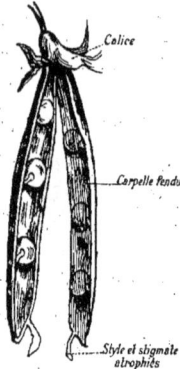

FIG. 112. — Gousse de pois.

FIG. 113. — Silique de giroflée.

remplissent la cavité centrale. Si l'on disait à une personne : « il s'agit de faire sortir les graines en perçant des trous dans la capsule », il est très probable qu'elle effectuerait cette opération à la partie *inférieure* du fruit, puisqu'il est évident que les graines s'écouleraient ainsi très facilement. La nature a procédé autrement et pour cause ; elle a percé des trous *en haut* de la capsule, au-dessous du disque supérieur et il est facile de se rendre compte des motifs qui l'ont engagée à se comporter ainsi : si les orifices étaient à la base, toutes les graines tomberaient au pied de la plante en un même point et nous avons dit que c'était là l'essentiel à éviter. Au contraire, avec la disposition existante, on voit que les graines ne peuvent sortir que si la capsule se trouve penchée. Vienne une légère brise, la capsule légèrement inclinée verse le trop-plein de ses graines à peu de distance de la plante. Si le vent devient plus fort, la capsule, un peu plus penchée que dans le cas précédent, laisse échapper ses graines à une distance un peu plus grande et ainsi de suite : les simples variations de la puissance du vent suffisent à assurer la dissémination.

FIG. 114. — Fruit du mouron rouge (pyxide).

Dans tous ces exemples, la déhiscence joue en somme un rôle passif et n'a pour résultat que de mettre les graines en liberté. Chez d'autres plantes, la déhiscence, en même temps qu'elle ouvre une issue, projette les graines au loin. Dans le midi de la France existe une plante rampante qui a reçu le nom de concombre sauvage ou *ecbalium*. Son fruit ressemble beaucoup à celui d'un concombre, avec cette différence qu'il est recouvert de poils rudes. Le pédoncule qui le supporte est recourbé en forme de crosse d'évêque, de telle sorte que le point où le fruit s'attache à lui est tourné vers le haut. Lorsqu'il est mûr, le fruit se détache de son support et, par l'ouverture béante ainsi produite, projette avec une très grande force jusqu'à une distance de 1 à 2 mètres les graines qu'il contenait au milieu d'un liquide mucilagineux.

Tout le monde connaît la balsamine que l'on cultive dans les jardins comme plante d'ornement à cause de la beauté de ses fleurs. Son fruit est extrêmement curieux (fig. 116). Quand il est mûr, il se fend suivant 5 lignes et en même temps les 5 valves ainsi séparées se tordent brusquement sur elles-mêmes lançant de toute part les graines qui y étaient attachées. Un peu avant que la maturité soit parachevée, la rupture se fait immédiatement au moindre attouchement ; c'est pour cela que l'on donne souvent à la balsamine le nom bien expressif d' « Impatiente, n'y touchez pas ».

Non moins curieux est le *sablier (hura crepitans)*, grand arbre de l'Amérique, dont il sera question au chapitre des « Arbres à lait » et dont le fruit, garni de côtes et extrêmement dur, a l'aspect extérieur d'une tomate (fig. 117).

À la maturité, ce fruit s'ouvre brusquement en produisant un bruit aussi fort que celui d'un coup de pistolet et projette au loin les valves et les graines.

Dans les collections, pour conserver le fruit du sablier on est obligé de l'entourer de plusieurs tours de fils de fer et l'on cite des cas où la force du fruit a été assez grande pour rompre ses liens et pour briser de ses éclats les vitrines qui le contenaient.

Des faits du même ordre s'observent chez les *vicia*, où la gousse en se fendant enroule ses valves en spirales et produit une secousse assez forte pour envoyer les graines à quelques mètres.

Chez les géraniums (fig. 118), il y a 5 petites capsules au bout de 5 tigelles fixées au haut d'une colonne médiane et retombant le long de celle-ci. À maturité, chaque tigelle se relève brusquement, et les graines que contenaient les capsules sont violemment projetées jusqu'à plus de six mètres.

La silique de la vulgaire cardamine des prés est capable aussi de projeter ses graines à quelques mètres de distance.

FIG. 115. — Capsule mûre de pavot.

Trou laissant passage aux graines

FIG. 116. — Fruit de balsamine s'ouvrant et envoyant les graines de toute part.

Graines

Dans la *viola canina*, vulgairement appelée violette des chiens, la capsule se fend en trois valves, dont chacune contient trois à quatre graines. C'est en se desséchant que les bords des valves, par leur rapprochement, projettent les graines à environ 3 mètres. Le mécanisme de cette projection est semblable à celui que les enfants emploient pour chasser au loin un noyau de cerise, en le pressant entre le pouce et l'index.

Chez certaines plantes, le fruit ne s'ouvre pas, mais alors la plante elle-même peut effectuer la dissémination, soit en introduisant ses graines dans la terre, soit par d'autres mécanismes que nous allons bientôt décrire.

FIG. 117. — Fruit explosif du sablier.

Sur les vieux murs on trouve fréquemment une petite plante rampante fort jolie, que l'on cultive souvent dans des suspensions ; c'est la linaire cymbalaire, dont les feuilles assez charnues sont arrondies et dont les fleurs élégantes ont une couleur violacée. Lorsqu'une fleur a donné un fruit, le pédoncule qui le supporte s'applique contre le mur et s'allonge en rampant le long des pierres. En s'accroissant ainsi à la découverte, il arrive un moment où le fruit rencontre une crevasse. A peine l'a-t-il atteinte qu'il y entre par suite de son phototropisme devenu négatif, ce qui, en langage courant, veut dire qu'il fuit la lumière et pénètre dans la première cavité obscure qu'il trouve. Les graines sont ainsi placées dans un endroit favorable et n'ont plus qu'à germer au printemps.

FIG. 118. — Fruit de géranium au moment de sa maturité.

C'est grâce à ce procédé qu'un seul pied de cymbalaire peut donner naissance à des pieds nombreux de la même plante ; il n'est pas rare de voir des murs couverts tout entiers par son épais feuillage.

Le trèfle souterrain et l'arachide agissent à peu près de la même façon, mais ici, c'est dans la terre que la plante fait pénétrer ses fruits.

L'utriculaire, plante aquatique, a des mœurs bien curieuses. A part ses fleurs, qui viennent s'étaler à l'air, toute la plante est sous l'eau. Elle possède deux sortes de feuilles ; les unes, en forme d'aiguilles, ne présentent rien de particulier ; les autres ressemblent à de petites outres ventrues, dont l'orifice est garni de poils. Si un petit animal aquatique, un crustacé par exemple, pénètre dans une de ces outres, par suite de la direction des poils il lui est impossible d'en sortir. Il paraît qu'une fois pris au piège il est digéré ; mais il faut bien dire que ce « carnivorisme » est loin d'être établi. On tend aujourd'hui à considérer la capture des animaux par l'utriculaire comme accidentelle et n'étant d'aucun profit pour la plante. Les vésicules servent en effet à un autre usage, et celui-ci personne ne le met en doute : au moment de la floraison, les outres se remplissent d'air et soulèvent la plante jusqu'à ce qu'elle vienne flotter à la surface de l'eau de manière que les fleurs puissent s'épanouir à l'air ; lorsque le fruit commence à se former, l'air des vésicules est remplacé par un mucus abondant, la plante, devenue plus pesante, redescend au fond de l'eau pour y mûrir tranquillement ses graines et les déposer dans la vase, seul endroit où elles puissent germer.

La mâcre ou châtaigne d'eau se comporte à peu près de même ; elle est d'abord soulevée par l'air qui s'emmagasine dans les pétioles des feuilles supérieures; la formation du mucus intérieur la fait ensuite redescendre.

La reproduction de la vallisnérie (fig. 119), plante des eaux douces complètement submergée, a été si souvent chantée par les poètes de la nature qu'il est à peine besoin de s'y arrêter [1]. Rappelons cependant qu'il y a deux sortes de fleurs, les unes à étamines, les autres à pistil. Ces dernières allongent suffisamment leur pédoncule pour venir s'épanouir dans les régions aériennes à la surface de l'eau. Les fleurs à étamines, au contraire, sont dépourvues de cette propriété et, pour aller rejoindre leurs compagnes, elles sont obligées de se détacher de leur mère ; elles viennent ainsi flotter à la surface de l'onde et émettent leur pollen, qui, doucement poussé par la brise, vient rencontrer les fleurs femelles, que maintenant les nécessités de la maternité vont obliger à rentrer dans leur domaine. C'en est fini pour elles de venir s'étaler à la lumière du soleil ; les

FIG. 119. — Pied de vallisnérie.

[1] Nous n'en voulons pour preuve que ce curieux morceau emprunté au poète Castel :
Le Rhône impétueux, sous son onde écumante,
Durant six mois entiers nous dérobe une plante
Dont la tige s'allonge en la saison d'amour,
Monte au-dessus des flots et brille aux feux du jour.
Les mâles dans le fond, jusqu'alors immobiles,
De leurs liens trop courts brisant les nœuds débiles,
Voguent vers leur amante et, libres dans leurs feux,
Lui forment sur le fleuve un cortège nombreux.
On dirait d'une fête dont le dieu d'hyménée
Promène sur les flots sa pompe fortunée.
Mais les temps de Vénus une fois accomplis
La tige se retire en rapprochant ses plis
Et va mûrir sous l'eau sa semence féconde.

pédoncules vont se contracter comme des ressorts à boudin et les ramener au fond de l'eau. Là, tout entières à leur rôle, elles vont mûrir leurs graines et les déposer dans la vase, et ainsi se trouve assurée leur postérité.

Une crucifère, l'*anastatica hierochuntica* agit tout différemment : quelques-uns de nos lecteurs connaissent certainement cette plante sous le nom de rose de Jéricho ; on la vend à cause de ses propriétés hygroscopiques chez les marchands de curiosités. C'est, disent Le Maout et Decaisne, une petite plante annuelle haute de 8 à 11 centimètres, qui croît dans les lieux sablonneux de l'Arabie, de l'Égypte et de la Syrie. Sa tige se ramifie dès la base et porte des fleurs sessiles qui deviennent des silicules arrondies ; à la maturité de ses fruits, les feuilles tombent, les rameaux durcissent, se dessèchent, se courbent en dedans et se contractent en un peloton arrondi ; les vents d'automne déracinent bientôt la plante et l'emportent jusque sur les rivages de la mer. C'est de là qu'on l'apporte en Europe. Si l'on plonge dans l'eau l'extrémité de la racine, ou si même on la place dans une atmosphère humide, ses silicules s'ouvrent, ses rameaux s'étendent,

Fig. 120. — Une plante qui roule *(plantago cretica)*.
A gauche, épanouie ; au milieu, à demi desséchée ; à droite, transformée en une boule qui est entraînée par le vent.

puis se resserrent de nouveau à mesure qu'ils se dessèchent. Cette particularité jointe à l'origine de la plante a donné lieu à des superstitions populaires ; dans beaucoup de pays on croit que la plante s'épanouit tous les ans au jour anniversaire de la naissance du Christ ; de là son nom de « rose de Jéricho ».

Un fait identique se rencontre chez le *plantago cretica* (fig. 120) : c'est une « plante qui roule » au même titre que la rose de Jéricho. Les rameaux floraux en se desséchant se rabattent vers le centre, la racine se détruit, et la plante, transformée en une boule, est transportée au loin par le vent.

La déhiscence, et par suite la dissémination des graines, a le plus souvent comme origine la dessiccation. Il est des plantes cependant où elle se fait au contraire grâce à l'humidité. C'est ainsi que chez la *brunella vulgaris* le calice fructifère n'ouvre ses deux lèvres que lorsqu'il pleut. Chez l'*iberis umbellata*, la dessiccation fait étroitement rapprocher les pédicelles des fruits mûrs ; ils s'écartent, au contraire quand la pluie vient à les humecter : la dissémination n'est donc possible qu'alors. Ainsi nous voyons l'ensemencement des graines subordonné aux circonstances extérieures et seulement possible quand celles-ci sont favorables.

*
* *

Plus souvent la dissémination des graines n'est due ni à la déhiscence, ni à l'activité de la plante elle-même ; c'est le fruit qui, par des dispositions spéciales, permet à diverses forces extérieures d'agir sur lui et de l'entraîner au loin.

Dans cette catégorie, la disposition la plus fréquente consiste en ce que les fruits sont pourvus d'expansions plus ou moins larges, qui en augmentent la surface : le vent peut alors agir sur eux et les transporter pour les disséminer, ce sont les fruits *ané-mophiles*, c'est-à-dire « qui aiment le vent ». C'est ainsi que le fruit de l'orme (fig. 121) est entouré de toute part d'une aile membraneuse très légère. Celui de l'érable (fig. 122) en possède une fort longue, seulement sur un de ses côtés (les fruits sont réunis deux à deux), et celui du bouleau en a deux latérales, tandis que le fruit de la clématite (fig. 123) se prolonge en une longue soie barbelée, une véritable plume. Il ne semble pas y avoir de doute, au vu de ces fruits, que leur appendice aliforme n'ait pour but la dissémination par le vent.

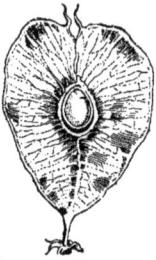

Fig. 121. — Fruit de l'orme. Sa large surface lui permet d'être emporté par le vent.

Il y a d'autres fruits qui, pour des raisons inconnues d'ailleurs, n'ont pas eu la possibilité de se fabriquer une aile avec leur propre substance ; ils l'ont alors empruntée à un organe voisin. Ainsi a fait le tilleul (fig. 124), où l'organe de dissémination est une bractée scarieuse qui soutient toute une inflorescence. De même pour le charme, où il y a une large bractée à trois lobes (fig. 125). Ces emprunts physiologiques ne sont pas rares. Et l'on peut même dire que la nature, toujours fidèle à ses tendances économiques, préfère souvent procéder à un emprunt physiologique plutôt que créer un organe nouveau.

Mais les exemples les plus curieux sont fournis par les plantes de l'immense famille des composées ; les fruits sont ici garnis à leur sommet de touffes de poils qui par leur réunion forment un petit parachute suffisant pour les maintenir pendant longtemps sus-pendus dans l'air ; tels sont, par exemple, le salsifis,

Fig. 122. — Fruit de l'érable.

le séneçon, etc. Nous pouvons prendre comme type, le pissenlit (fig. 126), que tout le monde connaît : là, le fruit se prolonge à son extrémité supérieure par une longue épine, qui se termine par un bouquet de poils blancs, soyeux, très allongés. Lorsque la maturité est arrivée, les poils s'écartent les uns des autres à la manière des baleines d'un parapluie que l'on ouvre ou d'un parachute qui se déploie. Et comme il y a un grand nombre de fruits

dans chaque capitule, les poils, en s'étalant de la sorte, donnent à l'ensemble
l'aspect d'une boule argentée : il n'est personne qui n'en ait vu dans les prés.
Qui, même, dans sa jeunesse, ne s'est amusé à souffler son haleine sur une de
ces fragiles boules pour voir les légères aigrettes rester suspendues dans l'air et

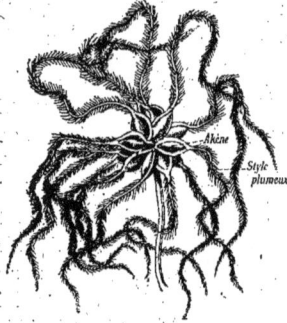

FIG. 123. — Fruits de la clématite.

FIG. 124. — Fleurs du tilleul.

s'en aller doucement au loin ? Dans les prés, les choses se passent de même :
c'est l'air qui va entraîner cette pluie féconde vers des régions plus éloignées;

FIG. 125. — Fruit du charme.

FIG. 126. — Fruit du pissenlit.

les poils étalés forment une sorte de parachute lesté par le fruit. Et ce qui
montre bien que le pissenlit a en quelque sorte conscience du rôle que doit jouer
le vent dans la conservation de sa progéniture, c'est que le pédoncule est d'abord

vertical pendant toute la durée de l'épanouissement du capitule, puis s'abaisse et se couche sur le sol pendant quatre ou cinq jours, pour laisser aux fruits le temps de mûrir, enfin se relève à nouveau afin de présenter ces derniers au vent, qui doit les entraîner. Ce n'est pas encore tout : le pissenlit est une plante terrestre ; que va-t-il arriver si les fruits, entraînés à l'aveuglette par le vent, ont le malheur de tomber dans une rivière ou dans un lac ? S'ils vont au fond de l'eau, ils ne tarderont pas à périr. Heureusement pour eux, il ne va pas en être ainsi : si, en effet, un fruit de pissenlit vient à tomber à la surface de l'eau, les poils mouillés se rapprochent les uns des autres et en même temps emprisonnent une bulle d'air qui, grâce à sa légèreté spécifique, sert de flotteur. Le fruit, ainsi protégé, reste à la surface des ondes et bientôt poussé sur la rive par le vent, y vient échouer et prendre racine.

D'autres plantes arrivent au même but en utilisant les déplacements dont sont susceptibles les animaux. A cet effet, les parois des fruits sont garnies de piquants, d'épines, de crochets, grâce auxquels ils peuvent s'accrocher à la toison des animaux qui passent en les frôlant ; ces fruits sont généralement désignés sous le nom général de *zoophiles*, c'est-à-dire « qui aiment les animaux ». Citons dans cette catégorie la renoncule des prés, dont les fruits sont tout hérissés d'épines évidemment destinées à s'agripper à la toison des moutons. Il est à remarquer à ce propos que les autres renoncules n'ont pas de moyens de dissémination bien efficaces, mais compensent cette pénurie par la présence d'un grand nombre de fruits ; il y en a une cinquantaine par chaque fleur. Notre renoncule des prés, au contraire, n'en a que quatre ou cinq ; mais la dissémination étant assurée, la plante n'a pas besoin d'une fécondité excessive pour se perpétuer. De même, le capitule de la bardane est couvert de petits crochets recourbés à leur extrémité qui se cramponnent énergiquement aux appendices pileux. Il n'est enfin personne qui, en passant à côté d'un buisson, n'ait eu ses vêtements couverts des fruits du caille-lait, également garnis de petits crochets.

On a remarqué que les plantes à fruits couverts d'épines et de crochets sont toutes des plantes terrestres et dont la taille ne dépasse pas 1^m,20, c'est-à-dire précisément la hauteur des animaux qui doivent faciliter la dissémination ; les plantes aquatiques et les plantes terrestres de plus de 1^m,50 n'ont généralement pas de fruits épineux.

*
* *

Dans les exemples qui précèdent, ce sont les *fruits* qui servent directement ou indirectement à la dissémination des *graines ;* mais les graines elles-mêmes peuvent aussi être pourvues d'organes spéciaux, destinés au même but. C'est ainsi que les graines des saules et des peupliers sont plongées dans des touffes de poils blancs et soyeux extrêmement légers, poils qui leur permettent d'être emportés par le vent à de grandes distances. En été, la chute de toutes ces graines se fait pendant un petit nombre de jours, et alors le sol et les objets voisins des peupliers sont littéralement couverts d'un linceul blanc comme de la neige.

La graine du cotonnier (fig. 127) est aussi pourvue de longs poils ; ce sont ces filaments que l'homme recherche pour en fabriquer le coton.

D'autres graines sont garnies d'ailes : ces appendices servent sans aucun doute à donner prise au vent. En effet, Alphonse de Candolle a remarqué qu'on n'observe jamais de graines ailées dans les fruits qui ne s'ouvrent pas.

Les *erodium* méritent une mention spéciale. « Les graines, dit Lubbock, sont fusiformes, plus ou moins couvertes de poils, et se terminent par une sorte d'appendice, à base spiralée semblable à une moitié longitudinale de plume d'oiseau. Le nombre des spires dépend de l'état hygrométrique de l'atmosphère. Si l'on fixe ces graines verticalement, l'appendice s'enroule et se déroule suivant le degré d'humidité de l'air ; et l'on peut faire mouvoir l'extrémité de cet appendice sur un cadran gradué, absolument comme l'aiguille d'un hygromètre. La chaleur agit aussi sur ces graines. Si l'on fixe l'extrémité supérieure de l'aigrette, la graine sera déplacée de haut en bas pendant le déroulement de la spirale, et, ainsi que l'a montré M. M. Roux, ce mouvement contribuera à enfoncer la graine dans le sol. Cette observation a été faite sur les graines de l'*erodium cicutarium*, qui sont d'une certaine grosseur. M. Roux a remarqué que si l'on place une de ces graines sur le sol, elle reste intacte tant que l'air est sec ; mais si l'atmosphère devient humide, la partie effilée qui porte les poils de l'appendice se contracte, les poils de la graine se meuvent en éloignant leur extrémité de cette dernière, qui peu à peu est relevée verticalement, sa pointe demeurant fixée dans le sol. C'est alors que la base de l'aigrette commence à se dérouler et à s'allonger ; si elle vient à rencontrer quelque brin d'herbe ou quelque autre obstacle, son mouvement de bas en haut sera entravé, grâce à la présence et à la disposition de ses poils, et elle s'allongera alors en sens contraire, ce qui tendra à dégager la graine du sol. Mais, comme l'a remarqué M. Roux, l'aigrette, grâce à la disposition des poils, glissera facilement sur l'obstacle, se raccourcira de haut en bas, et la graine proprement dite ne sera pas déplacée. Quand l'atmosphère redeviendra humide, la graine sera enfoncée un peu plus profondément dans le sol, grâce au mécanisme que nous avons indiqué plus haut, et cela jusqu'à ce qu'elle ait atteint une profondeur convenable pour son développement. »

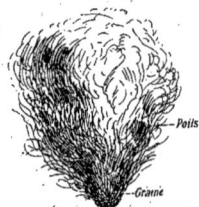

FIG. 127. — Graine de cotonnier.

Les *erodium* ne sont pas les seules plantes qui nous présentent ces phénomènes. « Le *stipa pennata*, plante de l'Europe méridionale, ajoute le même auteur, nous offre un cas semblable. Cette plante a été décrite par Vaucher, et plus récemment par Francis Darwin. La graine est petite, munie de poils raides dirigés d'avant en arrière, et son extrémité antérieure est effilée. Son extrémité postérieure se prolonge en une longue partie spiralée, semblable à un tire-bou-chon, et se termine par un appendice ayant la forme d'une longue plume d'oi-seau. Le tout représente une longueur supérieure à 30 centimètres. Il est évi-dent que l'appendice facilite la dissémination des graines par le vent. Lorsque ces dernières tombent à la surface du sol, leur extrémité antérieure s'y fixe, et elles restent dans cette situation si l'atmosphère n'est pas humide. Mais s'il vient une ondée, ou s'il se produit un dépôt de rosée, la spirale se déroule ; et, comme dans le cas de l'*erodium*, l'extrémité terminée sous forme de plume rencontre ordinairement un brin d'herbe ou un obstacle quelconque, qui l'empêche de se déplacer de bas en haut. Puis, lorsque l'air perd de son humidité, les spires deviennent plus serrées et la graine est poussée peu à peu dans le sol. »

Encore plus curieuses sont les graines de l'oxalide. Elles sont enveloppées cha-cune d'une membrane élastique que, dans le langage descriptif, on nomme un *arillode*. Les graines tombent à terre ; mais l'humidité les imprégnant, les arillodes gonflent et finissent par être si bien distendus qu'il se produit une rupture. Alors, se retournant brusquement, ils envoient comme avec un ressort les graines à deux ou trois mètres de là. On peut faire l'expérience en mettant des graines d'oxalide sur une feuille de papier et en projetant l'haleine dessus ; on ne tardera pas à les voir toutes disparaître en sautant de toute part comme des puces auxquelles elles ressemblent par la taille et la couleur.

Beaucoup de graines possèdent une membrane très résistante, ne portant aucun appendice et servant cependant à leur dissémination. Voici comment : les oiseaux, les grives, les merles, les loriots, etc., sont très friands de fruits ; ils dévorent, par exemple, ceux du genévrier, du sorbier, du gui, du sureau, du lierre, et de bien d'autres, qui contiennent une pulpe plus ou moins sucrée. Le fruit, une fois avalé, est digéré et absorbé, mais les graines qu'il contient, à cause de leur enveloppe protectrice, ne sont pas attaquées par les sucs digestifs. Elles sont quelquefois rejetées par le bec, ou, plus souvent, traversent impunément le tube digestif de l'oiseau et sortent intactes avec les déjections, qui leur consti-tuent un véritable engrais. Remarquons que ce mode de dissémination n'est pas un effet du hasard et que la pulpe sucrée est là dans ce seul but. En effet beaucoup de fruits, ceux surtout que l'on désigne sous le nom de *baies* (raisin) ou de *drupes* (cerise), accumulent dans leur péricarpe des quantités relative-ment considérables de matières de réserve, du sucre en particulier, et souvent aussi se recouvrent de brillantes couleurs (pêche).

On peut se demander à quoi elles peuvent bien servir, puisque la plante-mère n'en tire aucun profit et puisque, si le fruit tombe à terre, le péricarpe ne peut que faire une chose, pourrir et disparaître. Or, nous savons que la fleur est également très colorée et qu'elle émet du sucre, inutile en apparence, dans cer-tains organes appelés *nectaires* : il est démontré aujourd'hui que le glucose et, à un moindre degré, la coloration sont tous deux destinés à attirer les insectes qui opèrent, ou, du moins, facilitent la pollinisation. Pour les fruits, il est bien probable qu'il en soit de même, la couleur attirant les animaux et le sucré les engageant à les manger ; par ce fait, les graines trouvent le moyen d'être portées au loin. En somme, il ne semble pas qu'il soit possible d'expliquer autrement la présence d'une si grande quantité de sucre dans les péricarpes de certains fruits à l'état sauvage : les animaux y trouvent leur compte, mais ils deviennent inconsciemment les auxiliaires de la plante. Quant aux fruits cultivés, il est clair que la sélection a pu augmenter considérablement ces réserves au profit exclusif de l'homme.

Des plantes parasites — comme le gui, dont nous avons déjà parlé au chapitre des végétaux pique-assiette — arrivent au même but par la simple viscosité de leurs graines. L'*arceuthobium*, parasite du genévrier, lance ses graines à une distance de plusieurs pieds : la matière visqueuse qui les entoure les fait adhérer aux écorces des arbres qu'elles rencontrent dans leur projection.

Nous trouvons dans Lubbock deux exemples un peu analogues, et si intéressants, que nous tenons à donner tout entier le passage en question. « Le Dr Watt a décrit une autre espèce, très curieuse, qui appartient à la même famille que le gui. Le fruit de cette plante est aussi formé par une pulpe visqueuse entourant une seule graine. Lorsqu'il se détache de la plante, il adhère au corps sur lequel il tombe. La graine germe, et la radicule, lorsqu'elle a atteint une longueur à peu près égale à 25 millimètres, élargit son extrémité en un disque aplati, puis se recourbe jusqu'à ce que ce disque soit venu en contact avec quelque objet voisin. Si les conditions sont favorables, la plante se développe ; dans le cas contraire, la radicule se redresse, détache la baie visqueuse de l'endroit où elle s'était fixée et l'élève en l'air ; puis elle se recourbe de nouveau et vient faire adhérer la baie avec un autre corps. C'est alors que le disque se détache à son tour de l'endroit où il était fixé, et qu'il est porté, grâce à la courbure de la radicule, à une autre place où il se fixe de nouveau. Le Dr Watt prétend avoir vu ce fait se reproduire plusieurs fois. Les jeunes plantes semblent choisir l'endroit où elles se développeront. Il arrive souvent qu'elles quittent les feuilles sur lesquelles les fruits étaient tombés et viennent se fixer sur l'écorce d'une branche.

FIG. 128. — Graine de myzodendron.

« Sir John Hooker a décrit un autre genre intéressant, appartenant toujours à la même famille, le myzodendron (fig. 128), parasite du hêtre, qui croît à la Terre de Feu. Ses graines ne sont pas entourées d'une substance visqueuse, mais elles possèdent quatre prolongements aplatis et flexibles, grâce auxquels elles peuvent être transportées par le vent d'un arbre à l'autre. Dès qu'elles rencontrent un petit rameau, leurs appendices l'entourent et elles se trouvent ainsi fixées.

« Les graines d'un grand nombre de végétaux épiphytes sont très petites et très nombreuses. Grâce à cela, elles sont aisément transportées par le vent d'un arbre à l'autre, et comme le végétal auquel elles adhèrent leur fournit toute la nourriture nécessaire pour leur développement, il est inutile qu'elles possèdent leurs réserves alimentaires emmagasinées dans leur propre substance. De plus, la petitesse de ces graines leur est avantageuse, car elle leur permet de pénétrer dans les crevasses les plus étroites de l'écorce. »

Ainsi se trouve rachetée en partie la disposition défectueuse des végétaux épiphytes, qui sont, c'est le cas de le dire, comme l'oiseau sur la branche, avec cette différence, qu'ils ne peuvent pas se déplacer.

D'autres animaux que les oiseaux servent encore à la propagation des graines. Tel est l'écureuil, qui accumule dans des trous les graines de nombreuses plantes. Tels sont aussi le hamster et le mulot, qui agissent de même.

Mais c'est l'homme qui contribue le plus à la dissémination des graines. Disons en passant que les plantes ne font que profiter passivement de l'intervention humaine : l'homme est en effet de date trop récente sur la terre pour que les plantes aient pu s'adapter spontanément à ses manières d'agir d'ailleurs très variables. Les bateaux amènent souvent dans nos pays des graines de plantes exotiques, et lorsque celles-ci trouvent des conditions favorables d'existence, elles se développent, se multiplient et finissent par s'implanter dans le pays. C'est ainsi qu'il y a une centaine d'années des graines d'une mauvaise herbe du Canada, l'*erigeron canadense*, ont été apportées par un bateau en France, où cette plante était complètement inconnue. Depuis cette époque cette mauvaise herbe, considérablement multipliée, est devenue l'une des plantes les plus communes de nos prés et de nos terres incultes. Les chemins de fer et les divers moyens de transport sont aussi de puissants agents de dissémination. Quant à la propagation *voulue* par l'homme, elle est trop considérable et trop connue pour que nous en parlions ici.

Un puissant moyen de dissémination nous est encore fourni par l'élément aquatique ; mais il y a lieu de se demander s'il s'agit ici d'un pur hasard, ou si les fruits sont vraiment adaptés à ce mode spécial. Cependant on a signalé des cas où des cocos, ayant été transportés par l'eau, avaient une structure plus spongieuse que ceux de l'intérieur des terres, de même que d'autres fruits (fenouil) avaient la forme de barques... Mais ce sont sans doute là des vues de l'esprit. Contentons-nous de remarquer que très souvent les graines sont transportées par l'eau. C'est ainsi que constamment sur les côtes de Malabar, ainsi que sur celles des îles de la Malaisie, viennent s'échouer d'énormes cocos de 25 kilogrammes. On les a pris longtemps pour des fruits de plantes aquatiques. Il n'en est rien : ce sont des fruits d'un palmier *(lodoicea)* qui croît aux Séchelles. Ce sont les courants marins qui les amènent dans les Indes. De même, le savant botaniste Hooker a calculé qu'un courant marin avait transporté cent quarante-quatre espèces de plantes de l'isthme de Panama aux îles Galapagos. Si les

graines en question sont vraiment adaptées au transport par les courants marins,
elles doivent supporter sans dommages le contact de l'eau de mer. Darwin et
Martins se sont occupés de cette question. Le premier de ces deux expérimen-
tateurs mit quatre-vingt-sept espèces de graines dans l'eau de mer ; vingt-huit
jours après, soixante-quatre avaient conservé leur pouvoir germinatif. La propriété de supporter l'eau de mer est variable avec la famille à laquelle elles
appartiennent : les légumineuses, les hydrophyllacées et les polémoniacées
résistent très mal. Les petites graines tombent ordinairement au fond de l'eau ;

Fig. 129. — Palétuviers, arbres remarquables par leurs racines en échasses et leurs graines, qui
germent dans les fruits eux-mêmes et tombent dans l'eau comme des flèches.

quelques-unes cependant surnagent après avoir été séchées. Mais ce sont surtout
les gros fruits qui peuvent flotter beaucoup plus longtemps que les petits. Et
ce fait est plein d'intérêt, puisque les plantes à grosses graines ou à gros fruits
ne peuvent guère être dispersées par d'autres moyens. L'homme et les courants
marins sont donc deux moyens accidentels de dissémination. On peut citer
dans le même ordre d'idées les oiseaux qui emportent, attachées à leurs pattes,
des boulettes de terre où peuvent se trouver des graines. Les glaciers peuvent
agir de la même façon en transportant des graines comme des blocs erratiques.

Une adaptation bien curieuse au milieu aquatique se montre chez les palétuviers (fig. 129). Ces singuliers arbres croissent dans les régions tropicales, au

bord des rivières les plus rapides et même de la mer, où ils pénètrent quelquefois assez loin pour que l'on puisse voir des huîtres se développer sur leurs racines. Celles-ci sont d'ailleurs très particulières et ressemblent à des échasses qui plongent dans l'eau, elles maintiennent ainsi le tronc à une certaine distance au-dessus de la surface. Les palétuviers sont souvent tassés les uns sur les autres, et, avec un peu d'adresse, on peut circuler sur ces échasses sans se mouiller. Mais revenons à leurs graines: elles possèdent cette curieuse propriété de germer dans le fruit lui-même au lieu d'attendre d'être sur le sol. A l'extérieur, rien n'est plus curieux de voir toutes ces germinations pendre comme les fruits d'un catalpa. Quand elles sont suffisamment développées, et sans doute sous l'influence d'une légère brise, elles tombent; comme des flèches, elles traversent l'air, puis l'eau, et viennent finalement s'implanter dans la vase, d'où elles ne sortent plus. On s'explique alors la germination prématurée des graines. Si la plante avait laissé tomber celles-ci dès leur maturité, elles seraient tombées à l'eau et auraient eu mille chances pour une d'être entraînées par les courants. L'espèce aurait ainsi disparu.

CHAPITRE XVII

Feuilles curieuses.

Une plante qui possède des feuilles peu banales, c'est le *welwitschia mirabilis* (fig. 130), qui croît dans le nord-ouest de l'Afrique, ou plutôt n'occupe qu'une aire

Fɪɢ. 130. — *Welwitschia mirabilis.*
Cet arbre au tronc court ne possède que deux feuilles, mais elles sont gigantesques.

très circonscrite dans la contrée de Damara. Sa tige est une sorte de gros tronc d'arbre pouvant mesurer jusqu'à cinq mètres de circonférence et qui, malgré cela, n'atteint qu'une hauteur de 0ᵐ,50 à 0ᵐ,60 ; encore une bonne partie en reste-t-elle enfouie dans le sol. La surface supérieure, plane ou légèrement excavée, porte de petits pédoncules ramifiés, qui soutiennent les fleurs, chatons du plus brillant incarnat devenant des cônes analogues à ceux du pin.

Cet arbre ne porte que deux feuilles, mais elles sont d'une longueur démesurée : environ 2 mètres de long sur 1 mètre de large. Elles se font vis-à-vis, insérées qu'elles sont sur le pied de la tige, et s'étalent à la surface du sol.

Fɪɢ. 131. — Une plante, l'ouvirandra fenestralis, dont les feuilles forment une véritable dentelle.

Elles sont vertes, sauf à l'extrémité, qui est blanc rougeâtre, plates et parcourues par des nervures parallèles. Elles ne tombent jamais et vivent aussi longtemps que le tronc, dont l'âge est quelquefois d'un siècle. Sur les jeunes pieds elles sont entières, mais, plus tard, elles sont déchiquetées par suite de l'action du vent, qui les frotte sur le sol; leur consistance est celle du vieux cuir.

Les indigènes appellent cette curieuse plante toumbo. Dans le pays où elle vit, il ne pleut presque jamais et c'est peut-être à cette circonstance qu'est due l'originalité de sa forme.

*
* *

Intéressante aussi, mais à un autre point vue, est la feuille de l'ouvirandra fenestralis (fig. 131), qui est constituée par une véritable dentelle par suite de la disparition du parenchyme entre les nervures. On peut la voir quelquefois dans les jardins botaniques où on la cultive dans les pièces d'eau. Elle a été introduite en Europe par le R. P. Williams Ellis. Voici ce qu'il a écrit à ce sujet :

« L'objet le plus rare et le plus intéressant que m'ait valu ma dernière visite à Madagascar, c'est la belle plante aquatique appelée *ouvirandra fenestralis*.

« Le Dr Lindley, parmi diverses plantes sur lesquelles il avait appelé mon attention avant mon départ d'Angleterre, m'avait particulièrement recommandé celle-là en m'en faisant voir la figure dans l'ouvrage de Dupetit-Thouars. A l'Ile-de-France, M. Boyer, naturaliste distingué qui séjourna jadis à Madagascar, m'indiqua libéralement les localités où j'aurais chance de rencontrer la plante et me permit de prendre copie du dessin déjà cité. Cette copie, faite sur une échelle plus grande que l'original, fut montrée aux indigènes, et je parvins enfin à trouver un homme qui savait trouver le lieu natal de la plante tant désirée. Avec la permission de son maître, de qui j'avais reçu maintes politesses, l'homme partit pour chercher l'ouvirandra. Il revint deux ou trois jours après, m'annonçant qu'il l'avait rencontrée dans un ruisseau, mais qu'il n'avait pu se la procurer à cause du grand nombre de crocodiles que les pluies récentes avaient fait affluer sur ce point. Enfin, il revint à la charge et me rapporta des exemplaires en très bon état, pour lesquels je fus enchanté de

Fig. 132. — *Dracontium gigas*.
Cette plante n'est pas un arbre comme on pourrait le croire : elle est constituée par une seule feuille. Le tronc, au voisinage duquel se trouve le sauvage ici figuré, n'est pas une tige mais le pétiole de la feuille.

lui payer largement sa peine, et que je joignis immédiatement à mes bagages.

« Les indigènes décrivent la plante comme végétant sur le bord des eaux courantes. Le rhizome présente un diamètre d'environ 5 centimètres sur 18 ou 27 centimètres de longueur; il est souvent ramifié en divers sens comme celui du gingembre ou du curcuma, mais toujours d'une seule pièce continue au lieu d'être formé d'articles joints bout à bout. La plante est fixée au bord des ruisseaux par de nombreuses radicelles, blanches et ténues, qui pénètrent dans la vase et l'argile et s'y tiennent fortement fixées. Elle pousse également en des stations qui se dessèchent à certaines périodes de l'année, et, dans ces dernières circonstances, les feuilles, dit-on, se détruisent, mais le rhizome conserve sa vitalité complète et pousse de nouvelles feuilles dès que l'eau vient à l'humecter ou à le recouvrir.

-« Cette plante est importante pour les indigènes, qui la récoltent à certaines saisons pour leur nourriture ; son rhizome, lorsqu'il est cuit, fournit une substance farineuse analogue à celle de l'igname. De là son nom indigène *ouvirandra*, littéralement « igname d'eau », *ouvé*, dans les langues madécasse et polynésienne, signifiant igname, et *rano*, dans le premier dialecte, signifiant eau.

« L'*ouvirandra* n'est pas seulement une plante curieuse et rare, mais aussi très belle par sa couleur et par sa structure. Sur les diverses têtes du rhizome s'élèvent parfois, à partir de 30 centimètres de profondeur, un certain nombre de feuilles gracieuses, portées sur de grêles pétioles, et qui s'étendent, horizontalement, juste sur la surface de l'eau. Le pédoncule sort du milieu des feuilles et se termine par deux épis géminés. Mais la feuille est surtout éminemment curieuse. On dirait un squelette fibreux vivant plutôt qu'une feuille parfaite. Les fibres longitudinales étendues en lignes courbes de la base au sommet du limbe sont unies transversalement par de nombreux filets, qui forment avec elles des angles droits, l'ensemble présentant exactement l'apparence d'une dentelle ou d'une broderie verte. Chaque feuille se montre d'abord comme une fibre courte et délicate, jaune ou vert pâle ; bientôt ses côtés se développent et ses dimensions augmentent. Aux diverses phases de la croissance, les feuilles passent par des nuances sans nombre depuis le jaune pâle jusqu'au vert olive foncé, et plus tard, quand elles se détruisent, au brun obscur, presque noir ; elles atteignent jusqu'à 30 centimètres de long sur 7 centimètres de large. »

*
* *

A citer aussi une aroïdée, le *dracontium gigas* (fig. 132), dont la feuille peut atteindre de gigantesques dimensions ; en sa présence, l'observateur peut croire qu'il a affaire à une tige surmontée de son feuillage, parce que le pétiole très puissant, presque aussi gros qu'un homme, se dresse verticalement au-dessus du sol et ne se ramifie qu'à plusieurs mètres de terre. (J. Costantin.)

*
* *

La plupart des feuilles sont adaptées au milieu aérien, où leur rôle est d'en absorber les gaz. Il peut arriver cependant qu'elles se modifient de manière à pouvoir absorber d'autres matières. C'est ce qui arrive par exemple chez diverses plantes épiphytes, qui se contentent pour toute nourriture des poussières, du peu d'eau, etc., que retiennent les anfractuosités de leurs supports.

Tel est le cas, par exemple, d'une fougère, le *teratophyllum aculeatum* (fig. 133), qui possède deux sortes de feuilles, les unes, flottant dans l'air, les autres, délicates, couchées sur le support ; ce sont ces dernières qui absorbent l'eau que la pluie vient faire ruisseler sur leur substratum.

Fɪɢ. 133. — Plante possédant deux sortes de feuilles *(teratophyllum aculeatum)*.

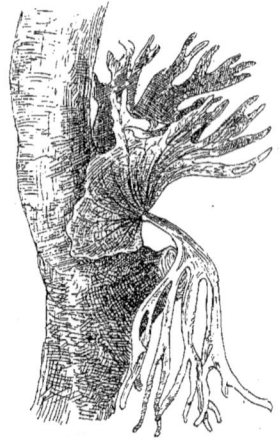

Fɪɢ. 134. — Une plante qui est à elle-même son propre pot de fleurs *(platycerium)*.

La même division de travail se montre chez le *platycerium* (fig. 134) qui, outre des feuilles ordinaires, possède des feuilles sans pétiole, découpées au bord et devenant rapidement brunâtres. Par l'espace qui sépare ces feuilles gondolées du support et où s'accumulent les poussières atmosphériques, elles deviennent de véritables pots de fleurs pour le reste de la plante.

CHAPITRE XVIII

Toujours plus haut.

Parmi les nombreux plaisirs que les montagnes (fig. 135) procurent aux tou

Fig. 135. — Paysage de la région alpine.

ristes, l'un des moins à dédaigner est certainement la vue des fleurs qui garnissent leurs flancs et la joie que l'on éprouve à les récolter et à les conserver. C'est qu'en effet les plantes des altitudes élevées diffèrent du tout au tout de celles que nous avons l'habitude de voir dans les plaines. Tandis que ces dernières sont générale- ment longues et souples, celles qui gazonnent les prairies alpestres sont rabou- gries, chétives, quoique d'un vert intense; leurs feuilles sont si petites et leurs rameaux si coriaces, que le vent le plus violent ne les fait remuer qu'à peine, et leurs racines sont si longues, que l'on a toutes les peines du monde à les arracher. En outre — et c'est là une particularité agréable pour nous, — tandis que les plantes des champs et des bois ont généralement des fleurs aux teintes, sinon pâles, du moins délicates, celles des montagnes ont des fleurs aux teintes écla- tantes, crues, qui étonnent... et détonnent. Je comparerais volontiers les fleurs de plaine au visage clair, souvent anémique, des Parisiennes, et les fleurs de montagne à la face rubiconde des villageoises. Leurs fleurs sont d'ailleurs de grande taille et paraissent d'autant plus volumineuses que les tiges qui les sup- portent sont rabougries. Rien n'est plus curieux que de voir des plantes pas plus grandes que le doigt porter des fleurs deux fois volumineuses comme elles, ou de petits buissons gros comme une pomme disparaître littéralement sous les fleurettes qui s'y développent.

*
* *

On rencontre là des teintes invraisemblables :

Le *jaune soufre* chez l'anémone soufrée ; l'adonide de printemps ; la boule d'or ; l'aconit anthora ; la violette à deux fleurs (des violettes jaunes !) ; le buplèvre

Fig. 136. — Arnica.

Fig. 137. — Gentiane jaune.

étoilé ; l'arnica des montagnes (fig. 136), dont on fait le médicament de même nom, bien connu ; la gentiane jaune (fig. 137), de laquelle on tire l'eau-de- vie de gentiane ; la renoncule thora, si vénéneuse que les guerriers anciens trempaient dans son suc le fer de leurs flèches ;

Le *rose* se montre chez la renoncule glaciaire (un bouton d'or rose !) ; le silène ; l'immortelle des montagnes ;

Le *blanc*, chez la renoncule des Alpes ; le pavot des Alpes ; — le blanc plus ou moins lavé de diverses teintes, chez les nombreuses saxifrages et bien d'autres espèces ;

Du *bleu* idéal se voit, avec une intensité remarquable, chez l'ancolie des Alpes ; les raiponces ; l'astragale des Alpes ; les admirables gentianes (fig. 138) ; les troublants myosotis ; les délicates véroniques ;

Du *violet* ou du *lilas*, chez le tabouret lilas ; le si recherché chardon bleu (fig. 139) ; l'adénostyle velue ; l'aster des Alpes ; la vergerette des Alpes ; diverses campanules ; la gracieuse soldanelle des Alpes ; les globulaires ;

Du *rouge* vif allant même jusqu'au carmin se rencontre chez le faux-buis ; l'œillet des Alpes ; l'épilobe des graviers ; l'airelle des marais ; la bruyère incarnate ; l'azalée des Alpes ; le rhododendron ferrugineux (fig. 140) ; la pédiculaire verticillée ; l'androsace des glaciers ;

Du *brun*, chez beaucoup d'orchidées, par exemple l'orchis vanille des pâturages alpins — ainsi nommé à cause de son odeur suave — et le sabot de Vénus (fig. 141) à grande fleur fantastique, que l'on peut récolter dans les lieux

Fig. 138. — Gentiane des neiges.

Fig. 139. — Chardon bleu.

Fig. 140. — Rhododendron ferrugineux.

Fig. 141. — Sabot de Vénus.

ombragés des montagnes calcaires, de 500 mètres à 1 800 mètres.

⁎
⁎ ⁎

Le « nanisme » des plantes alpines est si général qu'il s'étend même à des familles ne renfermant que des arbres. C'est ainsi que, vers 2 000 mètres d'altitude, on rencontre des saules nains (fig. 142) rampants et s'élevant à peine à quelques centimètres. A côté d'eux se montrent des bouleaux nains, des azalées minuscules, des arbousiers invraisemblablement petits. Plus on s'élève, plus ce nanisme s'accentue, et, dans les régions tout à fait élevées, on n'a plus que de toutes petites plantes tassées frileusement les unes contre les autres et formant par leur ensemble un véritable tapis feutré.

M. G. Bonnier a fait voir que ce rabougrissement est bien dû au climat et non au terrain. En cultivant dans les basses altitudes des plantes de montagne enlevées avec leur terre, il les a vues prendre, au bout de quelques mois, les caractères des plantes de plaine. L'expérience inverse a non moins bien réussi.

Voici quelques exemples relatifs à des espèces de plantes cultivées à 2 000 mètres.

La *potentilla tormentilla* a des tiges moins élevées que dans le plant de la station inférieure ; d'une manière générale, toutes les parties de la plante, sauf les fleurs, sont de taille réduite. Les feuilles sont plus épaisses et les fleurs, plus colorées.

Le *lotus corniculatus*, planté dans la station supérieure, a des tiges obliques ou aplaties contre le sol, des feuilles à folioles épaisses et courtes, des fleurs groupées par une à trois au lieu d'être en couronnes multiflores.

Fig. 142. — Saule nain.

Plusieurs espèces n'ont pas fleuri dans les régions supérieures. L'une des plus curieuses est le topinambour, qui s'est développé dans la station de l'Aiguille de la Tour sous forme de petites rosettes de feuilles complètement aplaties sur le sol et sans fleurs, tandis que les échantillons provenant du même pied avaient donné des tiges aériennes de plus de 2 mètres dans les stations inférieures. La modification due à l'altitude était ici tellement frappante que M. G. Bonnier alla deux fois dans le champ de culture sans pouvoir reconnaître ces petites rosettes de feuilles blanchâtres pour des plants de topinambour. Il avait cru d'abord que c'était une espèce alpine, développée par hasard à cet endroit.

De ces observations il résulte que les plantes de la région alpine, qui, dans une courte saison, ne peuvent développer autant leurs parties aériennes que les plantes de plaine, se différencient de manière à assimiler davantage. Par suite de cette sorte de compensation, on peut concevoir comment elles emmagasinent si rapidement, et en si peu de temps, des réserves relativement grandes dans leurs parties souterraines.

*
* *

Beaucoup de plantes alpines sont couvertes de poils blancs, d'un véritable duvet, destiné, semble-t-il, à les protéger du froid des nuits. Le cas le plus

classique est celui de l'edelweiss (fig. 143), le *leontopodium alpinum* des botanistes, que les touristes sont fiers d'avoir cueilli sur les Alpes parce qu'ils la considèrent comme la caractéristique de cette région (alors qu'en réalité elle est des plus cosmopolites) et parce que sa fleur ne se flétrit pas et constitue une immortelle très appréciée; il n'est pas non plus jusqu'à son nom vulgaire d' « étoile de glacier » qui ne lui donne des allures conquérantes bien faites pour séduire les Tartarins qui sommeillent en nous. Certaines plantes, au lieu de se vêtir entièrement de poils, ne s'en recouvrent qu'en partie : c'est le cas des rhododendrons — arbrisseaux bien connus également des tou-

Fig. 143. — Edelweiss.

ristes sous le nom de roses des Alpes, — dont les feuilles sont recouvertes à la face inférieure d'un épais feutrage de poils roux, ferrugineux. A citer encore au même point de vue la joubarbe aranéeuse, petite plante grasse semblable à un artichaut, dont les sommets de feuilles sont réunis entre eux par de longs filaments blancs, semblables à de fins fils d'araignée.

*
* *

La constitution géologique d'un sol aussi bouleversé que celui des montagnes étant généralement très variable d'un point à un autre, la flore en est de même très variée.

Dans les lieux humides ou simplement frais, on peut récolter la renoncule à feuilles d'aconit, des pédiculaires au feuillage élégamment découpé, des fougères d'une délicatesse infinie, des myosotis constellés de fleurs bleues, des primevères aux corolles généralement roses, la boule d'or, l'arabette à feuilles de pâquerette, la méringie, le sainfoin à fleurs sombres, la saxifrage en étoile, l'airelle des marais, la primevère farineuse.

Dans les pâturages des montagnes calcaires on trouve l'anémone à fleur de narcisse, l'anémone des Alpes, la renoncule thora, la gypsophile rampante, l'œillet des Alpes, la saponaire faux-basilic, l'edelweiss, la primevère de Clusius.

Dans les terrains granitiques se rencontrent l'anémone de printemps, l'anémone soufrée, le silène des rochers, la sabline à deux fleurs, le géranium à feuilles d'aconit, la benoîte rampante, l'orpin bleu, l'arnica, le rhododendron ferrugineux.

Dans les rochers calcaires il faut cueillir le cranson, la drave des rochers, le silène découpé.

Dans les hautes régions, peu de personnes peuvent dire avoir récolté la renoncule glaciaire, le lychnis des Alpes, le myosotis nain, l'androsace de Suisse, l'androsace des glaciers. Quelle joie quand, après beaucoup de fatigues, on est arrivé à s'en emparer !

Dans les lieux ombragés, il faut citer l'ancolie des Alpes, la violette à deux fleurs et, sur la lisière des bois rocailleux, l'atragène des Alpes.

Des fentes des rochers on extrait difficilement le pavot des Alpes, le silène d'Elisabeth, la potentille ascendante, la saxifrage des Pyrénées, la campanule de Raines, la saxifrage bleuâtre, l'érine des Alpes.

Sur les fentes rocailleuses et les éboulis, régions peu riches, on peut cependant trouver l'alysse des montagnes, le vélar jaune, la pyrole à une fleur.

Les bois, taillis et clairières des régions montagneuses sont à explorer pour récolter l'œillet superbe, la pyrole unilatérale.

Enfin, n'oubliez pas les moraines et les graviers, qui donnent l'épilobe des graviers, l'armoise en épi et plusieurs autres espèces trop rares pour être citées.

Ce qui règle surtout la distribution géographique des plantes alpines, c'est la présence ou l'absence de silice ou de calcaire dans le sol. Si celui-ci provient de la désagrégation de granites et autres roches analogues, la terre est siliceuse ; si elle provient de roches sédimentaires, elle est en général calcaire. Or, s'il est un certain nombre de plantes indifférentes à cette constitution chimique, il en est bon nombre d'autres pour lesquelles elle constitue une question de vie et de mort ; aux unes il faut du calcaire, aux autres, de la silice, ou, pour parler plus exactement, pas de calcaire. Cette affinité se montre même chez des espèces très voisines : c'est ainsi que dans le vallon de Fully, le versant de gauche — qui est calcaire — est recouvert d'anémones blanches, tandis que sur le versant de droite — qui est siliceux — croissent des anémones jaunes.

Les espèces aimant la silice (ou silicicoles) sont surtout des fougères, des éricacées, des vacciniées, et quelques campanules, silènes, œillets, gentianes, primevères. Les espèces qui la fuient (silicifuges comme l'on dit) sont moins nombreuses ; parmi elles, citons l'androsace laiteux, l'anémone des Alpes, l'œillet des Alpes, la gentiane jaune, la primevère auricule, le rhododendron poilu, la saxifrage à longues feuilles, le silène alpestre, la véronique des rochers, la campanule thyrse.

Parfois, on rencontre des espèces silicicoles au beau milieu d'espèces silicifuges : en grattant le terrain, on s'aperçoit qu'elles reposent en réalité sur des
amas isolés de roches sans chaux. De telles oasis se rencontrent très fréquemment
dans le Jura, où elles sont largement, trop largement, mises à contribution par
les botanistes et les simples touristes.

*

A part les euphraises et quelques gentianes aux corolles délicieusement
bleues, la plupart des plantes alpines sont vivaces, c'est-à-dire qu'elles vivent

Fig. 144. — Paysage de la région subalpine.

plusieurs années. La première année, elles ne poussent que des feuilles ; les
suivantes, elles développent des fleurs. En hiver, c'est-à-dire pendant la plus
grande partie de l'année, leur souche persiste seule dans le sol. Au printemps,
ou mieux en été, elles se hâtent de pousser des rameaux aériens, mais elles les
réduisent à leur plus simple expression, d'abord parce que le temps leur manque
— l'été est si court à ces altitudes — pour laisser croître de grandes tiges,
ensuite parce qu'il convient de donner le moins de prise aux vents violents et
à leur action desséchante. C'est pour cette dernière raison aussi que beaucoup
de plantes des altitudes élevées forment des « touffes » où les branches sont
tassées les unes contre les autres et portent des feuilles non moins empilées. Au

moment de la floraison, ces boules se recouvrent de charmantes fleurs de différentes teintes. Quel touriste n'a pas été séduit par les touffes aux fleurs bleues du « roi des Alpes » (myosotis nain), les boules aux corolles roses de l'androsace glaciaire, le jaune de la saxifrage aphylle, l'incarnat de la saxifrage aux feuilles opposées, et tant d'autres qu'il serait fastidieux d'énumérer ?

*

Les plantes alpines proprement dites ne se rencontrent guère qu'au-dessus de l'altitude de 1 500 mètres. Au-dessous, de 500 à 1500 mètres, c'est la zone subalpine (fig. 144), occupée surtout par de larges forêts ; la flore y est superbe [c'est là par exemple que l'on trouve le joli cyclamen d'Europe à la souche volumineuse (fig. 145) et le trèfle des Alpes (fig. 146), qui cependant peut monter

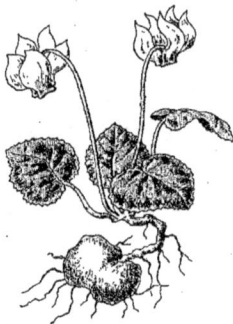

Fig. 145. — Cyclamen d'Europe.   Fig. 146. — Trèfle des Alpes.

jusqu'à 2500 mètres], mais, en somme, peu différente de ce qu'elle est dans la plaine. Mais, à partir de 1500 à 2000 mètres, les conditions météorologiques sont fort différentes de ce qu'elles sont dans la plaine. La lumière est intense et prolongée ; l'insolation, forte ; la température, chaude dans le jour, froide la nuit ; l'humidité, faible, mais constante, aussi bien dans le sol que dans l'air ; le vent, violent. De plus, les hivers sont longs, passant brusquement à un été intense, où sont accumulées les circonstances favorables à la végétation, c'est-à-dire la lumière, la chaleur et l'humidité. Aussi, dès que le fœhn et le siroco se font sentir, la végétation sort de terre comme sous l'action d'une baguette magique ; les soldanelles et les crocus jaillissent même de la neige non encore fondue, et, en quelques jours, les rochers se constellent de fleurs.

*

Contrairement à ce que l'on a cru pendant longtemps, la culture des plantes alpines est possible en dehors des montagnes et le moindre jardinet parisien peut s'offrir, moyennant quelques soins, une petite montagne en miniature. La transplantation directe dans les jardins n'est pas à recommander parce qu'elle échoue généralement, à moins de s'adresser à des plantes arrachées à l'automne, c'est-à-dire au moment où la végétation est très ralentie. Il est plus simple et plus pratique de recueillir des graines et de les semer au moment voulu.

Dans les villes de montagnes fréquentées par les touristes, on fabrique en grande quantité des albums où sont collées les principales plantes alpines ou, plus exactement, celles qui se conservent le mieux. Les plantes rares sont souvent tellement recherchées des collectionneurs que l'espèce en disparaît.

CHAPITRE XIX

Les plantes de la soif.

En Afrique, à Madagascar, par exemple, on rencontre des arbres qui possèdent une certaine notoriété : ce sont les ravenals ou ravenalas (fig. 147), sortes de palmiers portant à leur sommet de larges feuilles dressées, placées presque dans un même plan et dont le limbe, d'abord entier, se divise à la longue en lanières irrégulières. Le ravenal porte aussi le nom d' « arbre des voyageurs » parce qu'il sert à des usages multiples : les gaines des feuilles, concaves et fixées presque au même endroit, constituent une sorte de coupe où s'accumule l'eau de pluie. Cette eau, dit-on habituellement, est d'une grande ressource pour le voyageur altéré qui rencontre des ravenals sur sa route. C'est là sans doute une simple légende, car ces arbres croissent toujours dans les régions marécageuses, et l'on ne voit pas très bien comment un explorateur peut rester altéré dans un endroit abondamment pourvu d'eau. Quoi qu'il en soit, les feuilles des ravenals sont très utiles aux Malgaches, qui s'en servent pour faire des assiettes, des nappes, des cuillers, les toitures de leurs maisons, des écopes pour vider les pirogues, etc.

Fig. 147. — Le ravenal ou arbre des voyageurs.

*
* *

Si l'utilité des ravenals pour rafraîchir le voyageur altéré n'est pas très nettement prouvée, il n'en est pas de même de quelques arbres que l'on rencontre dans les déserts les plus arides. Quand on vient à percer leur tronc, il s'en écoule une eau claire qu'ils gardaient en réserve et que l'on déguste je laisse à penser avec quelle joie. Ces « plantes de la soif », comme on les appelle, sont mal connues ; M. E. Laurent a cependant donné des détails sur deux d'entre elles :

« Le *musanga Smithii*, parfois appelé en Afrique parasolier, est un arbre d'assez grande taille, très répandu dans tout le bassin du Congo et aussi dans le Congo français. Il est remarquable par ses larges feuilles composées, peltées, à 15 folioles et aussi par ses nombreuses racines adventives, qui, de la partie inférieure de la tige, descendent en se ramifiant dans la terre. Ce sont de véritables échasses. Au milieu de la forêt, l'arbre paraît avoir été déchaussé par un courant d'eau. Il repousse l'un des premiers dans les terrains mis en culture, puis abandonnés par les indigènes.

« Pourvu d'un ample feuillage et d'un système vasculaire très développé, le *musanga* est traversé par une sève abondante ; M. H. Lecomte, lors de son voyage au Congo français, a observé la grande quantité d'eau qu'un tronc coupé à une certaine distance du sol a laissé exsuder en l'espace de 13 heures : plus de 9 litres.

« Les nègres du Haut-Congo connaissent bien la propriété que possède le *musanga* de renfermer de grandes quantités de sève, et ils l'utilisent dans les régions où l'eau est rare, sur les crêtes qui séparent les bassins des rivières. Il en est ainsi au pays des Bajamdès, situé dans la grande forêt africaine, au nord du cours inférieur de l'Arussimi. Des indigènes de cette région, enrôlés dans l'armée de l'État indépendant, me content le fait lorsque je passai à Basoko, au mois de février 1896. L'expérience suivante fut faite avec leur collaboration sur un pied de *musanga* d'environ 30 centimètres de diamètre.

« Le 5 février, à 7 heures du matin, deux racines de grosseur moyenne ont été sectionnées. Pendant une demi-heure, l'eau a coulé des plaies ; le phénomène a complètement cessé dès que la radiation solaire a été assez vive, par suite de la transpiration.

« Le soir, à 6 heures, au moment du coucher du soleil, on a placé les récipients sous les deux racines coupées le matin et sous une troisième racine plus grosse qui venait d'être coupée. Le lendemain matin, à 6 heures, celle-ci avait fourni 2^l,5 d'eau et chacune des deux autres, environ 1 litre.

« Le même jour, à 6 heures du soir, on replaça les récipients sous les trois racines mises en observation, mes collaborateurs renouvelèrent les sections de la grosse racine et de l'une des deux autres, puis frappèrent avec force les tronçons restés adhérents au tronc, à l'aide d'un morceau de bois. L'observation leur avait appris l'utilité de ces deux opérations : la première met à nu les vaisseaux non desséchés; la seconde a sans doute pour effet de détruire les bouchons gommeux qui se forment dans les vaisseaux et qui en déterminent la fermeture.

« Le 7 février, à 6 heures du matin, des deux racines dont les plaies avaient été rafraîchies, la plus grosse avait donné 4 litres d'eau et l'autre, $2^l,5$. Mais les deux bocaux qui avaient servi à recueillir l'eau avaient débordé ; les chiffres indiqués sont donc inférieurs aux volumes d'eau exsudés. Quant à la troisième racine, qui n'**avait** pas été coupée à nouveau et n'avait pas reçu de coups, elle n'avait émis que quelques centimètres d'eau.

« A 6 heures et demie, la grosse racine donnait 140 grosses gouttes par minute, et cependant le soleil montait à l'horizon et ses rayons devenaient ardents.

« Au soir, les sections des trois racines furent ravivées. Le lendemain matin, la grosse racine avait rejeté 3 litres d'eau et chacune des deux autres, 500 centimètres cubes. »

Un voyage à Stanleyville empêcha M. Laurent de continuer ses observations les jours suivants : il les reprit à son retour, le 13 février au soir ; il renouvela les sections des racines coupées huit jours auparavant : celles-ci étaient taries.

D'après les nègres Bajamdès, qui avaient inspiré cette expérience, leurs congénères qui s'établissent loin des rivières et des sources se procurent l'eau dont ils ont besoin pour leur boisson et la préparation de leurs aliments en coupant les racines aériennes des *musanga* de la forêt. Chaque famille possède un certain nombre d'arbres dont chacun fournit de l'eau pendant 5 ou 6 jours.

M. Laurent a eu l'occasion d'observer une deuxième plante que les nègres utilisaient pour se désaltérer dans leurs voyages à travers la forêt. C'était sur la rive droite du Lualaba-Congo, entre les chutes de Nyangmé et celles de Stanley, au cours d'une excursion dans les environs de Lokanda (Riba-Riba). Un nègre lui apporta un tronçon de liane, long d'un mètre, d'où sortit en abondance de l'eau bien limpide et très bonne à boire. Quand l'émission d'eau fut arrêtée, l'indigène frappa violemment la tige contre le sol et aussitôt il se fit une nouvelle expulsion d'eau.

M. Laurent a vu la liane en place dans la forêt ; la tige était très longue, épaisse de 8 à 9 centimètres, et son écorce fortement subérisée. Coupée transversalement, elle montrait des vaisseaux larges de 0,3 à 0,4 millimètres d'où s'échappait une matière gommeuse qui recouvrait la section. Sur une coupe longitudinale, la même substance se retrouve à l'intérieur des trachées et y forme des bouchons de distance en distance.

Sur la rive droite de Lualaba-Congo s'étendent d'immenses solitudes toutes recouvertes par la forêt équatoriale. Les indigènes qui les parcourent ont soin de couper les tiges de la liane en question et en emportent des tronçons afin de se désaltérer aux endroits privés de sources ou de cours d'eau.

Comme on vient de le voir une fois de plus, les primitifs dans la grande sylve africaine en connaissent bien les ressources diverses et savent les utiliser avec beaucoup d'ingéniosité.

*
* *

Dans le même chapitre des « plantes de la soif », on pourrait placer la longue série des plantes utilisées à faire des boissons, depuis la vigne qui nous donne le vin, et le pommier qui nous donne le cidre, jusqu'à l'orge et le houblon, qui nous procurent de si bonne bière. Mais je me contenterai de parler du thé, du café et du cacao, qui sont, en général, mal connus et d'une importance économique considérable.

Le thé.

Si l'on faisait la statistique des boissons qui servent à nous désaltérer, il est bien probable que la première place dût être accordée au thé. Les Anglais et les Chinois, qui pullulent à travers le monde, en font, en effet, une consommation excessive et les peuples d'origine latine commencent à s'y mettre.

Le thé (fig. 148) est un arbrisseau toujours vert, ressemblant assez bien au myrte de Provence et surtout au camellia de la variété sesanqua. Il appartient à la famille des ternstræmiacées et porte le nom botanique de *thea viridis*. « La feuille de thé est aiguë, presque lancéolée, finement dentée, d'un vert lisse et foncé. Les fleurs sont hermaphrodites, blanches, groupées par trois ou quatre à l'aisselle des feuilles. Les sépales sont au nombre de cinq ou six, les pétales, de cinq à neuf, les étamines, en nombre indéfini. L'ovaire est su-

Fig. 148. — Branche de thé.

père, à trois loges, renfermant chacune une graine globuleuse, charnue, recouverte d'un tégument coriace et de la grosseur d'une bille. Quelquefois une des trois graines avorte ; les deux graines restantes sont alors hémisphériques.

« Abandonné à lui-même, cet arbrisseau atteint, dit-on, 8 à 10 mètres et même 15 mètres de hauteur. Mais à Ceylan, où le thé n'est introduit que depuis une vingtaine d'années, les plus grands pieds non taillés et réservés comme porte-graines ne dépassent guère trois mètres d'élévation.

« Le thé vit très longtemps. Sans parler de Ceylan, les premières plantations faites en Assam, où il est cultivé depuis plus de cinquante ans, existent toujours et ne paraissent nullement en décadence. » (V. Boutilly.)

Jadis, presque exclusivement cantonné depuis des siècles en Chine, le thé est aujourd'hui cultivé en de nombreux pays. Voici, d'après une statistique du Ministère du Commerce de 1902, les principaux, avec leur production annuelle en thé sec :

Chine.	1 000 000 000 kilogrammes.
Japon.	132 000 000 —
Inde.	109 100 000 —
Ceylan.	75 000 000 —
Java.	5 000 000 —
Birmanie.	1 000 000 —
Amérique.	1 000 000 —
Natal.	500 000 —
Fidji et Jamaïque.	500 000 —
Total. . . .	1 315 100 000 kilogrammes.

En 1900, l'Indo-Chine française a exporté 180 000 kilogrammes de thé.

Pour obtenir des plants de thé, on sème des graines. Au bout d'un an, les petits arbuscules ont déjà 0^m,25 de hauteur; on les transporte alors à l'endroit où l'on veut les cultiver. On purge d'abord le terrain des mauvaises herbes, puis on dispose les plants, éloignés les uns des autres de 1^m,50 environ, en lignes longitudinales, de manière que l'ensemble du champ ressemble beaucoup à une plantation de vigne. Il prospère particulièrement bien en terre argileuse et exposée au soleil : des canaux irrigateurs sont indispensables pour lui donner l'humidité nécessaire à son bon développement.

La cueillette des feuilles ne peut se faire qu'au bout de la troisième année ; elle continue dès lors jusqu'à seize ou dix-huit ans. De temps à autre on émonde les branches de telle sorte que les arbustes ne dépassent jamais 1^m,50 à 2 mètres, ce qui facilite la cueillette.

Nous empruntons à M. C.-A. Guigon les renseignements concernant la préparation du thé.

Voici la manière dont le savant chinois Lo-Yu préconise la cueillette du thé :

Les feuilles doivent être cueillies dans la 2e, 3e et 4e lune. Cette opération ne doit jamais se faire par un temps pluvieux ou couvert; au contraire, il est nécessaire de choisir un temps clair et beau. Les feuilles doivent être arrachées et brisées délicatement avec les doigts, que l'on a dû préalablement soumettre à des ablutions réitérées. Certains plants qui ont été dans quelques contrées l'objet d'une attention particulière, très soutenue, en vue d'en faire des sortes supérieures, sont même défeuillés par des ouvriers gantés, la nature du sang de celui qui est préposé à cette opération pouvant avoir une influence néfaste sur la feuille pleine de sève. Une fois cueillies, les feuilles sont passées sur le feu et hermétiquement enfermées, alors qu'elles sont encore chaudes, dans l'emballage qui leur est destiné en dernier ressort, en attendant qu'il en soit fait usage.

Tel est le mode de préparation qu'indiquait le savant chinois. Mais il y a aujourd'hui en Chine autant de méthodes que de centres producteurs, chaque pays employant des moyens qui lui sont propres.

Postérieurement à Lo-Yu, mais dans un temps encore bien éloigné, on s'y prenait d'une façon différente ; nous en donnons quelques détails ci-après :

La cueillette, à quelque chose près, s'effectuait de la même façon qu'il a été dit plus haut, cette méthode est même encore suivie de nos jours. Les feuilles étaient ensuite comprimées dans les mains et réduites en poudre ; on les agglomérait alors en briquettes. Après leur avoir fait subir cette manipulation, on les faisait dessécher sur un feu de bois. Au moment de les consommer, on coupait un morceau de cette tablette, on le réduisait en poudre et on le plaçait dans un récipient. Sur cette poudre on jetait de l'eau bouillante. Le tout ainsi préparé était agité de telle façon que l'action de la chaleur dégageait tous les principes contenus dans le thé. Le consommateur absorbait ensuite le tout, buvant et mangeant à la fois.

À cette époque déjà, on voyait, paraît-il, se manifester des tendances à changer ce mode de préparation, que l'on reconnaissait défectueux et de nature à ne pas donner complète satisfaction. Il est évident que des améliorations pouvaient être introduites.

Certains documents qui existent encore aujourd'hui, émanant de quelques spécialistes de ces premières époques, préconisent, pour la cueillette et la préparation, le mode qui est actuellement en vigueur. En ce qui touche la culture, tout ce qui a été dit de tout temps est conforme au traitement suivi de nos jours. Sur ce dernier point il n'y a donc pas eu de changement notable sauf toutefois en ce qui concerne la fermentation.

Afin d'éclaircir définitivement la question de la préparation du thé et la montrer telle qu'elle se pratique de nos jours en Chine, nous allons la détailler, en donnant les deux modes employés pour le thé noir et le thé vert. Il est en effet de toute certitude que la feuille ne pourrait se conserver si elle n'était préalablement soumise à une action quelconque, ayant pour but d'en dégager les principes nuisibles. Elle contient des sucs âcres et vireux dont les traces nous sont perceptibles quelquefois, soit en buvant une infusion dont on aura trop longtemps laissé séjourner les feuilles dans la théière, soit en usant de qualités trop ordinaires, qui par conséquent n'auront pas subi toutes les manipulations nécessaires. Les principes contenus dans le thé sont d'abord la théine et le tanin à des degrés variant selon les terrains où la plante est récoltée ; on y découvre aussi d'autres éléments moins importants dont il est inutile de donner l'énumération.

Donnons d'abord la préparation du thé noir.

Dès que la cueillette est terminée, on fait subir aux feuilles une très courte immersion dans de l'eau bouillante. C'est ainsi du moins que l'on pratique dans certaines contrées, bien que cet usage ne doive pas être considéré comme général.

Cette opération a pour but de dégager de la feuille les principes violents et mauvais. On les étale ensuite en plein air pour arriver à la dessiccation complète.

Les Chinois préposés à ce travail font alors rouler sur ces feuilles une masse lourde de forme cylindrique, quelque chose comme le rouleau dont se servent les Ponts et Chaussées pour l'empierrement des routes, mais beaucoup moins pesant, bien entendu. Ce travail a pour but de briser les côtes et les queues des feuilles. On les laisse en tas pendant une nuit, en ayant soin de les recouvrir complètement d'une toile. Le lendemain, les feuilles ont un aspect tout différent. En effet, la fermentation qui s'est produite a changé la couleur verte naturelle en brun ou en noir grisaille. Elles sont alors roulées à la main, et ce, afin de leur donner une forme ronde en spirale. Puis on les expose de nouveau au soleil, avant de les faire chauffer dans les bassines sur un feu doux de charbon de Paris.[1]

Les feuilles arrivent dans cet état sur le marché pour y être vendues. Mais les péripéties de la préparation ne sont pas terminées. Le premier travail que nous venons de décrire est fait par le planteur lui-même, qui devient ainsi le conservateur de sa récolte, et cette opération est absolument nécessaire dès la cueillette faite, alors que la feuille est encore fraîche. Le moindre retard nuirait à la qualité du produit, en portant atteinte aux conditions de sa bonne conservation.

Voilà donc la feuille passée dans les mains du commerçant, qui, à son tour, va lui faire subir les dernières phases de la préparation et la rendre propre à être exportée.

On commence par faire passer les feuilles une couple d'heures sur le feu. On les tamise ensuite pour en extraire la trop grande quantité de poussière que ces diverses opérations ont produite. Puis elles sont mises dans les caisses ou boîtes que nous connaissons. Pour cette dernière opération, il est nécessaire que les feuilles soient très chaudes au moment de l'emballage. On soude le plomb de manière que l'air ne puisse pénétrer à l'intérieur ; cette précaution est indispensable pour empêcher le thé de moisir.

Le thé n'a pas une odeur *sui generis*. On le parfume artificiellement en y mêlant, lorsqu'on le sèche pour la dernière fois sur le feu, des *feuilles de roses*, des *fleurs fraîches de jasmin*, de *chlorante*, d'*aglaïa* ou d'*olea fragrans*, que l'on retire avant l'emballage définitif.

Seuls les thés fins sont soumis à cette pratique du parfum, qui est plus ou moins sérieusement faite selon que les feuilles travaillées ont été classées pour faire des thés de tel ou tel prix.

La préparation du thé vert diffère de la précédente. Au début, les feuilles sont placées dans des bassines en fer, aussitôt après la cueillette, afin de subir, pendant 2 ou 3 minutes seulement, l'action de la chaleur, au-dessus d'un feu de charbon de bois. Elles sont ensuite frottées ensemble pendant quelque temps puis remises dans les bassines, où on les laisse cette fois pendant 2 à 3 heures en les remuant à la main et en ayant soin d'éventer le thé pendant la première heure, pour lui conserver sa couleur verte naturelle.

Après cette préparation sommaire, comme le thé noir, il est vendu au commerce sur le marché. Les feuilles sont de nouveau exposées à l'action du feu pendant une demi-heure. Il y a lieu alors de les passer au tamis et de procéder au triage des feuilles de forme et de grandeur différentes. Les petites ayant la forme de boules constituent l'espèce dite « poudre à canon » *(gunpowder)*. Les feuilles plus grandes, mais de même aspect, forment la qualité appelée « impérial ». Pour ces deux sortes, la fraude se fait sur une très grande échelle, ainsi qu'on le verra plus loin.

Les petites feuilles ayant l'aspect de grosses aiguilles brisées forment la catégorie du *young hyson* et les grandes feuilles sont dénommées *moyune hyson*. Parmi les *young* et les *moyune-hyson* on trouve une infinité de sortes variant d'aspect selon les provenances et le mode de préparation. Tantôt elles sont plates, de dimension très irrégulière, et non mondées, tantôt elles se présentent sous un aspect à peu près uniforme d'une couleur vert jaunâtre. Ce sont les bonnes qualités.

Enfin la qualité tout à fait supérieure dans les *hyson* est représentée par des feuilles roulées une à une en forme de larme et en spirale, d'une couleur vert foncé, luisant, tirant un peu sur le doré. Les deux variétés *young et moyune* trouvent leur place dans ces qualités supérieures.

Une fois ce triage fait par catégories, les feuilles sont de nouveau passées au feu. Le *gunpowder* en subit l'action pendant 13 heures encore, l'« impérial » n'y demeure que 8 heures. Le *young hyson* y séjourne 10 heures, le *moyune hyson* près de 9 heures.

C'est pendant cette dernière manifestation que s'opère la fraude, à laquelle nous faisions allusion plus haut, sur la « poudre à canon » et sur l'« impérial ».

On mêle aux feuilles du gypse en poudre ou de la terre glaise qui se trouve sous la main, du curcuma ou de l'indigo; le premier ingrédient, pour augmenter la marchandise en poids, le second, pour donner la couleur qui caractérise le thé vert. Tout ce qui dans le commerce est vendu sous le nom de « poudre à canon » ou d'« impérial », à peu près, n'est pas différemment préparé.

Ces deux sortes sont encore obtenues au moyen de feuilles qui étaient primitivement destinées à faire des thés noirs, mais qui, par suite d'un manque d'attention dans la préparation, sont devenues impropres à donner des résultats dans ce sens. Pour ne pas perdre ainsi le bénéfice d'une quantité quelquefois très importante, on retrempe ces feuilles manquées au surchauffage, pour les assouplir de nouveau et les rendre malléables, on ramasse de la terre glaise que l'on roule dans l'intérieur des feuilles autant que possible et l'on trempe le tout dans une dissolution d'indigo pour obtenir la coloration verte.

D'autres fois ces mêmes feuilles de thé noir manquées sont employées quand même pour faire des thés noirs. Dans ce dernier cas, pour enlever les traces de défectuosité, on les trempe seulement dans une dissolution de noix de galle. Ce procédé est dangereux pour la santé, alors que le précédent, employé pour la fraude du thé vert, ne peut compter que comme abus de confiance ou tromperie sur la qualité de la marchandise vendue.

Les feuilles teintes à la noix de galle sont facilement reconnaissables. En les regardant horizontalement placées sur la paume de la main, à la hauteur de l'œil, elles offrent une couleur violacée luisante. Elles paraissent au contraire d'un noir très mat et très uniforme quand on les regarde verticalement. Le thé noir ne doit jamais être complètement noir pour être de bonne qualité.

Les thés verts sont, comme les thés noirs, soumis à l'action des parfums étrangers, mais d'une façon différente. Après avoir retiré les feuilles du feu, on dispose immédiatement les premières dans des récipients peu profonds, mais larges. On étend dessus une couche de fleurs odorantes fraîches, on répète ainsi cette opération jusqu'à ce que les couches alternées aient atteint la hauteur des bords du récipient; après quoi on recouvre le tout d'une couche de paille et on le laisse toute une journée dans cet état. Le lendemain, le récipient ainsi disposé est passé sur le feu pendant une heure ou deux, puis, au moyen d'un crible spécial, les fleurs sont extraites et mises de côté. Cette dernière sélection ne se fait qu'au moment où l'on doit emballer le thé dans les caisses qui doivent servir à l'emporter.

Il n'y a pas longtemps que les Européens sont parvenus à surprendre le secret de la préparation des feuilles de thé par les Chinois. Ces derniers cachaient, en effet, avec un soin jaloux ces diverses manipulations, sauf cependant celles qui par une trop grande évidence nous tombaient presque forcément sous les yeux, comme le séchage et la torréfaction. Mais l'embaumement par les fleurs, dont nous venons de parler, partie la plus délicate en même temps que le clou de toute cette série de transformations, nous est demeuré longtemps inconnu. Et l'on se demandait, avec quelque raison d'ailleurs, par quel secret les Chinois pouvaient *conserver* à la feuille, après tant de manipulations, une odeur si fine, si délicate, si savoureuse, alors que toutes ces qualités, eussent elles existé auparavant, auraient dû être détruites par les actions successives du feu, de l'eau bouillante, etc. Ce secret est aujourd'hui devenu celui de polichinelle, pour nous servir d'une expression vulgaire, et nous n'avons plus à nous étonner d'une conservation de parfums que la feuille n'a jamais possédés.

Les thés ainsi préparés sont inévitablement très odorants, en raison du mariage intime avec les fleurs auxquelles ils sont mêlés. Pour obtenir un parfum plus délicat, plus moelleux et plus souple, on mélange environ 500 grammes de thé fortement parfumé dans 9 à 10 kilogrammes n'ayant pas subi le contact des fleurs. L'action du parfum étant ainsi transmise indirectement, il en résulte une souplesse que ne peuvent avoir les thés mêlés directement aux aromes.

Après une pareille série de manipulations, il est aisé de comprendre que, pour donner son maximum de développement, le thé doive séjourner pendant quelque temps dans l'emballage définitif, hermétiquement clos et ne recevant aucun atome d'air ou de lumière ; les principes odorants peuvent ainsi se répartir uniformément sur toute la quantité des feuilles contenues dans la caisse. On compte un délai de deux ans pour que le thé puisse atteindre ce minimum exigé, pour arriver à son état parfait, où il sera le meilleur. Il ne s'agit ici, bien entendu, que des thés supérieurs pouvant se développer. Les thés ordinaires, n'étant pas soumis aux manipulations, ne peuvent évidemment pas développer d'arômes ni se bonifier en vieillissant par la raison bien simple que n'ayant rien reçu ils ne peuvent rien dégager.

On voit donc que c'est une grave erreur que de demander des thés portant la date de l'année courante. C'est là cependant une habitude générale et constante en France. Les thés fins de l'année ne peuvent assurément pas donner aux dégustateurs la satisfaction qu'ils sont en droit d'attendre pour le prix qu'ils payent. Les feuilles ainsi livrées à la consommation, alors même qu'elles sont de bonne qualité, ont un goût herbacé très caractérisé, qui étouffe et annihile totalement la force douce et souple en même temps du parfum artificiel. L'arôme n'a pas eu le temps de pénétrer dans l'essence de la feuille ; en outre, n'étant plus contenu dans une enveloppe bien close, il s'échappe facilement, grâce à sa volatilité. On est alors en présence d'une marchandise qui ne vaut guère plus que le tiers du prix payé.

Ce défaut dans la conservation du thé est commun à la presque généralité des marchands de France. Les soins qu'ils apportent à cette conservation ne sont pas suffisants, ils sont à peu près nuls quand ils ne sont pas nuisibles. Les thés peuvent devenir néfastes dans la consommation par suite de promiscuité de produits ayant une odeur qu'ils s'approprient. Ajoutons à cela l'ignorance et l'insuffisance des données sur la confection d'une infusion, et ne nous étonnons plus si, après avoir payé une marchandise un prix très élevé, nous ne lui trouvons pas un goût de nature à nous la faire aimer.

Il faut espérer cependant qu'avec le temps, avant peu même, souhaitons le, tous les préjugés que l'on a en France sur le thé disparaîtront, au fur et à mesure que le produit entrera davantage dans la consommation. Le plaisir de déguster une excellente tasse de thé nous décidera, il faut le croire, à l'entourer de tous les soins qu'il mérite, comme font, en gens pratiques, les Anglais, que cette boisson intéresse au plus haut point.

Il est encore une opinion, en France, qui manque de fondement, et contre laquelle il serait bon de réagir. On croit assez souvent que les thés sont additionnés d'autres feuilles provenant de plantes étrangères au thé, cela parce que certaines marchandises sont offertes à des prix qui paraissent bas, par rapport à ceux normalement pratiqués. Eh bien non ; cela n'est pas, nous n'hésitons pas à le dire, cela est même impossible. Nous parlons ici, bien entendu, des thés vendus en entrepôt de douane, ne voulant pas nous porter garant des tripotages que pourraient faire en magasin des commerçants peu scrupuleux à l'égard de leur clientèle.

Nous disons que cela est matériellement impossible, en voici les raisons : les sortes destinées à composer les thés bon marché ne passent pas par la filière des opérations que nous avons indiquées. Les frais nécessités par ces manipulations sont trop élevés et une marchandise si pauvre ne saurait les supporter. En outre ce sont des thés agrestes, sauvages, venus sans culture et sans soins, que l'on cueille sans précaution et auxquels, par une préparation sommaire, on donne à peu près l'apparence des autres. Or le coût de cette feuille est nul, ou pour ainsi dire nul. Quel avantage aurait-on, en conséquence, à lui substituer la feuille d'un arbre ou d'un arbuste quelconque autre que le thé, puisque le coût serait identiquement le même, c'est-à-dire aussi nul l'un que l'autre ? Ne faudrait-il pas, en outre, consacrer plus de temps pour donner à une feuille étrangère l'apparence voulue ou rechercher une feuille apparemment semblable à celle qu'elle doit remplacer ?

C'est donc là une crainte puérile, qui ne saurait plus longtemps subsister et qu'aucune personne ne peut garder sans être taxée d'ignorance dans la partie, ou de parti pris si elle la connaît ; nous pourrions, dans ce dernier cas, rechercher et, nous découvririons sûrement, au grand désavantage d'un tel contradicteur, les mobiles qui le feraient ainsi parler. Nous avons donné plus haut, en ce qui concerne la falsification, les ingrédients et les moyens employés. La fraude existe évidemment, mais elle ne se produit jamais que sur des feuilles de thé vrai. Il n'en existe pas d'autres, et tout ce qui pourrait être dit contrairement à cela doit être d'ores et déjà considéré comme suspect.

A Ceylan, le procédé de fabrication du thé paraît très différent de ce qu'il est en Chine, cependant il est essentiellement le même, avec cette différence que la torréfaction est remplacée par une flétrissure prolongée des feuilles à l'air libre. M. V. Boutilly a donné, à ce sujet, des renseignements circonstanciés que nous allons résumer.

A mesure qu'elles sont apportées à l'usine, les feuilles sont répandues en couche mince sur des claies en toile, où elles restent exposées à l'air pendant une durée qui varie de quinze heures, si l'air est sec, à deux ou trois jours, si l'air est humide, ou si les feuilles ont été mouillées par la pluie. Le grenier à flétrir les feuilles doit être couvert, spacieux, bien éclairé et aéré. Il faut pouvoir à volonté ouvrir toutes les parois pour donner de l'air.

Les claies où les feuilles sont déposées sont en toile de jute grossière, longues de 4 mètres, et superposées, avec un écartement de $0^m,15$.

On commence toujours l'épandage des feuilles par la toile inférieure, qu'on déroule la première, puis par les toiles suivantes. Le travail est toujours confié à des femmes, car il faut une main légère et adroite pour jeter rapidement les feuilles sur la toile et les répandre également en couche mince de l'épaisseur d'une feuille ou deux au plus, afin que l'air puisse bien circuler partout. Toute fermentation doit être évitée.

Déjà, lorsque les feuilles apportées de la plantation et mises en tas sur le plancher du grenier doivent attendre plus de dix minutes avant d'être épandues, il est nécessaire de remuer ces tas à la main de temps en temps pour éviter qu'elles ne fermentent.

Sur la toile à flétrir, les feuilles deviennent brunes, gluantes, sans odeur et souples comme « une vieille peau de gant ». A ce moment, les ouvrières les font tomber sur le plancher, en commençant par la claie supérieure et en enroulant les toiles au fur et à mesure qu'elles sont vidées. Les feuilles sont immédiatement portées à la salle des machines, dans des paniers à anse pouvant contenir dix livres, et soumises au roulage.

Les machines employées à cette opération sont de types variés, mais elles ont toutes pour principe d'imprimer à une masse de feuilles déterminée un mouvement circulaire, retardé sur certains points, ce qui oblige cette masse à se replier constamment sur elle même et force les feuilles à s'enrouler individuellement. C'est absolument l'imitation, en grand, de l'opération effectuée par les deux mains du Chinois, étendues à plat et roulant entre elles la boule de feuilles par un double mouvement circulaire.

Ce mouvement peut être obtenu à l'aide d'axes coudés, formant manivelle ; cette manivelle entraîne dans son mouvement circulaire une boîte sans fond en cuivre, qui glisse sur une table fixe. La masse de feuilles introduites dans la boîte est comprimée par des poids qui suivent avec elle le mouvement de la boîte, et est retardée dans ce mouvement par le frottement de celle-ci sur la table fixe, de sorte que la masse est obligée de se replier constamment sur elle-même.

Un autre système consiste à donner à la boîte sans fond qui sert de récipient aux feuilles un mouvement de va et-vient rectiligne dans un sens, tandis que la table sur laquelle elle glisse se meut également d'un mouvement rectiligne de va-et-vient, mais dans un sens perpendiculaire au premier. Ces deux mouvements sont combinés de manière que le mouvement relatif de la boîte soit à peu près en définitive un mouvement circulaire, comme précédemment.

On sépare ensuite les feuilles au moyen de tamis. Elles doivent alors n'être ni vertes, ni rouges, mais avoir une couleur franchement cuivrée, un peu foncée, avec une odeur fine et agréable, être fraîches à la main et toujours gluantes.

Puis on les met dans des étuves sèches ou « siroccos », plus ou moins compliquées, que l'on chauffe au bois. L'opération de la dessiccation du thé, qui s'opère au voisinage de 100°, est délicate et demande une surveillance méticuleuse et une grande habitude, car si le thé garde quelque humidité il ne se conservera pas, et, d'un autre côté, s'il est trop desséché, il est ce qu'on appelle « brûlé » ; c'est-à-dire en partie décomposé par la chaleur, ce qui donne à la liqueur une couleur foncée et boueuse et un goût de pourriture

C'est au sortir même du sirocco qu'on pèse le thé fabriqué par l'équipe d'ouvriers, pour avoir un poids exact, car, en refroidissant à l'air, il reprend 4 pour 100 de son poids d'eau. On réunit sur le plateau d'une balance les grandes feuilles et les petites, sans les mêler pourtant et l'on note le poids total.

Puis on prélève un échantillon sur chacune de ces catégories, on l'infuse et on goûte. Il est de règle pour cette dégustation d'employer de l'eau de source, qu'on verse bouillante dans des tasses à couvercle, d'une capacité de 18 à 20 centilitres, renfermant exactement 2^{gr},835 de thé sec. On laisse infuser cinq minutes, montre en main, ou plutôt sablier en main, après quoi l'on verse le liquide dans une autre tasse de forme ordinaire. Les feuilles de thé qui sont restées dans le fond de la première tasse sont retirées et mises dans le couvercle qu'on retourne et qu'on pose sens dessus dessous sur la tasse. On laisse les feuilles s'égoutter ainsi, et on recueille avec soin, pour les réunir au thé déjà infusé, les quelques gouttes qui s'en écoulent et qui sont les plus parfumées. Alors le dégustateur examine avec soin les feuilles restées dans la première tasse, constate la couleur du liquide, flaire et goûte le breuvage. Le bon thé doit avoir un arome rappelant le miel et un léger goût de créosote. La liqueur doit être transparente, assez foncée, et le ménisque en contact avec la porcelaine de la tasse, former une couronne dorée. Si le thé a un goût de feuilles décomposées, c'est qu'il est « brûlé », c'est-à-dire trop desséché. S'il est âcre et amer, c'est que la flétrissure n'est pas suffisante. Les feuilles restées dans les couvercles sont alors examinées à leur tour. Elles doivent être d'une franche couleur cuivrée. Si elles sont de couleur verdâtre foncé, c'est qu'elles ont été trop flétries. Si elles sont vert clair, c'est qu'elles ont trop fermenté.

Dès que les échantillons destinés à la dégustation ont été pris dans les grandes feuilles et dans les petites, ces deux catégories qui ont été manipulées séparément sont mélangées et mises dans des caisses ouvertes jusqu'au lendemain, moment où elles doivent être définitivement triées et classées. Le triage se fait à l'aide de tamis en toile métallique maniés soit à la main, soit mécaniquement. Dans le premier cas, le tamis est de forme circulaire et posé sur une caisse de 6 pieds de long sur 2 de large, ouverte par le haut. Il glisse sur deux rebords horizontaux fixés aux parois intérieures de la caisse. L'ouvrier se tient debout ou assis à l'une des extrémités et imprime au tamis un mouvement de va-et-vient saccadé. Lorsque les tamis sont mus mécaniquement, ils sont rectangulaires de 1^m,50 sur 1 mètre, légèrement inclinés et superposés les uns aux autres, au-dessus d'une caisse. Le mouvement de va-et-vient leur est communiqué par une bielle reliée à un axe coudé, mis lui-même en mouvement par une manivelle ou par une poulie.

L'écartement d'axe en axe des mailles du tamis est indiqué par une fraction de pouce anglais (1/4, 1/8, 1/10, 1/20), et le numéro du tamis n'est autre chose que la dénomination de cette fraction. Le thé passe d'abord au tamis n° 8. Celui qui n'a pu traverser les mailles est mis de côté pour être repris plus tard. Celui qui a traversé est porté au tamis n° 10 ; le thé qui passe forme le *broken-pekoe* ou *orange pekoe*, qui est la première qualité marchande. Ce qui reste dans ce tamis n° 10 est le *pekoe*, deuxième qualité marchande. On reprend alors le thé restant du premier tamisage et on le repasse dans le même tamis n° 8 en le broyant légèrement à la main. Ce qui passe est porté au tamis n° 10 et donne du *pekoe*, s'il traverse, et du *pekoe souchong* (troisième qualité marchande), s'il ne traverse pas. Enfin le thé qui n'a pas passé au n° 8 dans le second tamisage est broyé à la main et donne la qualité inférieure dite *broken-mixed*. Souvent on repasse encore séparément ces thés au tamis pour être sûr de leur bonne qualité : le *broken pekoe* au n° 10 (ce qui reste dans le tamis est rendu au *pekoe*) ; le *pekoe* au n° 8 (ce qui reste est rendu au *pekoe souchong*). Le *pekoe souchong* est remis au n° 8 et broyé à la main jusqu'à ce que tout traverse.

Alors tous ces thés sont passés séparément au tamis n° 20, très fin, où ils sont simplement débarrassés de leur poussière. Cette poussière noire, très menue, appelée *dust*, est vendue dans le pays à très bon marché (0^{fr},40 la livre au détail). On appelle *feuilles rouges* les feuilles dures et rigides dont les fibres n'ont pas été brisées par le roulage. Elles restent généralement dans le tamis n° 8 après le premier tamisage. Des femmes les enlèvent alors à la main et les mettent à part. Ces « feuilles rouges » sont broyées à la main et passées de force à travers le tamis n° 8 ; elles forment alors une nouvelle catégorie de rebut, appelée *red-leaf*, qui est vendue dans le pays 0^{fr},25 la livre.

Le thé, après son classement en trois catégories, est mis dans trois grandes caisses doublées de zinc et hermétiquement closes par un couvercle également doublé de zinc. Chaque caisse peut contenir 1 000 à 1 500 livres de thé. Lorsqu'une caisse est pleine, on procède à l'emballage. Pour cela, on étend des draps propres par terre, à côté de la caisse, on y dépose le thé en tas et on le mélange très intimement à la main. On le transporte ensuite par petites quantités au sirocco, chauffé à 65°, où il reste cinq minutes, étendu sur des châssis métalliques à l'épaisseur d'un demi-millimètre. On comprend que cette opération a pour but d'enlever toute trace d'humidité au thé avant qu'il soit emballé définitivement.

On a soin, en même temps, de prélever un échantillon sur chaque châssis. Quand tout le thé aura passé au sirocco, on mélangera intimement tous ces échantillons, ce qui donnera l'échantillon moyen de ce stock.

Après le séchage à l'étuve, les thés sont rapportés sur les draps, où on les laisse refroidir. Quand ils ont atteint la température de l'air, on les emballe définitivement dans des caisses en bois, doublées de feuilles métalliques, ayant la forme d'un cube parfait de 0^m,40 de côté. Ces boîtes sont achetées au commerce toutes préparées. Les unes viennent de Colombo, et sont en bois de jacquier ou de manguier. Mais les meilleures viennent du Japon et sont en bois de mouni.

Le café.

Le café (fig. 149), qui fait aujourd'hui la fortune de tant de pays chauds, n'a été introduit en Europe que vers 1560, époque où un Grec réussit à le faire adopter à Londres. Ce n'est qu'un certain nombre d'années après qu'il fut introduit en France, d'abord à titre de curiosité. La vogue s'y mit bientôt, mais on croyait généralement qu'elle ne durerait pas ; on connaît à ce propos le mot de

Mme de Sévigné : « Racine passera comme le café. » Ni l'un ni l'autre n'ont disparu ; aujourd'hui, en France du moins, presque tout le monde prend une tasse de café après son déjeuner ; c'est devenu un véritable besoin, auquel il est bien difficile de se soustraire.

Le café est surtout produit par le *coffea arabica*. C'est un arbuste ou un petit arbre que l'on ne saurait mieux comparer par son port qu'à un cerisier. Les feuilles sont elliptiques et d'un vert brillant ; elles subsistent en toutes saisons. Les branches, longues et flexibles, portent, à l'aisselle des feuilles, des glomérules de 3 à 7 fleurs ; celles-ci répandent une odeur pénétrante et ressemblent assez bien à celles du jasmin d'Espagne. Le fruit, rouge jaunâtre, plus rarement jaune, est une baie charnue, une véritable cerise, mais contenant à l'intérieur

Fig. 149. — Caféier (branche, fleur et fruit coupé en travers).

trois ou plus souvent deux graines présentant un sillon longitudinal et qui ne sont autres que les « grains de café ». La membrane parcheminée qui enveloppe immédiatement les loges des grains s'appelle la « parche ».

Le caféier de Libéria diffère sensiblement du caféier d'Arabie. C'est un véritable arbre pouvant atteindre dix mètres de hauteur. Les fleurs ont de 6 à 8 lobes à la corolle au lieu de 5. Sa croissance est plus rapide que celle du caféier d'Arabie : à vingt-huit mois il donne déjà des fruits. Ceux-ci présentent le grand avantage de rester solidement attachés aux branches : la récolte demande ainsi moins de main-d'œuvre. Il est aussi très résistant aux parasites.

La récolte (fig. 150) se fait en plusieurs fois, tous les fruits n'étant pas mûrs en même temps : on ne recueille que les baies ayant acquis une couleur rouge foncé et se montrant tendres au toucher.

Au Brésil, d'après Van Delden, la récolte se fait de deux façons différentes :

da terra ou *da lençol*. La première méthode est la plus généralement suivie. On attribue à un groupe d'ouvriers une surface déterminée de la plantation où la récolte doit être pratiquée, ou bien seulement un certain nombre de rangées de caféiers. Ils parcourent alors la plantation, les uns à la suite des autres, saisissant les branches entre leurs mains et les dépouillant de leurs feuilles et de leurs fruits, en faisant glisser la main de la base des branches à leur extrémité. Feuilles et fruits tombent ainsi sur la terre, débarrassée au préalable des mauvaises herbes qui l'envahissaient. Quand les ouvriers ont ainsi dépouillé les arbres d'une rangée ou d'une surface déterminée, on s'occupe de rassembler tout ce qui est tombé e l'on en fait un premier triage à l'aide d'un crible qui laisse passer les fruits, l terre, quelques feuilles et quelques petits rameaux, mais qui retient les plu

Fig. 150. — Récolte du café.

grosses branches et les plus grandes feuilles. Le produit ainsi trié est jeté dan des paniers, à l'aide desquels on transporte le café sur des charrettes.

Dans la zone de Santos, on préfère la récolte *da lençol* ou à la toile. De ouvriers étalent une toile entre chaque rangée de caféiers et ensuite dépouillen les branches tournées du côté de la toile, sur laquelle tombent ainsi le caf les feuilles et les rameaux, dès lors plus facilement rassemblés et tamisés. C'es cette méthode qui se rapproche le plus de celle qui est suivie par les Arabe de l'Yémen; elle en diffère cependant d'une façon notable, car les Arabes n récoltent que les fruits très mûrs tombant d'eux-mêmes quand on secou l'arbuste.

Actuellement, la main-d'œuvre étant le principal obstacle au développement de cultures, on revient presque partout, au Brésil, à la récolte *da terra*; on compens d'ailleurs l'insuffisance de ce procédé par une préparation ultérieure plus soigné

La cueillette proprement dite est absolument nécessaire quand il s'agit de plantations de caféiers de Libéria, dont les fruits sont plus solidement attachés aux branches que chez les caféiers d'Arabie et ne tombent jamais à la maturité. De plus, les arbres atteignent souvent une taille trop élevée pour que la cueillette directe soit possible. On se sert alors d'échelles en bambou, qu'on transporte de caféier en caféier, et l'ouvrier attire à lui les branches les plus éloignées à l'aide d'une sorte de crochet emmanché à l'extrémité d'une baguette légère.

A Java, les ouvriers chargés de la récolte des fruits portent devant eux un panier suspendu à leur cou ; chaque fois que ce panier est plein, ils vont le vider dans un autre plus grand contenant environ un picul (¹), et pour chaque picul livré, l'ouvrier reçoit du contremaître un jeton de fer-blanc. Dans les plantations de caféiers de Libéria qui se trouvent actuellement à Java, on laisse les enfants grimper dans les arbres, mais c'est là une pratique peu recommandable, car, en grimpant, ils arrachent de nombreux rameaux. (H. Lecomte.)

Un hectare de caféiers d'Arabie fournit environ mille kilogrammes de café.

Les baies une fois récoltées, il s'agit d'en extraire les graines. Les procédés diffèrent suivant les localités ; nous en empruntons les principaux traits à M. H. Lecomte.

En Arabie, on a employé pendant longtemps des meules assez analogues à celles qui servent en Égypte à concasser les fèves destinées à la nourriture des bestiaux.

Aux Antilles, on emploie encore, pour séparer les graines, un ancien procédé très primitif, dit « procédé des Antilles ». La plus grande partie du café du Brésil était, il y a peu d'années, préparée par ce moyen. Le café en cerises est tout d'abord dépulpé en le faisant passer sur un cylindre de bois recouvert de cuivre, dont la surface piquée au poinçon forme une véritable râpe. Les cerises sont versées dans une trémie au-dessus du cylindre ; un ouvrier règle leur arrivée et les presse contre la surface rugueuse en mouvement, qui déchire peu à peu la pulpe. Une barre de bois, placée à une certaine distance du cylindre, ne laisse passer que les grains dépulpés. Cette opération est facilitée par un filet d'eau qu'on fait arriver en même temps que les cerises dans la trémie. Les grains sont ensuite lavés dans une auge pour les débarrasser de la pulpe qui y reste encore adhérente. La dessiccation des grains, après lavage, se fait soit sur des aires planes, maçonnées, soit dans des magasins ou *boucans*, très étroits, et dont les deux faces principales regardent l'une le couchant, l'autre le levant, pour emmagasiner le plus de chaleur possible ; enfin, on se sert aussi de caisses peu profondes, ressemblant à des tiroirs, qu'on expose au soleil pendant le jour et qu'on s'empresse de rentrer à la nuit ou quand la pluie menace de tomber. On peut rencontrer de telles installations à la Guadeloupe : les tiroirs y sont disposés sur des rails et peuvent être ainsi déplacés très facilement. Le café obtenu par

(¹) Le picul vaut 61ᵏᵍ,689

ce procédé est encore revêtu de son enveloppe parcheminée ; on le désigne sous le nom de « café en parche ». Le *bonifiage* consiste à lui enlever cette parche et en même temps la légère pellicule qui recouvre directement chaque grain. On se sert pour cela de batteries de pilons en fonte ou en bois de gaïac disposées de telle façon que les pilons n'arrivent jamais en contact avec le fond des auges. Si ce contact s'établissait les grains seraient écrasés et le but poursuivi, dépassé. Il ne reste plus ensuite qu'à vanner.

Actuellement, on prépare le café suivant deux méthodes : 1° la méthode ordinaire ou par voie sèche, qui consiste surtout à faire sécher les fruits entiers avant d'en extraire les graines ; 2° la méthode par voie humide ou méthode des Indes occidentales, dans laquelle on débarrasse immédiatement la cerise de sa pulpe par une première opération ; le café en parche, ainsi obtenu, est ensuite soumis à la dessiccation ; enfin, dans une dernière opération, il est extrait de la parche, poli et vanné.

La méthode par voie sèche semble fournir des produits de qualité supérieure. Dans un grand nombre de plantations, on rassemble d'abord le café en tas assez élevés pendant trois à quatre jours jusqu'au moment où une fermentation spontanée commence à se produire. Quel que soit le moyen employé pour dessécher les fruits, il est clair que ce résultat est plus long à atteindre que pour le café en parche. Si l'opération se fait à l'air, sous l'influence de la chaleur solaire, il est bon de limiter l'épaisseur des couches de fruits à quelques centimètres. Le café ainsi exposé au soleil noircit bientôt ; puis il perd son eau ; la surface des fruits se plisse et enfin on obtient une dessiccation complète ; il appartient au planteur d'apprécier par la pratique le degré de dessiccation auquel il faut porter le café pour en assurer la conservation. En général, la pulpe et la parche desséchées doivent se briser facilement sous la pression des doigts. On peut prendre une poignée de fruits qu'on secoue près de l'oreille ; si la dessiccation est arrivée au degré voulu, on doit entendre les graines remuer dans leur enveloppe. Le café d'Arabie ainsi traité donne un produit excellent qui conserve parfaitement ses qualités naturelles et sa couleur. Quant au café de Libéria, ses fruits ont une pulpe trop difficile à dessécher et l'on ne peut guère les traiter que par la méthode des Indes occidentales. Les fruits desséchés sont ensuite portés aux décortiqueurs et aux appareils de polissage, comme cela a lieu dans la méthode par voie humide.

Dans cette méthode, la première opération étant le dépulpage des fruits, il s'agit d'abord d'amener la récolte à l'usine sans dessiccation préalable qui gênerait l'enlèvement de la pulpe. Pour cela, les fruits récoltés sont versés dans une grande citerne pleine d'eau d'où part un canal aboutissant à l'usine. Ce canal doit présenter une pente suffisante pour que le courant d'eau puisse entraîner les fruits. La récolte comprend des fruits très mûrs plus ou moins secs, des cerises à point ayant atteint la couleur rouge, des cerises insuffisamment mûres et restées vertes, des feuilles, des rameaux, des pierres ; etc. Les branches, les feuilles, les fruits mal formés montent à la surface et l'on peut facilement les enlever en installant sur le cours du canal un grillage vertical plongeant de quelques centimètres dans l'eau. Quant aux pierres, il importe de ne pas les laisser arriver dans les machines, car elles en détérioreraient les organes. Il suffit, pour les arrêter, de creuser dans le lit du canal une ou deux excavations de trente centimètres environ de profondeur ; les pierres s'y rassembleront en raison de leur poids, pendant que les fruits seront entraînés par le courant d'eau.

Les machines dont on se sert pour enlever la pulpe des fruits triés sont appelées *dépulpeurs*. L'opération est pratiquée tantôt par un cylindre couvert d'aspérités, tantôt par des disques tournant parallèlement en sens contraire.

Le café dépulpé est ensuite entraîné dans les bassins de fermentation et de lavage. Comme cette fermentation dure de 2 à 3 jours, on a tout intérêt à construire deux ou trois bassins afin de pouvoir sans discontinuer poursuivre le travail du dépulpage. Le café dépulpé dans une journée est jeté dans celui des deux ou trois bassins de fermentation qui se trouve libre à ce moment. On le recouvre d'eau qu'on laisse ensuite s'écouler par des vannes percées de trous. La fermentation exige 40 ou 60 heures suivant le climat. On peut donc commencer le lavage dans la matinée du deuxième ou troisième jour après le dépulpage. Il en résulte que les bassins se trouvent libres les uns après les autres. La fermentation du café de Libéria est plus longue que celle du café d'Arabie.

Quand la fermentation est terminée dans l'un des bassins, on ouvre la porte de communication avec le bassin de lavage et le courant produit par la différence de niveau entraîne le café. Quand le bassin de lavage contient une couche de café d'environ vingt-cinq centimètres de hauteur, on ferme la vanne de communication et on laisse encore venir de l'eau, de façon à en recouvrir le café d'une couche de 10 à 15 centimètres. Puis, des travailleurs entrent dans le bassin armés de râteaux de bois et remuent le café. L'eau devient bientôt mucilagineuse, car la pulpe qui restait adhérente et qui a été désorganisée par la fermentation se dissout dans l'eau ; on renouvelle alors l'eau du bassin de lavage et l'on recommence cette opération trois ou quatre fois, jusqu'au moment où le café ne cède presque plus rien à l'eau. Dans beaucoup de nouvelles plantations, le café n'est pas agité dans le bassin de lavage à main d'hommes, mais par un mécanisme spécial : ces bassins sont circulaires ; au milieu se dresse un arbre vertical qui porte des palettes destinées à remuer le café dans l'eau.

La dessiccation du café, qui suit le lavage, est sans contredit l'une des opérations les plus importantes, et le planteur doit y donner tous ses soins, car le café mal séché s'altère très rapidement au grand détriment de sa valeur marchande. Dans les petites plantations, on se contente de le faire sécher au soleil sur des aires en terre battue ; parfois même, on étale sur le sol des nattes de coco avant d'y apporter le café, et c'est là certainement une précaution qui n'est pas inutile, surtout quand le sol n'est pas suffisamment argileux pour former une aire un peu dure. Dans les nouvelles plantations, on ne se contente plus de ces aires primitives ; on construit des terrasses carrelées et cimentées, entourées par des murs de trente centimètres de hauteur. Elles sont un peu surélevées en leur milieu et sur le pourtour se trouve une petite rigole couverte d'un treillis, pour l'écoulement des eaux de pluie. Le café est répandu sur le sol de ces terrasses de façon à former une couche de la largeur de la main. La durée de la dessiccation est très variable ; parfois elle dure quelques jours seulement ; tantôt elle exige plusieurs semaines. Il faut, autant que possible, éviter de laisser les graines exposées à la pluie. Il faut aussi éviter une température trop élevée qui ferait éclater la parche ; dans ce cas, le grain se décolore et perd une partie de sa valeur. L'instabilité des saisons qui caractérise certaines régions tropicales rend parfois l'opération du séchage longue et dispendieuse ; aussi a-t-on songé à lui substituer le séchage dans des appareils spéciaux, à la chaleur artificielle.

Le café préparé par la voie humide, comme nous venons de l'indiquer, est le *café en parche* ; pour être livré à la consommation, il doit être débarrassé de sa parche *(décortication)* et de sa pellicule argentée *(polissage)*. Les deux opérations se font généralement en même temps et elles sont obtenues par les mêmes appareils. L'un des appareils les plus anciennement connus consiste en une auge circulaire au milieu de laquelle se dresse un axe vertical. Sur cet axe est fixé un arbre horizontal dont les extrémités portent des roues assez lourdes. L'appareil est disposé de façon à ne jamais permettre le contact entre ces roues et le fond de l'auge, ce qui amènerait l'écrasement des grains. Les machines que l'on emploie de préférence aujourd'hui consistent essentiellement en un cylindre en fonte dure présentant à sa surface des rainures disposées en hélice. Autour de ce cylindre, qui peut être mis en mouvement par une manivelle et par l'intermédiaire d'un système d'engrenages, se trouve une enveloppe de forme cylindrique dont toute la partie supérieure est cannelée et dont la partie inférieure porte une sorte de grillage en fer pouvant laisser passer les débris de parche, mais dont les ouvertures sont insuffisantes pour être traversées par les grains de café. Le café en parche est introduit à une extrémité par une trémie ; il sort décortiqué à l'autre bout de l'appareil. Les débris de la coque tombent sous le décortiqueur par les trous du grillage. Dans les machines les plus complètes, il y a un appareil de ventilation pour entraîner les débris légers.

* *

Peu de produits alimentaires ont autant de succédanés que le café, ce qui n'est pas étonnant, étant donné son prix élevé et son goût délicieux ; la plupart d'ailleurs ne reproduisent qu'imparfaitement son arome délicat. Mais la couleur y est et l'imagination fait le reste...

A part la chicorée, que tout le monde connaît et dont l'emploi est très répandu, on a essayé, pour remplacer le café, une multitude de substances dont l'énumération se passe de commentaires : les graines des céréales (avoine, orge, riz, blé, seigle, maïs), seules ou imprégnées de bière, de rhum ou d'eau de-vie, les marrons, les châtaignes, les fèves, les pois, les haricots, le sarrasin, les carottes, les graines du buis, du dattier, de l'amandier, le souchet comestible, l'arachide, le grateron, la fougère mâle, l'iris faux-acore, le houx, le genêt d'Espagne, les figues, et même les œufs de morue, mêlés à la peau de cet intéressant poisson.

Tous les produits que nous venons de citer ne sont plus guère employés — comme les châtaignes et le sarrasin, — ou ne sont plus que d'un usage très restreint — comme la figue et le malt de céréales. D'autres sont plus importants et quelques détails sur eux ne seront pas inutiles.

On fait un café assez présentable avec les glands doux fournis par le chêne d'Espagne, fruits que, d'ailleurs, on mange en Espagne, en Portugal et en Corse. À défaut de glands doux, on emploie les glands du chêne ordinaire, que l'on enterre pendant quelque temps pour en faire disparaître l'amertume. Pour obtenir une tasse de ce café, il faut 15 grammes de glands doux torréfiés et moulus.

Dans le midi de l'Europe, dans le bas Languedoc et à Montpellier notamment, on emploie au même usage les graines du pois chiche que l'on torréfie jusqu'à ce qu'elles prennent la teinte dite « aile de hanneton ». La décoction n'en est peut-être pas très bonne, mais elle est inoffensive.

En Angleterre, on utilise de la même façon la graine de l'astragale boëtique. Dans plusieurs parties de la France, on s'adresse au lupin à feuilles étroites, dont les graines, par la torréfaction, acquièrent un arome très agréable, qui en fait un des meilleurs succédanés du café. Le *gœrnera vaginata*, arbre de la Réunion, produit des sortes de grains de café qui donnent également une boisson rappelant le café ordinaire ; mais, de même que dans la plupart des succédanés du café, il n'y a pas trace de caféine

Le « café nègre » est fourni par le *cassia occidentalis*, arbrisseau de la famille des légumineuses. « Cette plante, dit M. H. Lecomte, croît dans les régions chaudes de l'Asie, de l'Amérique et de l'Afrique. Elle répand, partout où on la rencontre, une odeur très désagréable qui justifie le nom qu'on lui a donné d'*herbe puante* ou de *bois puant*, et qui en fait connaître de loin la présence. Le café nègre, préconisé par M. Bélanger, figurait déjà à l'Exposition universelle de 1855, au nombre des produits de la Guadeloupe, et, dans la notice accompagnant ces produits, on lit, sous la signature du Dr Desbonne : « Les graines sont « recueillies et torréfiées ; on en prépare, après les avoir réduites en poudre, une « infusion caféiforme fort agréable. Cette infusion pourrait, en certaines occa-« sions, être succédanée de celle du café, et est, certes, plus agréable que le « café de chicorée. » Malgré tout le bruit que l'on crut devoir faire, à un moment donné, autour de cette substance, l'emploi en a toujours été très restreint, et d'ailleurs, au début, le prix de revient était beaucoup trop élevé. L'analyse des graines, effectuée par M. Clouët, a donné les résultats suivants : pour 100 parties, matières grasses, 4,945 ; acide tannique, 0,9 ; acide malique, 0,06 ; acide chrysophanique, 0,915 ; sucre, 2,100 ; matière colorée particulière (achrosine), 13,580 ; gomme, 28,8 ; amidon, 2 ; cellulose, 34 ; eau, 7,02 ; matières fixes (sels), 5,680. Par la torréfaction du café nègre, il se développe, comme d'ailleurs dans celle du café véritable, aux dépens du sucre, une matière brune qui est un véritable caramel et il se dégage une odeur rappelant tout à fait celle du café que l'on brûle. Il est probable que le café nègre pourrait être employé au même titre que la chicorée. »

Un autre succédané intéressant du café est le gombo ou ketmie comestible qui se présente sous la forme de fruits secs longs de 0ᵐ,07, que l'on voit souvent chez les marchands de produits exotiques. « J'ai bu, en Orient, dit M. Léon Rattier, l'infusion des semences de la ketmie, bien souvent préparée avec plus que de la négligence, et toujours elle m'a paru une très agréable boisson, offrant une supériorité marquée sur les qualités inférieures du café, et quelquefois égalant presque le moka. Mais, pour obtenir ce résultat, il faut employer des semences bien choisies, arrivées à parfaite maturité et torréfiées avec beaucoup de soin. Le procédé qui m'a le mieux réussi consiste à renfermer les graines dans un brûloir à café et à chauffer pendant tout le temps que la crépitation se fait entendre. Dès qu'elle cesse, il faut les étendre sur une table de marbre ou sur tout autre objet qui puisse les refroidir avec rapidité. On pile et l'on passe au filtre. J'ai essayé de ne pousser la torréfaction que jusqu'à un degré suffisant pour colorer en noisette clair l'intérieur de la graine : alors la fécule qu'elle contient demeure soluble. Après l'avoir réduite en poudre fine et passée au tamis, on la mêle avec du lait ou de l'eau sucrée ; si l'on procède alors comme lorsqu'on veut obtenir une bouillie de farine, on obtient un produit assez semblable au chocolat, très agréable au goût et conservant une bonne partie de l'arome spécial qui distingue la graine. »

Ne quittons pas cette intéressante plante sans rappeler qu'on peut l'utiliser à bien d'autres préparations culinaires, celle du *calalou* notamment. Voici quelques recettes :

Recette de la Louisiane. — Mettez dans une casserole une assez grande quantité de saindoux. Quand celui-ci est bien chaud, jetez-y 500 grammes de poitrine de bœuf et 500 grammes de jambon ou de lard fumé, jusqu'à ce que l'un et l'autre soient bien revenus, bien dorés. Entre temps, épluchez une demi-livre de crevettes ; prenez-en les têtes et pilez-les dans une casserole, en mouillant avec de l'eau bouillante ; passez dans une passoire fine et ajoutez environ trois litres d'eau bouillante. Versez ce liquide sur la viande, en ajoutant en même temps des queues de crevettes et de homard, du sel, du poivre, du piment et un bouquet de persil, thym et laurier. Au moment de servir, on jette environ 125 grammes de poudre de gombo.

Recette de la Martinique. — Faites revenir 250 grammes de jambon. Ajoutez au bouillon 250 grammes de gombo coupé, six crabes dépourvus de leur carapace, de l'oseille, des épinards, du sel, du poivre et un peu de piment. Ajoutez un peu de beurre et mélangez bien le tout ensemble. Faites cuire assez longtemps. Ce plat se mange tel quel ou avec du riz cuit à l'eau, salé et égoutté.

Recette turque. — Faites cuire un quartier de mouton dans du saindoux, puis coupez-le en morceaux et remettez-le dans la casserole. Ajoutez-y du gombo frais ; arrosez avec une sauce tomate aromatisée et du jus de citron. Laissez cuire pendant environ deux heures.

Le gombo est d'un usage journalier en Égypte, en Syrie, en Grèce, en Turquie, aux Indes, dans la Louisiane, aux Antilles et dans toute l'Amérique du Sud. Les fruits voyagent fort bien et arrivent en France en excellent état : à Paris, son usage commence à se répandre.

Le cacao.

Donnons maintenant quelques renseignements sur le cacao, bien que le chocolat soit une boisson plus nourrissante que rafraîchissante.

Le mot *theobroma* — arbre qui donne le cacao — signifie « mets des dieux », ce qui ne veut pas dire que les dieux de la mythologie en prenaient à leur petit déjeuner (ce qu'ils n'auraient pu faire par la raison bien simple qu'ils ne connaissaient pas le cacaoyer), mais parce que, de l'aveu général, c'est un mets délicieux autant par sa saveur que par son parfum. Les Mexicains, qui, les premiers, avaient reconnu et apprécié les propriétés du cacao, étaient aussi de cet avis. « Ils l'estimaient plus peut-être que toutes les autres productions naturelles de leur heureux climat et, par une sorte de sentiment de reconnaissance et de justice, lorsqu'ils eurent l'idée de créer une monnaie pour faciliter les échanges commerciaux, ils choisirent pour unité la graine même du cacaoyer. Suivant Herrera, les seigneurs et les vaillants guerriers avaient seuls le droit d'en faire usage. Les provinces fertiles acquittaient leur tribut à l'empereur en graines de cacao. Herrera dit que Montezuma en avait accumulé dans ses palais des amas considérables ; un de ces magasins, découvert par Fernand Cortez au moment de la conquête, en contenait plus de 40 000 *cargas* (le *cargas* était de 24 000 amandes). Les Espagnols et les Portugais furent les premiers initiés à l'usage du cacao ; mais pendant longtemps ils firent aux autres nations de l'ancien continent un mystère de cette découverte. Les Espagnols n'expédièrent d'abord en Europe que des pâtes toutes préparées et fort grossières qui ne pouvaient donner une juste idée de la valeur et des propriétés du cacao. Le P. Labat raconte même que les Européens étaient en général si peu instruits des usages de cette substance que les corsaires hollandais, ignorant la valeur des prises qu'ils en faisaient, jetaient de dépit toute cette marchandise à la mer et désignaient le cacao, par dérision, sous le nom de *cacura de carnero* (crottes de brebis). Mais l'usage du cacao se répandit rapidement en Espagne et des fabriques de chocolat y furent créées. Un Florentin nommé Antonio Carletti introduisit l'usage de cette substance en Italie ; il pénétra d'Espagne en France avec Anne d'Autriche, fille de Philippe II et épouse de Louis XIII. Vers la fin du xviiᵉ siècle les fabriques de chocolat se multiplièrent en France ; mais elles n'utilisaient guère en ce moment que des cacaos de qualité médiocre fournis par nos colonies. C'est seulement quand les fabricants se décidèrent à employer des cacaos de bonne qualité que les chocolats français purent acquérir la réputation qu'ils ont gardée. » (H. Lecomte.)

Le cacaoyer (fig. 151) est un petit arbre de 4 à 10 mètres de haut, avec des feuilles assez larges, ovales.

Les fleurs, assez insignifiantes d'aspect et un peu analogues à celles de notre lyciet, se trouvent, non sur les branches jeunes, comme cela est la coutume chez les végétaux, mais sur les vieilles branches et même sur le haut du tronc ; aussi, quand elles fructifient, est-on étonné de voir des fruits sur ce tronc où ils ressemblent plutôt à des *ex-voto* suspendus par quelques signes superstitieux.

Le fruit — désigné communément sous le nom de *cabosse* — ressemble un peu à un gros concombre à extrémité pointue. L'extérieur, assez dur, est marqué de six côtes longitudinales. L'intérieur est rempli par une pulpe molle légèrement rosée dans laquelle sont nichées les graines : cette pulpe est fondante, d'un agréable goût acidulé et les indigènes s'en délectent pour se rafraîchir. Les graines sont de la grosseur des noisettes ; leur intérieur, d'un rouge sombre, est le délicieux cacao.

Le cacaoyer est un arbre très délicat. Sa culture demande beaucoup de soins ; il faut notamment abriter les jeunes plants avec des bananiers. Plus tard, il faut aussi protéger les arbres adultes des ardeurs du soleil par l'ombrage de différents arbres.

Fig. 151. — Cacaoyer, avec ses « cabosses ».

En général, on peut faire deux récoltes par an ; par exemple, au Brésil, en juin et en février. « On peut procéder à la cueillette quand la cabosse a pris une teinte jaune bien caractérisée ; on la détache alors facilement avec une sorte de lame courte montée sur un long manche, ou avec une gaule fourchue ; mais il faut éviter d'arracher les fruits en tordant le pédoncule, ce qui a généralement pour résultat d'enlever un lambeau d'écorce. Il ne faut pas cueillir les cabosses avant maturité, car la présence de quelques grains encore verts nuit à la qualité de toute une récolte en lui communiquant une saveur amère, âcre, toujours désagréable, que la dessiccation n'atténue guère. Par contre, les fruits mûrs peuvent rester quelque temps sur l'arbre sans en souffrir. Pour une cacaoyère de quelque importance, il est bon de procéder à la récolte tous les jours. C'est à ce moment qu'on apprécie les avantages d'une plantation régulièrement disposée. Pour la cueillette on n'a qu'à suivre ligne par ligne sans être obligé d'aller au hasard, ce qui arriverait fatalement dans une plantation irrégulière, faite sans méthode; et l'on n'a pas à craindre d'oublier des fruits qui, autrement, seraient perdus pour le planteur.

« La récolte se fait à San Thomé dans les conditions suivantes : tous les jours, dans la partie de la propriété indiquée par le directeur, une équipe de travailleurs va procéder à la cueillette. Pour cela, ils se servent d'un instrument ressemblant un peu au croissant des élagueurs. Cet outil, qui se compose d'une petite lame recourbée et d'un manche de deux à trois mètres de longueur, est indispensable pour détacher les cabosses placées au sommet des branches. Les fruits ainsi cueillis jonchent le sol. Ils sont ensuite réunis en tas et ouverts par des femmes spécialement chargées de ce travail. Quand il ne pleut pas, l'ouverture des cabosses peut se faire dans la plantation même, au pied des arbres et les gousses sont abandonnées autour des cacaoyers en guise de fumure. Par les temps de pluie elles sont portées à un magasin où l'on procède à l'égrenage. Pour ouvrir les fruits, on se sert d'un couteau ou mieux d'un petit maillet ; ou bien encore, l'ouvrier tenant une pierre entre ses jambes frappe la cabosse sur cette pierre ; le fruit fendu est passé à un autre travailleur qui enlève les graines avec une spatule de bois ou une cuillère. Les graines sont ensuite étalées dans une aire dont le sol bien battu est recouvert de feuilles de bananier ou de balisier. » (H. Lecomte et Chalot.)

Pour enlever complètement la pellicule adhérente aux graines, il est nécessaire de soumettre celles-ci à la fermentation. A cet effet, on les empile dans des bacs d'une dizaine d'hectolitres et on les recouvre d'un couvercle supportant des pierres lourdes. La fermentation dure environ une semaine. Pour que la chaleur dégagée ne détériore pas les graines, il est nécessaire de les remuer à partir du troisième jour. On arrête l'opération lorsque l'extérieur des graines est devenu rouge brun et l'intérieur, jaune paille. On les fait alors sécher au soleil, puis on les trie et on les emmagasine. Là, il faut avoir soin de les préserver d'une mouche, bien nommée « friande à chocolat », qui cherche à les manger.

CHAPITRE XX

Les arbres à lait.

L'arbre, appelé *sandi (hura crepitans)* (fig. 152), a déjà honorablement figuré dans cet ouvrage à cause de son fruit explosif, connu sous le nom de *sablier*. Il mérite d'être cité à nouveau ici parce que sa sève est laiteuse et se laisse boire comme du lait. Paul Marcoy raconte ce qui suit à son sujet : « J'eus une envie irrésistible, dit-il, d'entailler le tronc d'un sandi et de faire couler sa sève. J'allai prendre dans la pirogue une hache et une calebasse, et je choisis le plus robuste des lactifères. L'arbre, frappé au cœur, gémit comme celui de la forêt du Tasse ; la sève apparut aux lèvres de sa blessure, en tomba goutte à goutte, puis, coulant bientôt sans interruption, s'épancha jusqu'à terre, où sa blancheur contrasta vivement avec le rouge brun du sol et le vert velouté des mousses. Un instant, je m'amusai de cette opposition de teintes ; puis j'appliquai ma calebasse au bord de la plaie du sandi et, recueillant sa sève lactée, j'en bus quelques gorgées.

« Ce lait gras, épais et d'une blancheur de céruse au sortir de l'arbre, jaunit promptement à l'air et se coagule au bout de quelques heures. D'abord, très sucré au goût, il ne tarde pas à laisser dans la bouche une saveur amère et désagréable. Les prétendus effets d'ivresse et de sommeil qu'on lui attribue n'ont jamais existé que dans l'imagination éprise du merveilleux. Plusieurs fois il nous est arrivé d'en boire, mais sans remarquer que notre cerveau fût surexcité, notre raison troublée, et que le besoin de dormir se fît sentir chez nous. Tout ce que nous pouvons dire de ce liquide, qui nous répugna toujours un peu, et dont nous ne bûmes jamais que pour expérimenter sur nous-mêmes les divers effets qu'on lui attribuait, c'est que sa viscosité singulière, comparable à une forte dissolution de gomme arabique, nous obligeait, chaque fois que nous en goûtions, à nous laver immédiatement à grande eau pour débarrasser nos lèvres d'une glu qui menaçait de les clore à jamais.

« Quant aux qualités nutritives de ce lait végétal, que la nature, comme la vache rousse du poète, dispense de ses généreuses mamelles aux indigènes du Vénézuéla, si l'on en croit de Humboldt et A. de Jussieu, nous ne pouvons que

féliciter les habitants de cette contrée d'avoir toujours à portée de leur bouche
un pareil aliment. Si les riverains de la plaine du Sacrement, moins civilisés que
les Vénézualanos, n'usent pas encore de ce lait pour fortifier leur estomac, ils
s'en servent depuis longtemps pour raccommoder leurs pirogues. A la sève liquide
du sandi ils mêlent du noir de fumée et obtiennent par le mélange de ces ingrédients et la coagulation une espèce de brai qu'ils emploient au calfatage de

FIG. 152. — Un arbre à lait (hura crepitans).

leurs embarcations. La pharmacopée locale, en reconnaissant au sandi des qualités très astringentes, lui a donné place dans son codex et l'administre avec
succès dans les cas de ténesme et de dysenterie. C'est en souvenir de la chose et
par égard pour les savants d'Europe et les apothicaires, que nous versâmes une
autre fois dans le creux d'un bambou pour le soumettre plus tard à leur analyse,
un demi-litre de ce lait végétal, lequel, entré dans le tube à l'état liquide, en
sortit quinze jours après à l'état solide, et pareil pour la couleur et la semi-
transparence à un bâton de colophane ou de sucre candi.

Au moment de tourner le dos au sandi blessé, dont la sève coulait toujours en abondance, je me sentis pris de pitié pour le malheureux végétal, et je bouchai sa plaie avec un peu de terre humide, en souhaitant tout bas qu'elle pût remplacer pour lui l'onguent de saint Fiacre dont se servent les jardiniers pour panser les blessures qu'ils font aux arbres. »

* *
*

Plusieurs autres arbres donnent du lait comme le précédent, mais le véritable « arbre à lait », dit aussi « arbre de la vache » (fig. 153) appartient à une autre espèce.

C'est le 1er mars 1800 que MM. de Humboldt et Bonpland eurent l'occasion de l'observer à la ferme de Barbula, dans leur expédition aux vallées d'Aragua.

« En revenant de Porto Cabello, nous nous arrêtâmes de nouveau à la plantation de Barbula. Nous avions entendu parler depuis plusieurs semaines d'un arbre dont le suc est un lait nourrissant. On l'appelle *palo de vaca*, et l'on nous assurait que les nègres de la ferme, qui boivent abondamment de ce lait végétal, le regardent comme un aliment salutaire.

« Tous les sucs laiteux des plantes étant âcres, amers et plus ou moins vénéneux, cette assertion nous parut très extraordinaire. L'expérience nous a prouvé qu'on ne nous avait point exagéré les vertus du *palo de vaca*. Lorsqu'on fait des incisions dans le tronc de cet arbre, il donne un lait gluant, assez épais, dépourvu de toute âcreté, et qui exhale une odeur de baume très agréable. On nous en présenta dans des calebasses ; nous en bûmes des quantités considérables, le soir avant de nous coucher et de grand matin, sans éprouver aucun effet nuisible. Seule la viscosité de ce lait le rend un peu désagréable. Les nègres et les gens libres qui travaillent dans les plantations le boivent en y trempant des gâteaux de maïs et de la cassave. Le majordome de la ferme nous assura que les esclaves engraissent sensiblement pendant la saison où le *palo de vaca* leur fournît le plus de lait.

« Parmi le grand nombre de phénomènes curieux qui se sont présentés à moi dans mon voyage, il y en a peu dont mon imagination ait été si vivement frappée que de l'aspect de l'arbre de la vache. Tout ce qui a rapport au lait, tout ce qui regarde les céréales, nous inspire un intérêt qui n'est pas uniquement celui de la connaissance physique des choses, mais qui se lie à un autre ordre d'idées et de sentiments. Nous avons de la peine à croire que l'espèce humaine puisse exister sans substances farineuses, sans le suc nourricier que renferme le sein de la mère et qui est approprié à la longue faiblesse de l'enfant. La matière farineuse se trouve non seulement répandue dans les graines, mais déposée dans beaucoup de racines, et même dispersée entre les fibres ligneuses de certains troncs. Quant au lait, nous sommes portés à le considérer comme exclusivement produit par l'organisation animale. Telles sont les impressions que nous avons reçues dès notre première enfance, telle est aussi la source de l'étonnement qui nous saisit à l'aspect de l'arbre dont nous parlons.

« Sur le flanc aride d'un rocher croît un arbre dont les feuilles sont sèches et coriaces ; ses grosses racines pénètrent à peine dans la terre. Pendant plusieurs mois de l'année pas une ondée n'arrose son feuillage ; les branches paraissent mortes et dénudées ; mais lorsqu'on perce le tronc, il en découle un lait doux et nourrissant. C'est au lever du soleil que la source végétale est la plus abondante

Fig. 153. — L'arbre de la vache.

On voit alors arriver de toutes parts les noirs et les indigènes munis de grandes jattes pour recevoir le lait, qui jaunit et s'épaissit à la surface. Les uns vident leurs jattes sous l'arbre, d'autres les portent à leurs enfants. On croit voir la famille d'un pâtre qui distribue le lait de son troupeau. »

L'arbre qui donne ce lait est une urticacée, le *brosimum galactodendrum*. Il croît dans l'Amérique tropicale et surtout au Vénézuéla. Le suc mélangé à du café ou du chocolat constitue un excellent déjeuner. Abandonné à lui-même, il donne une sorte de fromage que l'on peut conserver pendant une semaine. Voici sa composition :

Beurre.	35
Sucre.	3
Phosphate.	4
Eau.	58
	100

Il est donc presque identique à la crème.

*

Beaucoup de plantes de nos pays donnent une sorte de lait quand on les brise ; les plus connues sont les figuiers, les laitues sauvages, les souchets, les coquelicots, les euphorbes, la grande éclaire (dont le lait est jaune), etc. Aucun de ces laits n'est comestible ; la plupart même — celui de l'euphorbe entre autres — brûle affreusement quand on vient à en déposer une goutte sur la langue. Aucun d'eux non plus n'a d'emploi. Il n'en est pas de même dans les pays chauds, où plusieurs sont utilisés.

En Chine, par exemple, ainsi que dans divers pays, on extrait le lait du pavot (fig. 154), pour en faire de l'opium, produit d'ailleurs dont les indigènes du Céleste Empire font un usage déplorable.

*

Mais, de tous les arbres à lait, les plus importants sont ceux dont on extrait le caoutchouc (fig. 155), si employé aujourd'hui et que nos jeunes lecteurs apprécient tant quand il est sous la forme de pneumatiques ou de gomme à effacer.

Les espèces qui en produisent sont assez nombreuses, mais toujours on obtient un écoulement de lait par incision du tronc (fig. 156). Il faut ensuite coaguler ce lait, ce latex, pour en faire du caoutchouc : les procédés pour y arriver varient avec les localités et les espèces. Voici, d'après M. H. Jumelle, les principales, assez différentes les unes des autres, comme on va le voir.

Fig. 154. — Pavot.

Certains latex se coagulent spontanément au contact de l'air, dès leur sortie de l'arbre. Les indigènes usent alors ordinairement pour recueillir le caoutchouc du procédé suivant, qui est employé, par exemple, au Mozambique, en Casamance et dans certaines parties du Gabon. Appliquant leurs doigts sur la plaie, ils saisissent la portion solidifiée et l'attirent doucement à eux ; le latex, au fur et à mesure de son écoulement, se solidifie et donne des filaments qui sont ensuite enroulés en boule ou en fuseau autour d'un fragment de bois.

Une variante du même procédé est en usage en Indo-Chine et aux Indes

néerlandaises pour la récolte du produit des ficus. De nombreuses entailles en V
sont pratiquées dans l'écorce de l'arbre ; le latex, en s'écoulant, se coagule sous
forme de larmes, qui sont recueillies et agglutinées.

Très voisine aussi de la précédente est la méthode de coagulation par évaporation à froid, employée au Brésil pour la préparation du caoutchouc de Céara
(manihot Glaziovii). Le pied de l'arbre est dégagé et, sur la place ainsi déblayée,
l'opérateur dispose quelques feuilles de bananier. L'écorce est alors fendue en
plusieurs endroits ; le latex, qui, chez le *manihot Glaziovii*, est très épais, coule

Fig. 155. — Tronc d'un arbre à caoutchouc *(Ficus elastica)*.

lentement ; une partie seulement atteint le sol, l'autre reste sur le tronc. Toute
la coulée est laissée quelques jours à l'air ; elle se dessèche, et, lorsque la dessiccation est complète, le caoutchouc est détaché par lanières. D'ailleurs il est toujours, en raison de ce procédé quelque peu défectueux, mélangé soit à des
fragments d'écorce, soit à de la terre ou du sable.

D'autres caoutchoucs, en certains points de la côte occidentale d'Afrique, particulièrement dans l'Angola et chez quelques peuplades du Congo, sont obtenus
de la même manière. Les noirs n'ont même pas toujours le soin d'étendre au
pied de l'arbre quelques feuilles, et le suc s'étale sur le sol. La terre, en absorbant l'eau, active la coagulation, mais on conçoit la quantité d'impuretés que doit
renfermer le caoutchouc récolté.

Quelques tribus du Congo et de l'Angola ont une autre façon d'opérer, trop originale pour être passée sous silence. Après avoir pratiqué l'incision du tronc, le noir, complètement nu, reçoit le latex dans le creux de sa main et s'en couvre le corps. Lorsque, sous l'influence de la chaleur et de la sueur, la coagulation est à peu près complète, il détache le caoutchouc par fragments et en forme les boulettes qu'il porte au marché. Tout en étant mélangé de corps gras, le produit est, du moins, plus pur que par le procédé précédent.

La coagulation par la chaleur sèche ou enfumage est la méthode employée, de très longue date, sur les bords de l'Amazone, pour l'obtention du caoutchouc de Para, et c'est aussi la meilleure.

Aussitôt que la saison sèche le permet, vers le commencement de mai, des entailles sont faites dans les troncs d'arbres à caoutchouc *(hevea brasiliensis)* et l'on adapte à ces entailles des fragments de tige de bambou, qui conduisent le latex dans des calebasses placées à terre. Bien entendu le procédé opératoire que nous indiquons ici peut varier dans les détails et suivant les régions. On ne se sert pas toujours de ces tiges de bambou et le latex peut être recueilli plus directement ainsi que l'a vu faire au Brésil M. Prosper Chaton, ancien consul de France. « L'ouvrier, dit-il, se rend auprès des arbres qu'il va exploiter ; il est muni d'un hachereau, dont le tranchant a 5 centimètres de largeur, et d'une calebasse suspendue à son cou. Au moyen d'argile qu'il a préalablement rassemblée auprès de chaque arbre, il forme une espèce d'écuelle de 8 à 10 centimètres de diamètre, qu'il colle sur l'écorce, après avoir fait une incision transversale au moyen de son hachereau ; l'écuelle doit être parfaitement adhérente à l'écorce, un peu au-dessous de l'incision. Cette opération commencée vers 5 heures du matin est terminée ordinairement à neuf. A midi, le lait recueilli dans les écuelles est versé dans la calebasse que l'ouvrier porte à son cou : vers 3 heures, cette récolte étant terminée, il se rend à son carbet, où il procède à la confection du caoutchouc. »

Lorsque la récolte est suffisante, l'ouvrier procède à l'enfumage : il trempe dans le latex l'extrémité d'une sorte de battoir ou de palette en bois à manche long, et il expose cette extrémité enduite à la fumée d'un feu alimenté soit par des branches vertes, soit par des noix de palmiers. Pour faciliter l'enfumage, un fourneau en terre cuite à col très étroit *(fumeiro)* est placé sur le foyer ; la fumée, en sortant par l'étroite ouverture, se concentre et détermine la coagulation. De nouveau, la palette, recouverte de cette première couche de caoutchouc, est trempée dans le latex, puis portée au-dessus du *fumeiro* ; et la même opération est répétée un certain nombre de fois jusqu'à ce que la couche ait atteint une épaisseur de 2 à 3 centimètres. Avec un couteau, l'ouvrier fend le caoutchouc sur le moins épais des deux côtés et dégage sa palette.

Le produit, non absolument desséché, est suspendu sur des branches d'arbres, où sa dessiccation s'achève ; et ce n'est qu'au bout de quelques jours qu'il peut être livré au commerce. Primitivement, les Indiens, au lieu de se servir d'une palette en bois, enduisaient de latex des moules en argile de formes variées. Lorsque les couches avaient atteint l'épaisseur voulue, ils brisaient, par pression, le moule d'argile, dont ils retiraient les fragments par une ouverture ménagée à cet effet. C'est ainsi qu'ils fabriquaient ces objets (bouteilles, souliers, etc.), qui attirèrent l'attention de la Condamine et de Fresneau.

Ce caoutchouc est connu sous le nom de *biscuit de Para fin*, et c'est encore aujourd'hui la sorte la plus appréciée de tous les caoutchoucs. Elle doit incontestablement sa valeur au procédé même de coagulation ; la fumée, en même temps qu'elle sert de coagulant, introduit dans la masse des éléments antiseptiques (phénol, créosote, etc.), qui empêchent la fermentation des matières azotées du suc.

Fig. 156. — Écoulement du caoutchouc.

Après la méthode de l'enfumage, la meilleure à recommander est certainement celle de l'ébullition, qui a l'avantage d'être simple. Le latex est recueilli dans des vases qu'on chauffe à feu doux, plus ou moins rapidement, suivant l'espèce ; les globules se séparent du sérum et se prennent en masse qui surnage. Le coagulum est comprimé et séché. Le procédé est employé depuis longtemps par les Mexicains pour la coagulation du latex des *castilloa*, et il est aussi usité aujourd'hui, çà et là, dans les diverses régions où l'on récolte le caoutchouc. Il fournit surtout de bons résultats à la condition que l'ébullition ne soit pas trop rapide ; plus la coagulation est lente et moins le caoutchouc contient d'eau-mère ; or les matières azotées qu'elle tient en dissolution sont une des principales causes de l'altérabilité des caoutchoucs.

Fréquemment, lorsqu'on ajoute au latex une ou plusieurs fois son volume d'eau, les globules se séparent, même à froid, et viennent nager à la surface du liquide, où ils se coagulent. On tire parti de ce fait et l'on obtient le caoutchouc de cette manière : en quelques régions du Congo, avec le suc des *landolphia* ; dans certaines localités de l'Amérique centrale avec le suc des *hancornia* ; dans l'Assam, avec le suc des *ficus*.

Beaucoup de substances ajoutées au latex le font coaguler. Au premier rang est l'alcool, toutefois rarement employé à cet usage, en raison de son prix trop élevé; c'est par exception qu'à Madagascar et en quelques autres points de l'Afrique, on utilise comme tel l'alcool de traite ou l'absinthe.

Les acides, soit minéraux, soit organiques, sont d'un usage plus courant.

Les acides minéraux sont employés depuis que les blancs les ont fait connaître aux indigènes. Le plus usité est l'acide sulfurique, qui est un coagulant énergique : il sert à préparer le caoutchouc de Maranham, qui provient du suc de l'*hancornia speciosa*; il sert aussi pour la préparation de certains caoutchoucs de Madagascar. Cependant, soit à la suite d'accidents résultant d'un maniement maladroit, soit parce qu'on a reconnu qu'il altère le caoutchouc si celui-ci n'est ensuite soigneusement lavé, son emploi semble aujourd'hui de plus en plus abandonné dans notre possession africaine.

Des résultats aussi satisfaisants, sinon meilleurs, sont d'ailleurs fournis par les acides organiques que renferment en abondance divers sucs végétaux, et il y a longtemps que les noirs ont, d'eux-mêmes, reconnu le pouvoir coagulant de certains fruits et de certaines plantes.

Dans le district de Faranah, sur le Haut-Niger, les Malinkés et les Diallonkés, d'après le Dr Caussade, ont recours, pour la coagulation des laits à caoutchouc, à quatre sortes de liquides : 1 A l'eau acidulée par du jus de citron (une dizaine de citrons pour un litre d'eau). 2 A l'eau acidulée par le « pain de singe » (fruit du baobab). Un fruit bien mûr suffit pour un litre d'eau, dans lequel on fait macérer la pulpe pendant quelques minutes. Si le fruit est encore vert, il peut servir quand même, mais avec addition, au liquide, du jus de quelques citrons, pour l'amener au degré d'acidité voulue. 3° A l'eau acidulée par une espèce d'oseille cultivée dans toute l'Afrique occidentale et connue sous les noms de : *dakoun* chez les Malinkés, *santoune* chez les Diallonkés, *bisale* chez les Ouolofs, et *folleré* chez les Toucouleurs, qui tous en font des préparations culinaires. On met bouillir environ 500 grammes de l'herbe, feuilles et fruits, dans un litre d'eau. 4° A une infusion de tamarin, à la dose de deux poignées pour un litre d'eau froide.

Avec des variantes, des procédés analogues sont employés dans beaucoup d'autres régions. L'action de l'infusion de tamarin, par exemple, est connue à Madagascar.

Au Congo, les indigènes font usage, soit de jus de citron (sur les bords de l'Ogooué), soit des sucs obtenus par expression de certaines plantes grasses, probablement des euphorbes; ils utilisent aussi le fruit de certains *amomum*.

Au Fouta, d'après encore le Dr Caussade, les habitants s'y prennent d'une manière un peu différente. Au lieu d'inciser simplement les branches, ils font des entailles dans l'écorce, dont ils enlèvent des parcelles de la dimension d'une pièce de cinq francs. Aussitôt l'entaille faite, on la recouvre de jus de citron et le latex est coagulé dès sa sortie. Il se forme ainsi toute une série de petites boules de caoutchouc, de grosseur variable, adhérentes aux rameaux. Elles sont

enlevées rapidement et pressées les unes contre les autres, de façon à déterminer une agglomération en une boule unique, qui peut peser 500 grammes,
et plus.

Au Guatemala et au Nicaragua, le coagulant employé est une macération de
racines d'*ipomœa bona-nox* dans l'eau ; il présente l'inconvénient d'introduire
dans le caoutchouc un liquide noirâtre, résineux, visqueux, très amer, qui
recouvre la surface de la boule d'un enduit résineux.

On peut aussi coaguler le caoutchouc par des solutions salines ; deux surtout
sont de bons coagulants : le chlorure de sodium et l'alun.

La solution de chlorure de sodium — souvent et plus simplement l'eau de
mer — est employée au Sénégal, à la côte d'Ivoire, au Cameroun, au Congo,
au Mozambique et en quelques points de
Madagascar. Le latex est généralement
versé dans l'eau ; le coagulum surnage.
D'autrefois, comme en Casamance, à la
côte d'Ivoire et au Mozambique, le procédé, plus compliqué, rappelle un peu
celui usité au Fouta, mais le sel remplaçant le jus de citron comme coagulant.
Des incisions peu profondes sont faites
sur la liane, puis, dès que le latex
exsude, l'indigène asperge la blessure
d'eau salée. La coagulation se fait rapidement et donne de petites masses que
le récolteur retire pour en former un
noyau. Il attire alors ce noyau à lui, et
le latex, continuant à couler et à se soli-
difier, sous l'action de l'eau salée projetée
de temps en temps, s'étire en filaments,
qu'on enroule tant que dure la coulée du

F1G. 157. — Rameau d'un caoutchoutier,
l'*hevea guyanensis*.

suc. Les boules ainsi obtenues peuvent atteindre un poids de deux kilogrammes.

L'usage de l'alun est beaucoup plus limité que celui du sel marin. La méthode
fut indiquée par M. Henrique Antonio Strauss et vendue au gouvernement de
Para ; elle est usitée pour la préparation du caoutchouc de Pernambuco, qui
provient du suc d'*hancornia speciosa*. Le produit récolté de cette manière est,
la plupart du temps, couvert d'efflorescences cristallines.

Ces explications données, nous serons bref sur les diverses espèces de plantes
à caoutchouc. Souvent, elles se trouvent dans les forêts vierges, à des distances
considérables de toute habitation ; des expéditions s'organisent parmi les indigènes ou plus souvent parmi les aventuriers, qui partent à la découverte de ces
végétaux pour les exploiter *grosso modo*. L'existence de ces « chasseurs de caoutchouc » a été souvent mise à profit par les conteurs de récits d'aventures.

Le principal caoutchoutier est l'*hevea guyanensis* (fig. 157), arbre très haut et très droit, à l'écorce blanchâtre, mince et unie, habitant la Guyane. A citer encore : le caoutchoutier de Céara *(ma-nihot Glaziovii)*, du Brésil ; le *ficus elastica* (fig. 155), qui formait autre-fois des forêts entières dans l'Assam ; le *castilloa elastica* (fig. 158), originaire de l'Amérique centrale, etc.

Fig. 158. — Branche de l'arbre à caoutchouc (*castilloa elastica*).

* *

Une mention toute spéciale doit être faite pour les plantes qui donnent la gutta-percha et qui appartiennent toutes à la famille des sapotacées. On sait l'importance de cette matière en électricité *(câbles transatlantiques)* où il est employé comme isolant (fig. 159), en galvanoplastie, pour les confections de récipients pour la chimie, pour faire des colles spéciales, etc.

L'arbre qui donne surtout la gutta est l'*isonandra gutta* (fig. 160), autrefois très commun à Sumatra, Bornéo, etc., aujourd'hui devenu assez rare par suite d'une exploitation intense, faite d'une façon barbare. « Aujourd'hui l'exploitation est toujours primitive et consiste dans l'abatage de l'arbre. Sur le tronc

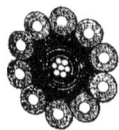

Fig. 159. — Câble sous-marin, dont les fils sont enveloppés de gutta.

abattu les indigènes récolteurs enlèvent l'écorce au moyen d'une hachette, par bandelettes circulai-res, distantes l'une de l'autre de 30 à 50 cen-timètres. Le latex s'amasse dans les cercles ainsi tracés et s'y coagule presque immédiatement ; le produit, plus ou moins desséché, est retiré avec un racloir en fer, qu'on introduit dans la fente.

« Il n'est pas nécessaire d'insister sur les multiples inconvénients d'un tel procédé. Non seulement, l'arbre est sacrifié, mais on n'en tire pas toute la gutta qu'il pourrait fournir, car souvent le lait, qui est très épais et qui, pour cette raison, coule lentement, continue à s'amasser dans les fentes, après le départ du récolteur, et il est perdu. De plus, l'arbre étant couché à terre, la partie qui touche le sol n'est pas incisée, et la gutta n'en est pas extraite. M. Tschirch estime qu'on ne recueille ainsi, en définitive, que le cinquième du produit de l'arbre.

« C'est là une méthode qu'il importerait donc tout au moins de perfectionner, s'il faut admettre que l'abatage est nécessaire. Sur ce dernier point, en effet, la plupart des auteurs font remarquer que l'incision sur le sujet vivant n'est guère possible et ne donne qu'un faible rendement, parce que le suc, se coagulant immédiatement à l'orifice, arrête l'écoulement; ou il faudrait alors multiplier les incisions au point de compromettre la vie de l'arbre, ce qui aboutirait au même résultat que l'abatage.

« Quoi qu'il en soit, on est arrivé ainsi, en neuf ans, à abattre près d'un millier de pieds, et il y a lieu de s'en inquiéter sérieusement, si l'on songe que non seulement les plantes à vraie gutta sont beaucoup moins nombreuses que celles à caoutchouc, mais qu'en outre leur rapport est beaucoup plus tardif, et leur rendement, très faible. Un arbre à gutta ne peut, en effet, être exploité avantageusement qu'à l'âge de 30 ans, et chaque tronc ne donne guère, à ce moment, par les procédés employés, que 250 grammes de gutta. M. Tschirch, il est vrai, pense qu'on pourrait, en pratiquant avec précaution des incisions en V sur l'arbre vivant, recueillir annuellement 1 400 grammes par pied et continuer la récolte pendant trois ou quatre ans sans inconvénient. Mais,

Fig. 160. — Branche de l'arbre à gutta (isonandra gutta).

même en supposant exacts ces calculs optimistes, on voit que la quantité du produit fournie par un arbre est toujours relativement minime, surtout quand on tient compte de l'âge qu'il doit avoir atteint et de la courte période pendant laquelle il rapporte.

« Il semble bien que le seul remède soit l'application et la généralisation de la méthode préconisée en 1892 : d'une part, en mars, par M. Rigole, et de l'autre en juin par MM. Jungfleisch et Sérullas. Elle consiste à épuiser, au moyen de dissolvants, les vieux bois, les bourgeons et les feuilles, sèches ou fraîches, des isonandra. L'arbre non incisé, et dépouillé seulement chaque année de ses feuilles et de ses parties mortes, ne subit aucun dommage et peut être indéfiniment conservé et exploité. L'extraction peut être faite en Europe, où sont expédiés les feuilles et les rameaux. » (H. Jumelle.)

S'il n'y avait plus de gutta, comment réparerait-on les pneumatiques ? Mon cœur de bicycliste se serre rien que d'y penser !

CHAPITRE XXI

Les résiniers.

Si l'on ne sait pas pourquoi certains végétaux fabriquent du lait, du tanin, des essences, de la gomme, etc., substances utilisées par nous, on ne sait pas davantage pourquoi d'autres plantes fabriquent de la résine. Et elles n'en sont pas chiches ! depuis les plus petites racines jusqu'aux feuilles, aux fleurs et même aux graines, elles en sont imbibées, pétries, saturées. Non contentes de s'en imprégner, elles en répandent même au dehors par les moindres blessures et, bien mieux, semblent en laisser émaner des effluves au dehors ; tout le monde connaît l'odeur balsamique des fruits de pins et de sapins, que l'on dit si efficace aux pauvres malades. Et il est vraiment remarquable de voir une si grande quantité de matière être absolument inutile à la plante qui la produit, à moins qu'elle n'ait pour rôle, comme on l'a dit, de repousser les attaques des animaux herbivores ; à moins — comme d'autres le soutiennent — que la résine ne soit un déchet d'alimentation, une sorte d'urine que la plante, ne pouvant expulser au dehors, est bien forcée de garder dans ses canaux sécréteurs ; à moins encore que... Mais il est inutile d'énumérer toutes les hypothèses faites sur son rôle dans la vie végétale. Contentons-nous de constater que la production de la résine est très fréquente chez les plantes et que, pour cette raison, beaucoup d'entre elles nous sont précieuses.

La résine du pin est trop connue pour que nous ayons à y insister ici. Donnons plutôt quelques détails sur d'autres résines non moins importantes, détails que nous cueillons surtout dans l'ouvrage de M. Henri Jacob de Cordemoy sur les gommes et résines.

Plusieurs de ces résines se rencontrent presque à l'état fossile, c'est-à-dire enfouies dans la terre et proviennent d'arbres disparus avec ou sans progéniture.

*
* *

Les résines appelées copals ou « animés » se trouvent dans divers pays, en Afrique et en Amérique.

15

A Madagascar, le copal est fourni par une légumineuse, l'*hymenæa verrucosa*. Le copalier est un très grand arbre, dont le tronc droit, cylindrique, peut mesurer, à 1 mètre du sol jusqu'à 2^m,50 de circonférence. Il atteint 35 à 40 mètres de hauteur. Le produit que l'indigène recherche et exploite, c'est le copal dur, semi-fossile, anciennement exsudé de l'arbre, et qui forme des dépôts plus ou moins abondants dans le sol, à son pied. Pour le découvrir, il creuse au pied des arbres, parfois malheureusement jusqu'à les déraciner. Cependant, les Malgaches récoltent aussi la résine qui suinte de toutes les parties de l'arbre vivant, mais ils respectent celui-ci et se contentent de faire dans l'écorce du copalier des incisions d'où s'écoule la résine. La population malgache connaît l'usage du copal et les gens aisés l'emploient au vernissage des meubles qu'ils ont achetés ou fait fabriquer sur place. Mais le produit est surtout exploité en vue de l'exportation. Le copal de première qualité de Madagascar est coté en Europe 4 francs le kilogramme.

C'est surtout de la côte orientale d'Afrique que provient en abondance la résine fossile. Depuis 3° jusqu'à 10° environ de latitude Sud et sur une profondeur de 30 à 40 milles, l'Est africain peut être appelé la « côte du copal ». On y rencontre les dépôts les plus importants à 4 ou 5 kilomètres du rivage, dans des plaines d'alluvions dont la couche superficielle est formée par des sables quartzeux et des galets roulés. En creusant là, à 90 centimètres ou 1 mètre de profondeur, on arrive sur une nouvelle couche de sable argileux rouge rempli de débris organiques. C'est dans cette couche que l'on découvre le copal, en morceaux recouverts de sable rouge. Il ne paraît pas douteux qu'en général les dépôts d'animés fossiles occupent l'emplacement même des anciennes forêts ; certains morceaux renferment parfois des insectes et même des feuilles, des boutons floraux, des fleurs d'*hymenæa*. On a pu néanmoins observer leur mise au jour à la suite de ravinements profonds, pendant la période des grandes pluies équatoriales et tropicales, ce qui laisse supposer que les fortes crues des fleuves et des rivières ont pu en arracher au sous-sol des berges, pour les charrier et les entasser plus loin. D'ailleurs, on connaît de ces copals roulés comme des galets et désignés sous le nom de copals-cailloux. Il est à peine besoin de dire que les noirs exploitent fort mal ces gisements de résine fossile. Ils se contentent d'extraire des dépôts qu'ils découvrent la quantité qui leur assure un profit médiocre, mais suffisant pour eux, et ils les abandonnent ensuite à moitié exploités. Tandis que de bons ouvriers pourraient en récolter facilement de 4 à 5 kilogrammes, dit Burton, les nègres préfèrent dormir pendant les heures chaudes de la journée, et se contentent d'en rapporter seulement quelques onces.

La meilleure sorte est le copal fossile du Sandrusi. Celui-là seul est estimé dans le commerce européen et aujourd'hui il est embarqué à Zanzibar directement à destination de l'Europe. Quant aux autres sortes, copals d'arbres et semi-fossiles, elles vont à Bombay, où elles entrent dans la composition de vernis inférieurs, et en Chine, où les Chinois savent, dit-on, les utiliser à l'aide de procédés secrets.

Le copal de l'Afrique occidentale est fourni, en majeure partie, par un *copaifera*. C'est un grand arbre, le *kobo*, qui se rencontre surtout sur les flancs des contreforts montagneux du Fouta-Djalon, à 400 ou 600 mètres d'altitude, où il recherche les stations humides et les terrains argileux et ferrugineux. Voici comment on l'exploite. Le tronc du *kobo* est recouvert d'une écorce rugueuse; il ne porte de branches qu'à une assez grande hauteur au-dessus du sol. La résine découle spontanément de l'arbre par toutes les fissures, sous forme de larmes blanchâtres, puis verdâtres ou jaune citron, qui se foncent sous l'action de l'air et de la lumière, et se couvrent d'une efflorescence blanchâtre. Les nègres grimpent sur les arbres et s'arrêtent aux premières branches, dont ils incisent l'écorce; puis ils pratiquent également des incisions dans l'écorce du tronc, que le couteau pénètre assez facilement. Ils attachent au-dessous de petits pots en argile. Deux ou trois jours après, ils remplacent ces pots par d'autres et vident les premiers, dont ils pétrissent le contenu en boules. Ces boules sont desséchées au soleil. Les collecteurs recueillent aussi les belles larmes exsudées spontanément du tronc et qui se fusionnent parfois en masses volumineuses. Quand la récolte leur paraît suffisante, les noirs vont la vendre à l'étranger aux comptoirs de la côte, contre des marchandises variées.

Le copal fossile est beaucoup plus estimé. Il se trouve dans le sol à des profondeurs de 50 centimètres à 1 mètre. Comme en Afrique orientale, les gisements occupent des espaces où l'arbre à copal a presque disparu et qui sont recouverts d'une végétation insignifiante; mais, comme aussi dans le Mozambique, les nègres ne sont pas tentés par la recherche et l'exploitation de cette richesse naturelle, leur nonchalance s'accorderait mal de ce métier quelque peu pénible.

Le copal d'Amérique est fourni par un arbre de 30 mètres de haut, l'*hymenæa courbaril*, répandu à la Guyane, au Vénézuéla, au Brésil, au Mexique, aux Antilles. La résine découle de son tronc, de ses branches, de ses racines, et même de ses fruits.

Avant d'être livrées à l'industrie, toutes ces résines doivent être soumises au lavage et au triage. Le copal fossile, souillé naturellement par le sable et la terre, est, en outre, enveloppé d'une sorte de gangue opaque, blanchâtre et crayeuse, due à l'oxydation lente dans le sol. On doit d'abord débarrasser, au couteau, les morceaux de leurs souillures et les plonger ensuite, pendant 24 heures, pour dissoudre la croûte oxydée ou « pousse », dans un bain contenant 1 pour 100 de soude caustique. Après les avoir lavés à l'eau bouillante, puis à l'eau froide, on les fait sécher soigneusement dans un endroit abrité de la poussière.

Dans le commerce, les copals les plus estimés sont ceux qui sont durs et transparents, et qui se cassent net comme du verre. Les nuances ont aussi une grande importance. La coloration du vernis dépend, en effet, en partie, de la coloration des résines elles-mêmes. Pour les vernis gras, la coloration de l'huile cuite et celle résultant de la cuisson de la résine sont, il est vrai, des facteurs qui interviennent, mais on peut les atténuer en perfectionnant les manipulations.

C'est pourquoi, dans l'industrie, il est tenu grand compte des nuances des résines à vernis. En général, on peut dire que les nuances jaune pâle et jaune foncé sont les plus recherchées et que les teintes blanches et cristallines ont moins de valeur.

Dans l'industrie des vernis, on ne parvient à rendre solubles dans les huiles et les essences les copals durs et demi-durs qu'en les dépolymérisant par l'action du feu nu. Les copals ainsi pyrogénés ou « pyrocopals » se dissolvent facilement et sans résidu, même à froid, dans un mélange d'huile de lin et d'essence, ou dans l'un seulement de ces deux liquides.

Les vernis gras que l'on fabrique avec les copals sont destinés aux objets exposés à l'air.

*
* *

Les damars sont des sortes de résines produites par diverses espèces de plantes du genre *dammara*, croissant surtout dans l'archipel Indien ; quelques-unes ne se trouvent plus guère qu'à l'état fossile.

Le *dammara alba* est un arbre ayant tout à fait le port d'un peuplier, mais d'un vert plus sombre ; à l'instar de ce dernier, on le plante d'ailleurs, à Java, en forme d'allées. On le trouve aussi dans la zone moyenne des régions montagneuses des Moluques et des Célèbes, des Philippines, de Bornéo, de Sumatra ; il est connu surtout sous le nom de Sapin de Java ou de Sumatra. Son produit est une résine, d'abord transparente, visqueuse, qui répand à l'état liquide une odeur aromatique qu'elle perd en partie en se desséchant, ce qui, en même temps, lui fait prendre la couleur du succin : c'est le damar des Indes. Cette résine très dure brûle sans couler. Les indigènes s'en servent comme de poix ou de goudron pour le calfatage des barques ; les plus mauvaises qualités servent à faire des torches. On en importe en France pour environ 500 000 francs par an. On la récolte sur l'arbre lui-même ou, plus souvent, comme la suivante, à l'état fossile.

Une autre espèce, le *dammara australis*, appelé *kawri* (kaouri) par les indigènes, habite exclusivement la Nouvelle-Zélande. D'après M. de Jouffroy d'Abbans, à qui nous devons les renseignements qui suivent, on ne la trouve que dans l'île du Nord et son habitat y est fort restreint, car il ne descend jamais au-dessous de 38° de latitude Sud. On a découvert quelques gisements de résine fossile entre 38° et 39° dans le district de Waikato où l'arbre a cessé de vivre depuis des siècles par suite du refroidissement du climat.

Quelques bouquets de kawris se voient encore dans une forêt à 40 milles au Sud d'Auckland, mais ils ne se reproduisent pas dans cette localité, et il serait impossible d'y trouver un seul sujet. La région qui s'étend d'Auckland au Cap Nord est désormais le seul domaine du kawri ; c'est là aussi que se rencontrent les plus riches gisements de résines fossiles.

La résine du kawri était connue des Maoris longtemps avant l'occupation européenne : ils l'utilisaient principalement pour allumer ou activer leurs feux, ou pour l'accomplissement de certains rites religieux. Dès l'établissement du gouvernement colonial britannique (1841) un négociant résidant à Karorarika, dans la baie des îles, M. Busby, fut le premier à s'occuper commercialement de ce produit. Les premiers envois annuels à Sydney ne dépassèrent pas 100 tonnes vendues au prix de 5 à 6 livres sterling l'une. Au début, les Maoris étaient seuls employés à l'exploitation ; mais, depuis vingt ans, une population de 2 000 à 2 400 Européens s'adonne entièrement à cette occupation. Ces *gum-diggers* (chercheurs de gomme) sont bien la catégorie la plus pittoresque, mais non la plus recommandable, des colons européens aux antipodes. Ils se recrutent exclusivement parmi les aventuriers, les déclassés, les forçats évadés de Nouméa et les convicts. Sans domicile, ni résidence fixe, ils vivent sous la tente ou dans les huttes de raupo *(typha angustifolia)*. Ils campent de préférence sur les terres invendues de la couronne, redoutés des indigènes. Ils travaillent à l'aventure et à leur guise. Leur outillage n'est pas compliqué : une espèce de lance et une pioche. Rien n'est plus curieux comme de voir dans les *gum-fields* (territoires à gommes) le vieux chercheur de résine courbé vers le sol qu'il sonde avec une tige de fer d'un centimètre de diamètre, au manche de bois se terminant par une sorte de croix. La pratique lui permet de distinguer, au contact souterrain, la résine dure de la pierre ou de tout autre corps. Après un sondage heureux, il pioche en cercle pour dégager sa trouvaille. Quelquefois ils travaillent à deux, l'un sondant, l'autre creusant. Ces *gum-diggers* peuvent gagner de 15 à 20 francs par jour, mais en raison de leurs habitudes irrégulières et de leurs chances inégales de réussite, leur gain moyen par semaine et par homme ne dépasse guère 35 francs. Quand le chercheur est fatigué de sonder et de creuser, il traîne dans un sac jusqu'à sa hutte le produit de ses fouilles ; il en fait le nettoyage sommaire, et quand la quantité de résine lui paraît suffisante, il la vend à des petits commerçants qui parfois procèdent au triage sur place. Mais le plus souvent cette opération n'est faite que par l'acheteur en gros d'Auckland, qui emploie à cet effet un personnel expérimenté. Après un second nettoyage et le triage, la résine est empaquetée avec soin dans des caisses, afin d'éviter toute pression qui fragmenterait les morceaux. Elle est alors prête pour l'exportation. Les débris et les déchets forment aussi un article spécial d'exportation.

La résine de kawri est en morceaux de volume très variable, dont le poids peut atteindre jusqu'à 7 et 8 kilogrammes. Elle est jaune foncé ou de teinte ambrée. Sa dureté est très grande et sa cassure, vitreuse. Quand on la frotte, elle répand une agréable odeur térébenthinée.

En Nouvelle-Calédonie, il y a diverses espèces de damar, notamment le *dammara lanceolata*. Ce conifère, autrefois abondant, tend à disparaître, car depuis une trentaine d'années on le détruit d'une façon alarmante. Jadis il formait une immense forêt au voisinage de la baie du Sud et d'importants gisements de résine fossile attestaient son existence séculaire en cette région. Le nom d'*anse des kawris*, dans la baie de Prony, celui de *chantier des kawris*, de *rivière des kawris*, rappellent combien étaient communs ces végétaux à cet endroit. Mais les dépôts de résine fossile furent pillés et les kawris massacrés. On raconte que des étrangers débarquaient clandestinement et faisaient sauter à la poudre et à la dynamite tout ce qui les gênait dans la recherche des gisements du produit fossile, et, parmi ces obstacles, il faut entendre tout d'abord les racines des kawris vivants et ces arbres eux-mêmes. Il en résulte que là où s'étendait une vaste forêt des précieux conifères, 200 arbres subsistent à peine. Ce n'est pas tout. Les déprédations qui menaçaient de détruire complètement les kawris revêtaient une autre forme. Des libérés s'étaient faits *gum-diggers*; mais comme le métier est pénible et peu rémunérateur — les gisements fossiles étant moins abondants qu'en Nouvelle-Zélande, — ils avaient imaginé de fabriquer de toutes pièces cette résine fossile. Ils s'y prenaient de la façon suivante. Choisissant les plus beaux arbres, ils fouillaient le sol au-dessous des racines et y pratiquaient des excavations d'un mètre environ de profondeur. Ils incisaient ensuite profondément ces racines par-dessous et recouvraient soigneusement les cavités, qui se remplissaient d'une abondante sécrétion d'une limpidité parfaite. Un mois ou deux après, les fosses étaient ouvertes, et les opérateurs en retiraient des blocs de résine offrant toutes les apparences du produit fossile. Il est évident que les arbres ne pouvaient résister longtemps à des saignées aussi énergiques. Aujourd'hui, l'exploitation des kawris calédoniens se fait par adjudication, et sous la surveillance de l'administration. Les arbres doivent avoir 35 à 40 centimètres de circonférence. On pratique des incisions intéressant toute l'écorce jusqu'à l'aubier. Chaque incision a la forme d'une niche, c'est-à-dire d'un quart de sphère dont la section plane est horizontale. Dans ces niches pratiquées dans le tronc se déverse le contenu des segments supérieurs des canaux sécréteurs. La résine très fluide s'y accumule et bientôt s'y concrète, au lieu de s'écouler à la surface de l'écorce ou sur le sol en se chargeant d'impuretés.

Les damars entrent dans la composition des vernis; les masses fossiles ont plus de valeur que les amas sécrétés récemment. Les plus beaux morceaux se laissent aussi tourner et sculpter comme l'ambre jaune.

* *

L'ambre est une résine entièrement fossile, datant de l'époque tertiaire et produite par un pin aujourd'hui disparu, le *pinus succinifera*. Voici, d'après M. Louis Diculafait, quelques détails sur son histoire :

L'ambre a été connu dès la plus haute antiquité. Le célèbre fondateur de l'école ionienne, Thalès, qui vivait 600 ans avant notre ère, parle déjà de la propriété qui a surtout contribué à le rendre célèbre, celle d'attirer les corps légers quand il a été frotté. On sait que du nom grec de l'ambre *(electron)* dérive notre expression moderne *électricité*.

Les Grecs avaient pour expliquer l'origine de l'ambre une de ces traditions gracieuses comme toutes celles qu'enfanta le jeune et merveilleux génie de ce peuple. Ils disaient que les sœurs de Phaéton, pleurant la mort de leur frère, furent changées en peupliers sur les bords de l'Éridan, et que leurs larmes se transformèrent en ambre.

C'est à cette légende que fait allusion Ovide, le tendre et harmonieux poète des *Métamorphoses*, quand il dit :

> *Stillataque sole rigescunt*
> *De ramis electra novis, quæ lucidus amnis*
> *Excipit et nuribus mittit gestanda Latinis.*

« Le suc de ces arbres nouveaux solidifié par les feux de l'astre du jour est reçu par les eaux transparentes du fleuve, qui bientôt l'offre en parure aux jeunes fiancées de l'Italie. »

Les lieux les plus riches en ambre sont les bords de la mer Baltique, entre Dantzig et Memel ; on en trouve également dans le Danemark, en Suède, en Norvège, en Pologne, en France, en Angleterre et dans diverses parties de l'Asie et de l'Amérique.

Sur les bords de la mer Baltique, l'ambre est mis à nu à mesure que les vagues, démolissant la côte, laissent apparaître des couches de terrain jusque-là recouvertes.

Partout où l'on rencontre l'ambre, on voit qu'il est associé à des lignites. Il est à peu près certain que les arbres résineux qui ont produit ce combustible ont également sécrété l'ambre, d'autant plus qu'il n'est pas rare d'en rencontrer des fragments quelquefois considérables engagés au milieu des dépôts de lignites.

La présence des corps organisés et particulièrement des insectes dans l'ambre était bien connue des anciens. C'est ce que nous montre en particulier cette belle pensée de Martial :

> *Dum Phaetoniæ formica vagatur in umbra,*
> *Implicuit tenuem succina gutta feram.*
> *Sic modo quæ fuerat vita contempta manente,*
> *Funeribus facta est nunc pretiosa suis.*

« Une fourmi errant à l'ombre des rameaux des sœurs de Phaéton fut saisie par une goutte d'ambre. Dès lors, cet insecte qui, vivant, n'inspirait que le mépris, mort, grâce à son tombeau devint précieux. »

L'ambre le plus estimé est translucide, d'un beau jaune citron, et tout annonce en lui une constitution parfaitement homogène. Mais souvent cette substance montre un aspect blanchâtre, et laisse voir des taches dans son intérieur ; l'ambre est alors moins transparent et peut même arriver jusqu'à l'opacité complète.

Pendant longtemps, l'ambre taillé à facettes a eu une vogue presque générale. Aujourd'hui il n'est plus employé comme parure que dans les contrées orientales : la Turquie, l'Arabie, l'Égypte, les Indes, la Perse. Taillé en boules percées, il sert surtout à faire des colliers employés par les mères pour leurs poupards, dans la croyance qu'elles ont de les préserver ainsi des convulsions — pur préjugé d'ailleurs.

Dans les pays occidentaux, l'ambre n'a pas d'autre usage que de servir à fabriquer de petits objets d'art : boîtes, coffrets, etc., et surtout à confectionner des bouts de tuyaux de pipe et des porte-cigares. On sait qu'en Orient, ces petits objets sont également en ambre. Il existe même, à ce sujet, chez les peuples de ces contrées, une opinion assez curieuse, et que justifie parfaitement l'usage exclusif de l'ambre pour l'emploi dont il s'agit, c'est que cette substance ne peut transmettre aucune infection. Ce serait là, avec les habitudes orientales surtout, une propriété extrêmement précieuse ; malheureusement rien ne prouve qu'elle soit vraie.

Généralement les morceaux d'ambre sont assez petits, mais parfois cependant on en rencontre de très considérables. On en voit un, par exemple, au musée royal de Berlin, qui pèse plus de six kilogrammes.

On taille l'ambre sur la meule de plomb avec de la pierre ponce et de l'eau.

*
* *

L'encens ou oliban est aussi une résine. Elle est tirée d'un arbre, le *boswellia Carterii* (fig. 161), qui croît dans le pays des Somalis vers le cap Gardafui, où

Fig. 161. — L'arbre qui donne l'encens.

elle porte le nom de *mohr meddu* et *mohr madow*, et en Arabie, près de Merbat et sur la côte d'Habramant, dans les montagnes rocailleuses, dans les crevasses des rochers et sur les débris pierreux qui occupent la base des collines voisines de la mer. Elle fleurit en avril. « Le *lûban* (ou oliban) se retire par incisions de cet arbre, que les Bédouins viennent exploiter en février et en mars. Deux fois encore, à l'intervalle d'un mois, ils pratiquent au même point une incision plus profonde ; après quoi, le liquide exsudé, solidifié en gros globules clairs, est ramassé dans des paniers. La qualité inférieure, amassée au pied de l'arbre, est récoltée séparément. Jusqu'au milieu de septembre on rassemble ainsi, chaque quinzaine, le produit qui a été obtenu et qui durcit rapidement. Dans l'Arabie du Sud, l'arbre est incisé en mai et en décembre, alors que son épiderme apparaît distendu par le suc accumulé au-dessous de lui. En général, l'oliban récolté en Afrique est le plus estimé. Bombay reçoit annuellement plus de 2 500 tonnes de ce produit, expédiées ensuite en Europe, en Chine et en Amérique. » (H. Baillon.)

L'encens se présente en petites larmes arrondies, de couleur jaune pâle, dégageant par le frottement une odeur aromatique. On sait son emploi dans les cérémonies religieuses.

Citons encore d'autres résines plus ou moins connues : le benjoin, le baume de tolu, le baume du Pérou, le sang-dragon, et la sandaraque employée par les écoliers et les scribes pour leur permettre d'écrire nettement sur le papier qu'une malencontreuse tache d'encre a forcé de gratter.

CHAPITRE XXII

La flore des camelots.

On a déjà écrit bien des livres sur les chasseurs de plantes des forêts tropicales, qui vont, au péril de leur vie, chercher les orchidées rares et les liliacées décoratives dont les horticulteurs font ensuite « leurs choux gras ». On en pourrait écrire presque autant sur les pauvres diables qui exercent cette industrie très curieuse, spéciale aux grandes villes, consistant à trouver péniblement, dans la flore plus ou moins maigre des banlieues, des produits vendables aux pauvres gens et à les offrir en pleine rue. Leur mode de vie est en effet des plus intéressants. Voyons à l'œuvre les camelots-botanistes de Paris. Tous, malgré la médiocrité de leur condition, sont des indépendants, assoiffés de liberté et d'air pur. On les croit des paresseux ; il n'en est rien, et s'ils utilisaient dans un métier salarié par un patron l'activité qu'ils déploient, ils vivraient grassement. Mais comme le loup de la fable, ils aiment mieux se priver du superflu et même souvent du nécessaire, pour faire ce que bon leur semble.

Heureusement pour eux, toutes les plantes ne poussent pas en même temps ; cela leur permet de varier leurs plaisirs et de gagner de quoi vivre à peu près toute l'année. Un métier où il n'y a pas de chômage, voilà, n'est-il pas vrai, qui n'est pas ordinaire ?

Il n'est guère qu'une plante que l'on rencontre en toutes saisons, c'est le mouron des oiseaux, qui constitue le fonds le plus solide des petits commerçants dont nous parlons. On en trouve partout, dans les endroits les plus incultes, le long des murs, sur le bord des chemins, qu'il égaie par ses touffes gazonnantes émaillées de fleurs blanches. Mais la corporation des marchands de mouron est si nombreuse — on dit qu'elle se chiffre par deux mille membres — que les « placers » des environs immédiats de Paris ne tardent pas à être mis à sac. Il faut alors en chercher plus loin, souvent jusqu'à plus de vingt kilomètres. Les uns se contentent d'emporter avec eux des bâches où ils mettent la récolte au fur et à mesure ; ils rapportent les ballots sur leur dos et je vous prie de croire que ce n'est pas là une sinécure ! J'en ai vu, de ces camelots, qui en rapportaient

— l'homme et la femme réunis — jusqu'à quatre-vingts kilogrammes ; il est vrai que, pour rentrer dans la capitale, ils prenaient le train, comme des sybarites, mangeant ainsi — c'est le cas de le dire — leur récolte en herbe. Les autres emmènent avec eux une brouette ou même une voiture à bras ; ceux-là sont les « gros commerçants » qui n'en sont pas plus fiers pour çà, car, obligés de revenir *pedibus cum jambis,* ils se voient parfois contraints de coucher à la belle étoile.

Tous, d'ailleurs, ne peuvent faire une récolte très abondante, car le mouron n'est vendable que trois, quatre ou cinq jours après la cueillette ; bien que se fanant relativement moins que les autres plantes, il finit, surtout pendant les chaleurs, par prendre un aspect lamentable ; le client n'en veut plus, craignant de faire injure à ses chers petits fifis en leur donnant une marchandise avariée. Ceux qui récoltent le mouron — c'est encore une caractéristique du chasseur de plantes — le vendent eux-mêmes au public. Ils le mettent sur des hottes ou dans des paniers et parcourent les rues en criant la chanson classique : « Voilà du mouron pour les p'tits oiseaux ! » Ou encore ce cri où se révèle l'âme sentimentale des Parisiens : « Régalez vos p'tits oiseaux ! » A ce propos me revient une anecdote qui, jadis, fit le tour de la presse. C'était à un drame ; au moment le plus poignant de la pièce, le héros, dans un geste plein d'un beau désespoir, s'écriait :

— Puisqu'il faut mourir, mourons !

Et, un soir, dans le lourd silence qui suivait cette poignante décision, on entendit un titi du quatrième amphithéâtre continuer la tirade par un intraduisible :

— Mouron pour les p'tits oiseaux !

La salle entière éclata de rire et les acteurs eurent toutes les peines du monde à reprendre leur sérieux. *Se non e vero...*

Le mouron est particulièrement abondant en été ; les marchands ont alors toutes les peines du monde à écouler leur marchandise à raison de un sou la botte. Au total ils préfèrent l'hiver, pendant lequel ils vendent deux sous la botte la plus insignifiante ; il est vrai que la récolte dans les champs est beaucoup plus maigre et pénible. Mais, au moins, on a la satisfaction de ne pas gâcher le métier par un bon marché excessif. Chaque marchand a son quartier déterminé, qu'il conserve pour ainsi dire toute sa vie, d'abord parce que s'il allait ailleurs il serait fort mal reçu par ses confrères ; ensuite, parce qu'il a ses clients déterminés, qui lui font des commandes « fermes ». On connaît son cri joyeux ; on accourt sur le pas de la porte et, tout en vendant sa botte, il a un mot aimable pour chacun. Et je ne serais pas étonné si l'on me disait que les serins et les chardonnerets tressaillent d'allégresse quand ils entendent :

> Du mouron pour les p'tits oiseaux !
> Un sou la botte !

*

Le printemps est l'époque où le chasseur de plantes a le plus à faire. Le Pari-

sien adore les fleurs ; privé de cette joie pendant tout l'hiver, il en réclame dès
que les frimas sont passés et que se font sentir les premières effluves — oh
combien troublantes ! — du renouveau de la nature. Ces fleurs, il ne faut guère
les demander aux jardins, dont la floraison n'arrive que tardivement, et sans nos
camelots, le Parisien risquerait fort de voir longtemps vides ses vases de fleurs.

Dès février quelques chasseurs se rendent à Trianon ou dans les bois avoi-
sinants pour récolter le gracieux perce-neige, qui a d'autant plus de valeur
qu'il est plus rare ; sa corolle blanche est du plus charmant effet et n'a que
l'inconvénient de se faner assez vite.

Le perce-neige n'est qu'un maigre lever de rideau auquel d'ailleurs ne prennent part qu'un très petit nombre de comparses. Le premier plat de résistance
apparaît en mars avec le narcisse jaune, que l'on va
récolter dans les forêts de Sénart et de Bondy, où il
pullule sur d'énormes étendues de terrain. Rien n'est
moins gracieux que cette fleur « mastoc » en diable,
dépourvue de légèreté et d'élégance. En plein été, on
n'en voudrait pour rien ; mais au printemps, on
l'accepte avec reconnaissance tant on a été sevré de
fleurs pendant la mauvaise saison. Les camelots le
savent bien et en font une ample moisson ; je dois
cependant avouer à leur courte honte qu'ils en font
des bouquets ignobles, les fleurs collées les unes
contre les autres — telles des sardines dans une boîte,
— avec, au milieu et autour, les feuilles mêmes des
narcisses, qui ressemblent tout à fait à celles, archi-
prosaïques, des poireaux. Un bel après-midi de
dimanche est cependant pour eux un véritable coup
de fortune, car ils vendent sur place leurs bouquets aux
nuées de cyclistes qui reviennent de Fontainebleau
par la grand'route. Certains en achètent jusqu'à trois
bouquets, pour en placer un au milieu du guidon,
deux aux poignées. A quatre ou cinq sous le bouquet, vous voyez que cela
chiffre vite. Et puis, le soir, on se hâte de faire une nouvelle récolte pour la vendre
le lendemain dans Paris.

Fig. 162. — Anémone sylvie.

Mais sitôt la floraison, d'ailleurs très courte, des narcisses achevée, la forêt de
Sénart ne donne pour ainsi dire plus rien. Les chasseurs de plantes transportent
leurs pénates dans les bois de Meudon ou de Chaville, qui, pour quelques
semaines, vont devenir une mine... de bronze. C'est d'abord l'anémone des bois
(fig. 162), qui est bien l'une des plus aimables fleurs que je connaisse. Est-ce parce
que je l'associe dans mon esprit à l'arrivée du printemps, aux bonnes promenades que l'on fait à cette époque dans les bois ; est-ce parce qu'elle me rappelle
quelque souvenir agréable ? Je ne sais ; mais ce qui est bien sûr, c'est que
nombre de Parisiens partagent mon goût, car, au printemps, les bois de

Meudon sont envahis par une nuée d'amateurs d'anémones. La vente de cette fleur dans Paris même ne va pas toujours très bien, car elle se fane presque aussitôt cueillie et le bouquet prend alors l'aspect d'une botte de foin. Ceux qui savent combien vite elle « revient » dans l'eau l'achètent pour en garnir leur *home*. Les trois feuilles vertes qui se trouvent sous leurs fleurs se marient agréablement avec le blanc délicat des corolles et en font de charmants bouquets restant frais pendant plus d'une semaine, surtout lorsqu'on a récolté des boutons de cette « reine des bois ».

Hélas, la floraison de la douce sylvie (notre anémone des bois) ne dure guère, et ce serait pour les chasseurs de plantes l'abomination de la désolation si elle n'était suivie de très près par la venue de la jacinthe des bois, encore plus abondante que l'anémone dans les taillis de Meudon. Ses tiges un peu penchées, couvertes de fleurs violettes, ne sont pas sans charme, bien que n'atteignant pas la maîtrise des jacinthes cultivées, d'autant qu'il leur manque l'odeur pénétrante qui fait la grande qualité de ces dernières. Quelques personnes seulement... en se suggestionnant à outrance arrivent à lui trouver un léger parfum, mais si faible, si menu !...

Les amateurs de parfums ne tardent pas à prendre une revanche éclatante avec le muguet (fig. 163), qui apparaît vers la fin d'avril. Encore plus que pour les espèces précédentes il faut, pour savoir où le cueillir, être ferré sur la répartition géographique des plantes dans les environs de Paris. On peut parcourir d'énormes espaces dans les bois sans en rencontrer un seul pied ; puis, tout à coup, on tombe sur une tache où ils abondent d'une manière invraisemblable. Chaque chasseur connaît ainsi quelque « bon coin » et se garde le plus possible de le dévoiler. C'est que la lutte pour le muguet est aussi âpre que la lutte pour la pièce de cent sous. Le camelot sait bien qu'il a l'écoulement sûr et rapide de sa marchandise ; il en est si certain qu'il cueille même le muguet à l'état de bouton, alors qu'il est pour ainsi dire informe et n'a guère d'odeur. Mais on a l'espoir qu'il fleurira dans l'eau, ce qui arrive en effet souvent, mais pas toujours. Quand il est bien

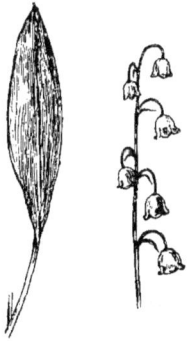

Fig. 163. — Feuille et fleurs en clochettes du muguet.

épanoui, le muguet est une des plus admirables fleurs que nous donnent les bois et même les jardins, et à l'élégance de la fleur, à la délicatesse de l'inflorescence,

elle joint un délicieux parfum, d'une finesse exquise, d'une persistance rare. Sa récolte est si rémunératrice qu'elle provoque l'apparition, au voisinage des gares et des stations, d'escouades de chasseurs de plantes accidentels, que les « professionnels » regardent d'un mauvais œil. Et cependant, cette récolte est fort pénible : regardez la minceur d'une hampe de muguet, et supputez la quantité de brins qu'il faut pour faire le moindre bouquet de deux sous !

Les plantes dont nous venons de parler sont celles qui, au printemps et en été, donnent lieu à un « gros » commerce. A côté d'elles viennent s'en placer d'autres, d'importance moindre, de vente plus aléatoire, et que le chasseur rencontre souvent accidentellement dans ses pérégrinations. Parmi elles il faut citer la primevère officinale et la primevère élevée, vendues toutes deux sous le nom de coucou, et dont les fleurs sont d'autant plus goûtées qu'elles viennent au printemps et qu'on les vend fort bon marché ; — la pervenche, chère à Jean-Jacques, que certains camelots vont chercher jusqu'aux environs de Dourdan, soit à cinquante kilomètres de Paris ; — les violettes, auxquelles malheureusement celles du Midi font un tort considérable, bien que ne les égalant pas — loin de là — au point de vue du parfum ; — les renoncules ou boutons d'or, qui « vont »

FIG. 164. — Caltha des marais.   FIG. 165. — Genêt à balais.   FIG. 166. — Bruyère.

toute l'année et se vendent facilement à cause de leur longue durée ; — le caltha ou populage des marais (fig. 164), aux grandes fleurs jaunes dorées d'un effet admirable, qui ne pousse qu'aux bords des rivières et que l'on récolte assez abondamment sur les rives de l'Yvette, à Chevreuse notamment ; — l'ail des bois, qui fait de jolis bouquets blancs, mais qu'il faut bien se garder de sentir ; — les genêts (fig. 165), couverts de fleurs jaunes, abondants partout ; — l'aubépine, que l'on verrait certainement plus souvent dans les rues de Paris si ses aiguillons n'en rendaient le transport un peu pénible ; — les marguerites, bluets, coquelicots, qui foisonnent dans les champs de blé ou d'avoine, mais pour la récolte desquels le chasseur risque le fâcheux procès-verbal ; — les roseaux et les massettes, curieuses plantes communes dans certains étangs ; — enfin les bruyères (fig. 166), qui terminent la série aux mois d'août et de septembre et que l'on va « chasser » dans le bois de Meudon et la forêt de Fontainebleau, où le stock est inépuisable.

Toutes les plantes ci-dessus citées se rapportent coupées pour en faire des bouquets. Quelques camelots s'adonnent aux végétaux enracinés et destinés par suite à être « empotés ». Parmi eux il faut surtout noter les pâquerettes, d'une robustesse remarquable, et qui n'ont pas leurs pareilles pour orner la fenêtre de Jenny l'ouvrière ; — diverses fougères, notamment des polypodes, qui « reprennent » très difficilement ; — quelques carex

Fig. 167. — Carex des rives.

Fig. 168. — Carex jaune.

(fig. 167 et 168) ; — le lierre, et quelques autres de moindre importance.

*

D'autres chasseurs s'adonnent à la récolte des plantes médicinales et doivent

Fig. 169. — Mélisse.

Fig. 170. — Absinthe.

par suite avoir quelques notions de botanique. Je ne serais pas étonné que certains d'entre eux fussent d'anciens potards ayant trop fait la fête, ou des droguistes dont les affaires sont dans le marasme. Près des Halles, rue de la Poterie, se tient sur le trottoir, le mercredi et le samedi, un petit marché d'herbes médicinales où viennent se fournir les herboristes et certains pharmaciens. Les vendeurs se divisent en deux groupes : d'abord les cultivateurs, qui viennent y vendre la mélisse (fig. 169), la menthe, l'armoise, l'absinthe (fig. 170), la lavande, tous produits qu'ils ont fait pousser eux-mêmes, ensuite les camelots, qui débitent les plantes cueillies dans les bois. Celles-ci varient naturellement avec les saisons ; parmi les plus connues, citons la feuille de ronce, si employée dans les maux de gorge ; les feuilles de noyer, « chipées » de-ci, de-là ; le chiendent, bien négligé aujourd'hui ; la douce-amère, la petite centaurée, les fleurs de sureau, le laurier blanc, le coquelicot, la violette, le bouillon blanc ; en un mot toute la série des « simples », dont l'usage, malheureusement pour la corporation qui fait l'objet de cet article, diminue sans cesse.

*

L'automne et l'hiver n'arrêtent pas les pérégrinations et le commerce des chasseurs de plantes. Au contraire, il leur faut encore plus travailler, non pour récolter des fleurs — il n'y en a plus — mais des fruits et des plantes vertes, qu'ils livrent dans la semaine à leurs clients habituels, et que, le dimanche, ils vont vendre au marché aux oiseaux. C'est qu'en effet cette flore automnale est très goûtée des diverses catégories de volatiles. A côté de l'éternel mouron, ils vendent aussi du séneçon, des baies d'épine-vinette, du plantain, des baies de sureau ou de vigne vierge, des graines de chardon (fig. 171), en somme tous les fruits sauvages au péricarpe succulent et toutes les graines agréables à grignoter. Tout cela, en raison de la rareté, se vend fort cher ; mais que ne feraient pas les vieilles filles sentimentales pour leurs chers petits musiciens ?

A l'automne, on récolte aussi diverses plantes décoratives, pour leur feuillage ou leurs fruits. Les plus connues sont les houx, aux feuilles luisantes, épineuses, aux fruits rouges, et le gui, la plante de Noël, dont nous nous sommes déjà entretenus. La récolte du gui est des plus pénibles, car il faut aller cueillir cette plante parasite sur les pommiers et les peupliers et souvent scier les branches pour s'en emparer.

Fig. 171. — Chardon (cirse des champs).

Le marchand de gui (fig. 172) est un type bien connu du boulevard ; il le parcourt lentement, l'épaule chargée d'une longue perche aux deux bouts de laquelle pendent des touffes de gui. La charge est lourde, la récolte a été des plus dures, le chemin fatigant ; ce pauvre homme inspire la pitié et on lui achète, autant pour avoir la plante qui porte bonheur que pour lui faire la charité.

Ne croyez pas que j'aie terminé la liste des catégories de chasseurs de plantes. Il y en a beaucoup d'autres ; mais il serait fastidieux d'y insister. Laissez-moi cependant vous présenter : celui qui récolte les pieds de pissenlits sauvages, que certains gourmets adorent en salade ; — celui qui cueille les feuilles de plantain et d'érable pour garnir les compotiers de fruits ; — cet autre dont la spécialité est de chercher les branches bizarres pour en faire des corbeilles originales ; —

Fig. 172. — Un marchand de gui.

celui-ci qui s'adonne à la récolte des frêles graminées, airas, brizes, stipes, bromes, etc., pour en faire des bouquets perpétuels ; — celui-là qui travaille — qui l'eût dit ? — pour les passementiers en récoltant des fruits d'aulnes, des glands, etc., dont on fait des garnitures après les avoir dorés ou plutôt bronzés artificiellement ; — enfin, ce dernier, qui récolte les « cœurs » des coquelicots, bluets et marguerites — les trois couleurs de notre cher drapeau — pour les faire entrer dans la confection des fleurs dites artificielles.

CHAPITRE XXIII

Les plantes que l'on suce.

Les habitants de l'Asie équatoriale et de la Mélanésie ont l'habitude de sucer un produit végétal, un masticatoire très répandu, le *bétel*. Celui-ci est formé de trois ingrédients : la noix d'arec (fig. 173), les feuilles du poivrier bétel (fig. 174), et la chaux. Le goût du mélange est celui d'un aromate, avec une impression de fraîcheur.

Fig. 173. — *Areca catechu.*
A droite, rameau et fruit (noix d'arec).

« L'odeur de la noix d'arec, dit un voyageur, a de la ressemblance avec celle du brou de noix. Elle est meilleure quand elle est sèche et de couleur brune. Les Annamites, lorsqu'ils enlèvent la peau de la noix fraîche, ont la lenteur et la physionomie particulières aux gens qui bourrent leurs pipes, l'air de complaisance qui annonce un plaisir assuré et qu'on savoure en imagination. Quelques-uns ajoutent de la chaux vive, qu'ils tirent d'un petit vase en cuivre ou en faïence. J'ignore comment leur palais peut y résister.

Un raffinement consiste à mêler une forte chique de tabac à la chique de bétel. Le bétel est un narcotique assez énergique. Les Annamites accroupis sur le devant de leurs portes, devant leurs tables de bois dur, ont dans leurs yeux quelque chose de la tranquillité mêlée de somnolence particulière aux ruminants. Les mouvements de leurs joues complètent ce rapports d'idées. »

Les Annamites sucent le bétel pour — disent-ils — protéger leurs dents de la carie, et non, comme on le croyait autrefois, pour se les colorer en noir, résultat qu'ils obtiennent d'une autre façon en s'enduisant les « quenottes » d'un vernis spécial. Ils regardent aussi le bétel comme un précieux préservatif contre les fièvres et les dysenteries si fréquentes et si meurtrières dans ces climats tropicaux.

Fig. 174. — Poivrier bétel.

*
* *

Dans le Levant, « on obtient un autre masticatoire en l'extrayant du lentisque, petit arbre de 4 à 5 mètres présentant un grand nombre de rameaux tortueux.

En Orient, on le cultive spécialement pour sa résine connue sous le nom de *mastic*. Dans ces pays, la culture des lentisques ne demande pour ainsi dire aucun soin. Quand on veut récolter le mastic, on fait, dès le début du mois d'août, de légères et nombreuses incisions transversales dans le tronc et les branches principales de l'arbre, en respectant les jeunes branches. Dès le lendemain on voit sortir des fentes un suc liquide qui s'épaissit peu à peu et prend la forme de larmes d'un jaune pâle, sphériques ou légèrement aplaties. Ces larmes tombent à terre où on les ramasse; aussi, pour qu'il ne s'y mélange pas d'impuretés, a-t-on soin de balayer convenablement le sol sous les arbres. Les lentisques donnent parfois plusieurs récoltes de mastic par an; celle du mois d'août fournit le mastic de la meilleure qualité et en plus grande abondance; mais à la fin de septembre les mêmes incisions donnent souvent un nouvel écoulement de résine. Le mastic, qui est formé par une huile essentielle unie à la masticine, est légèrement tonique et astringent. Il est consommé en grande quantité comme masticatoire par les femmes de l'Orient; il se ramollit, en effet, sous la dent en parfumant l'haleine et en fortifiant les gencives. C'est dans cet usage qu'il faut chercher l'origine du nom du produit. » (P. Constantin.)

*

Le pistachier de l'Atlas, aux branches tordues ressemblant à de gros serpents, ainsi que le poivrier d'Amérique, donnent aussi un masticatoire analogue.

Dans les îles d'Andras, Longues, Eleuthéria et Nouvelle-Providence, les fumeurs mâchent, pour se parfumer l'haleine, l'écorce du croton éleuthéric.

*

Chez nous, nous employons, au même usage, le cachou, qui provient surtout de l'acacia catechu, arbre originaire des Indes orientales et cultivé dans certaines parties de l'Amérique. On l'extrait d'un arbre assez commun dans les forêts.

*
* *

Masticatoire aussi est le tabac à chiquer, fait avec les feuilles du tabac (fig. 175), et si en faveur chez les marins, qui peuvent grâce à lui se « nicotiniser » sans risque au moins de mettre le feu à leur bateau.

M. F. Bère a donné sur ce produit quelques renseignements intéressants :

Les tabacs à mâcher portent le nom spécial de *rôles*. Ils sont offerts aux consommateurs sous forme d'un cylindre compact fait avec une corde de tabac : cet aspect est à peu près celui d'une pelote de corde ou de ficelle en chanvre. Le consommateur coupe, suivant ses besoins, une longueur plus ou moins grande de cette corde et la mâche. Les manufactures françaises fabriquent trois et même quatre sortes de rôles, savoir : les rôles dits ordinaires à 12^{fr},50 le kilogramme, les rôles menu-filés à 16 francs le kilogramme, les rôles à prix réduits et enfin les rôles de troupe, que l'on peut se procurer seulement avec des bons de tabac militaires.

D'une manière générale, les tabacs réservés pour rôles sont des tabacs bien développés, consistants, foncés en couleur, aromatiques, gommeux et riches en nicotine. Les rôles menu-filés sont fabriqués avec des feuilles provenant du Lot-et-Garonne : ce sont des produits supérieurs. La cueillette et le triage se font à sec ; les feuilles les plus noires et les plus gommeuses sont choisies de préférence. Pour les opérations ultérieures, une mouillade à l'eau salée est nécessaire. Les procédés de mouillage sont le trempage ou l'arrosage.

Fig. 175. — Pied de tabac.

Après arrosage et séjour en masses pendant vingt-quatre ou quarante-huit heures, servant à répartir l'humidité, les feuilles sont livrées à l'écôtage. Comme le mot l'indique, ce travail, exécuté par des ouvrières, consiste à enlever les côtes, du moins partiellement, c'est-à-dire les parties des côtes plus grosses que les nervures.

Puis on procède au filage, confection d'une sorte de corde ayant 5 millimètres environ de diamètre. Ce filage est exécuté par une femme au moyen d'un rouet très simple ; c'est une sorte de tambour formé de deux disques réunis par des traverses ou alluchons, et mobile autour d'un axe horizontal. L'ouvrière fait tour· ner à la main le tambour et moule son filé en hélice ; le mouvement du tambour donne au filé, c'est-à-dire à la corde, la torsion nécessaire. Quand le rouet est plein, l'ouvrière tourne en sens inverse pour dévider et forme un paquet autour de ses mains. Elle peut confectionner ainsi journellement 6 kilogrammes 500 de filé. A la manufacture de Château-roux, avant de dévider, on fait subir au filé un trempage dans du jus de tabac. A cet effet, le rouet plein est enfilé sur un axe creux, par lequel on injecte du jus au moyen d'une pompe.

Le filage est suivi du rôlage, opé-ration qui consiste à enrouler le filé en hélices très minces sur des bâton-nets, de façon à former des paquets de 116 grammes. Le filé, coupé à la longueur voulue, est arrêté par une petite cheville de bois qui maintient la torsion. Les opérations ultérieures

Fig. 176. — Plante dont on extrait la réglisse.

ramènent le poids à 100 grammes à peu près.

Restent le trempage, la pression et la dessiccation.

Les rôles sont trempés pendant un quart d'heure dans des jus salés titrant 15°, la couleur s'accentue et le goût se renforce.

La pression, qui s'effectue après égouttage, sert à leur donner une forme plus régulière et à extravaser les jus. Elle est opérée par une presse hydraulique. Les rôles sont placés sur des tablettes superposées au-dessus d'un chariot qu'on amène sous la presse. Les plateaux de la presse se rapprochent, les tablettes se trouvent serrées les unes près des autres ; elles peuvent être main-tenues dans cette position, même quand le chariot n'est plus sous la presse, de sorte qu'on peut prolonger la pression pendant tout le temps qu'on veut. Trois heures suffisent.

Après démontage, les rôles sont portés au séchoir, grande armoire à compartiments où circule un courant d'air chaud. La dessiccation dure six à sept jours, et les rôles conservent encore 35 °/₀ d'humidité. On les emballe dans des tonneaux.

Les rôles ordinaires sont composés pour un peu moins de moitié avec des tabacs exotiques : Virginie et Kentucky corsé ; pour le reste, avec des tabacs indigènes du Lot-et-Garonne, du Lot, du Nord, de l'Ille-et-Vilaine.

*
* *

Pour terminer cette revue des plantes que l'on suce, il ne reste plus guère à citer que la réglisse, formée des souches souterraines du *glycyrrhiza glabra* (fig. 176), qui croît dans tout le midi de l'Europe. Pour en extraire le jus noir utilisé pour le rhume, on fait bouillir plusieurs fois ces souches et l'on fait évaporer la liqueur dans une chaudière de cuivre. Ensuite on y ajoute divers ingrédients — même quelquefois de l'horrible colle forte — pour donner un peu de « liant » à la pâte, et l'on moule en bâtons qui font la joie des enfants et la tranquillité des parents.

CHAPITRE XXIV

Les arbres à beurre.

L'arbre à beurre (fig. 177), se rencontre au Sénégal où il porte le nom de karité ; ses feuilles sont oblongues ; ses fruits, de la grosseur d'une noix ordinaire, ont autour du noyau une chair savoureuse et d'un goût excellent. C'est de cette pulpe que l'on extrait le beurre végétal, dit aussi beurre de Galam ou beurre de Bambocou ou de Bambouc. D'après ce qu'en dit le *Magasin pittoresque,* la récolte commence à la fin de mai et finit aux derniers jours de septembre. Les femmes, les enfants sont journellement dans la forêt, surtout après les orages et les tornades, et rapportent au village de grands paniers ou calebasses remplis des fruits que le vent a fait tomber. Ils les versent dans des trous cylindriques que l'on rencontre çà et là dans les villages bambaras, au milieu même des rues et des places. Les fruits perdent dans ces fosses leur chair extérieure, leur brou, qui pourrit ; on les y laisse généralement plusieurs mois, souvent même tout l'hivernage.

Fig. 177. — Arbre à beurre ou karité.
Branche et fruit.

On les introduit ensuite dans une sorte de four vertical en terre, élevé dans l'intérieur des cases ; un feu de bois, entretenu sous le four, enlève aux noix leur

humidité. Dès qu'elles sont bien sèches, on casse les coques, que l'on rejette, on
pile la chair blanche intérieure, on la fait griller, puis on l'écrase bien au moyen
d'une pierre, de manière à en former une pâte homogène. On la met dans une
jarre remplie d'eau froide et l'on bat vivement ; le beurre monte alors à la surface
de l'eau. On le retire et on le bat de nouveau pour le tasser et rendre la pâte
bien compacte, l'eau qui reste s'écoulant. On le conserve en l'enveloppant dans
des feuilles. Toutes ces opérations, assez longues avec les moyens rudimentaires
qu'emploient les noirs, se font généralement à la saison sèche.

Le beurre de karité est d'un usage constant parmi les populations bambaras et
malinkés des régions nigériennes ; il sert pour la cuisine, pour l'alimentation des
grossières lampes du pays, pour la confection du savon, pour peigner les
cheveux des femmes, pour panser les plaies, etc. Les Diulas en exportent de
petites quantités vers les rivières du Sud, surtout vers les rivières anglaises.

Le général Galliéni qui donnait ces renseignements, alors qu'il était commandant, croit que ce produit pourrait trouver son emploi sur une grande échelle en
Europe, non moins que l'arachide, dont nos bâtiments transportent de si gros
stocks dans nos ports de Marseille et de Bordeaux. Il pourrait servir non seulement à la confection des savons, mais aussi à celle des bougies.

***

Le karité n'est pas le seul arbre donnant du beurre. L'irvingie d'Armand,
arbre de l'Annam, en est tout aussi prodigue et, comme le précédent, met en
réserve sa matière grasse dans son fruit, petite drupe ovoïde de la grosseur d'une
noix. Nous trouvons dans le *Bulletin de la Société d'Acclimatation* quelques
détails sur son exploitation :

Lorsque les fruits sont arrivés à maturité complète, c'est-à-dire au mois de
juillet, quand ils tombent de l'arbre, les Annamites se rendent dans les forêts
pour les ramasser et les mettre en tas ; ils les transportent ensuite dans leurs
villages et enlèvent la partie extérieure, soit en la brisant avec un couperet ou
en la grillant au feu, soit encore en la faisant dessécher au soleil. Une fois
retirées et séchées elles-mêmes, les amandes sont broyées grossièrement en même
temps que la coque des noyaux dans un mortier de bois ou de granit ; la pâte
que l'on obtient de cette façon est mise dans de l'eau qu'on chauffe jusqu'à
l'ébullition ; la matière grasse se sépare et vient flotter à la surface du liquide,
d'où on l'enlève à mesure que la couche se forme pour la couler dans des moules.

Ce produit, connu en Cochinchine et au Cambodge sous le nom impropre de
cire de Cây-Cây, est solide, d'un gris jaunâtre, d'odeur agréable à l'état frais ;
mais il devient blanchâtre et contracte une odeur forte et nauséeuse en vieillissant. Au dire des Annamites, les Siamois en font une espèce de pain, en ajoutant
du sel et du poivre au résidu ; cet aliment serait même d'un goût assez agréable.

En Cochinchine et au Cambodge, le beurre de Cây-Cây est utilisé pour faire
des chandelles d'une qualité intermédiaire entre la bougie et le suif animal ; ces

chandelles brûlent avec une flamme assez brillante et sans répandre d'odeur mauvaise.

L'extraction est pratiquée, en général, par les paysans des territoires forestiers et pour leur consommation usuelle seulement.

*
* *

A citer encore le beurre de kanya (arbre de la côte orientale de l'Afrique tropicale), que l'on mange et qui serait susceptible d'être exporté, si ce n'était son odeur de térébenthine qui le rend désagréable à nos palais ; le beurre de foura (arbre de Madagascar) qui passe pour... faire pousser les cheveux, et le beurre du caryocar, qui, en Amérique, est employé aux mêmes usages que le beurre le lait chez nous.

CHAPITRE XXV

Un intéressant farinier.

Les conteurs d'aventures extraordinaires ont rendu célèbre l'arbre à pain, que leurs héros trouvent toujours au moment où ils meurent de faim. Ils l'ont si souvent « servi » qu'on se l'imagine généralement comme un végétal extraordinaire.

En réalité, c'est un arbre assez banal. On l'appelle le jacquier découpé et il pousse dans les îles de l'Océanie ; on le cultive aussi aux Antilles, à la Réunion, à la Guyane et au Brésil. Son fruit (fig. 178) est une grosse boule verdâtre pouvant atteindre et même dépasser le volume de la tête humaine.

« Les récits de Bougainville, de Cook et d'autres explorateurs, dit F. Marion, avaient donné la plus haute opinion des avantages qui résulteraient de la culture de l'arbre à pain. Les colons anglais demandèrent à leur gouvernement de leur procurer cet arbre merveilleux ; celui-ci accéda à leur désir et prépara un excellent vaisseau de 250 tonneaux, sous le commandement de M. Bligh, alors simple lieutenant, et qui devint plus tard amiral de la Grande-Bretagne. Le commandant était bien choisi, ayant accompagné Cook dans ses voyages et donné preuve, maintes fois, de talents et de bravoure. Partie en 1787, dix mois après

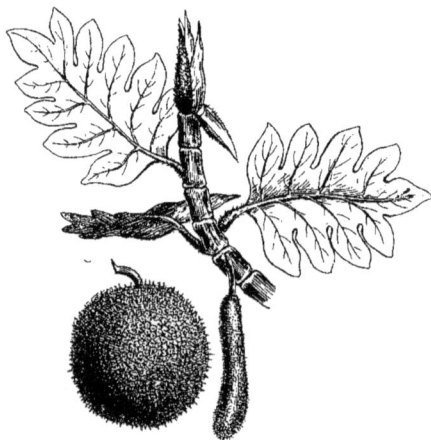

Fig. 178. — Branche et fruit de l'arbre à pain.

son départ, l'expédition abordait à Otahiti. Les insulaires l'accueillirent avec empressement ; plus de mille pieds d'arbre à pain furent mis dans des pots et des caisses et embarqués avec une provision d'eau suffisante pour les arroser. Cinq mois plus tard on appareillait et bientôt on voguait en pleine mer pour le retour. Mais malgré les heureux auspices dont l'expédition jusqu'alors avait paru protégée, elle devait avoir un dénouement fatal. C'est là un de ces exemples, heureusement rares, de la révolte d'un équipage et de la position désespérée d'un capitaine livré à la merci d'un groupe d'aventuriers au milieu des flots muets. Vingt-deux jours après le départ, la majeure partie de l'équipage ayant tramé contre le commandant le complot le plus lâche, s'emparèrent de Bligh pendant son sommeil, ainsi que de dix-huit amis qui lui étaient restés fidèles. Ils les mirent dans une chaloupe avec quelques vivres et des instruments, les laissèrent isolés au milieu de l'océan et remontèrent sur le vaisseau, qui bientôt se perdit hors de vue à l'horizon inaccessible. Bligh et ses compagnons firent preuve, au milieu de leurs fatigues et de leurs souffrances, d'un courage surhumain. Un seul, à bout de forces, succomba. Ils abordèrent à Ceupan dans l'île de Timor, après douze cents lieues de navigation en chaloupe. Le gouverneur hollandais les reçut avec intérêt et bientôt douze d'entre eux furent en état de se rendre en Europe. Bligh obtint justice en Angleterre, fut promu au grade de capitaine et chargé d'une nouvelle expédition plus considérable. Celle-ci réussit à souhait, et deux ans après, les deux vaisseaux de l'expédition jetaient l'ancre, ayant à bord 1 200 pieds d'arbre à pain et sans avoir perdu un seul homme de leurs équipages.

« Les esclaves ne se montrèrent pas aussi bien disposés qu'on le supposait à accepter ce fruit comme nourriture ; les Européens diffèrent des nègres, et ceux-ci préfèrent toujours la banane. Il faut dire qu'ils se nourrissent de ce fruit sans lui faire subir grande préparation, tandis que les colons anglais préparent le pain du jacquier de diverses manières, suivant les savants préceptes de la cuisine anglaise.

« Les vieillards de Tahiti attribuent l'origine de l'arbre à pain à une légende touchante. Dans un moment de grande disette, un père mena sur les montagnes ses nombreux enfants et leur dit : Vous allez m'enterrer à cette place, puis vous viendrez me retrouver demain. Les enfants obéirent ; puis, étant revenus le lendemain, ainsi que cela leur avait été commandé, ils furent très surpris de voir que le corps de leur père s'était métamorphosé en un grand arbre. Ses doigts de pieds s'étaient allongés pour former des racines ; son corps, fort et robuste jadis, constituait le tronc ; ses bras tendus s'étaient changés en branches et ses mains en feuilles. Sa tête chauve enfin était remplacée par un fruit succulent. »

Voici maintenant, d'après M. G. Cuzent, la manière d'utiliser le fruit du jacquier :

« Ce fruit est très sain ; mais quand il est mangé avant maturité, il peut produire des dérangements de ventre et des coliques. Il ne doit être utilisé que rôti quand il est simplement bouilli, il a une insipidité rebutante. Malgré tout, il peut constituer pour les malades des navires, pendant les longues campagnes, une ressource qui supplée à la pénurie des féculents à l'état frais.

« On prépare avec les fruits crus de cet arbre une pâte fermentée, appelée, aux îles Marquises, *popoï-mâ* ou simplement *popoï*. On y fait une grande consommation de cette pâte, qu'on conserve dans de larges et profonds silos. Il y a des silos communs à chaque baie, aussi, quand on les remplit, chaque habitant est-il tenu de fournir une certaine provision de fruits à pain provenant de son terrain. Outre ces vastes réservoirs, qui cubent de 10 à 25 mètres cubes, il y en a de plus petits qui sont la propriété de chaque famille.

« Pour faire usage de la *popoï-mâ*, les Nuhiviens la pétrissent avec de l'eau pour en faire une pâte homogène, qu'ils divisent ensuite en petites masses allongées, analogues à nos petits pains blancs, mais moins volumineuses. On enveloppe chacun de ces pains dans une feuille de buran ou d'uru, qu'on lie au moyen d'un fil d'écorce, puis on les fait cuire au four canaque. La *popoï* une fois cuite, on l'écrase dans un plat *(koé)* à l'aide d'un pilon en pierre et on ajoute un peu d'eau à cette bouillie qu'on mange à même dans le plat et à la ronde. Quelquefois les femmes et les enfants ne mangent qu'après que les hommes se sont retirés. La *popoï-mâ* nous a paru être un aliment agréable ; elle possède un petit goût aigrelet, auquel on s'habitue promptement.

« La *popoï-meï* est plus estimée que la précédente, parce qu'on ne la prépare qu'avec des fruits complètement mûrs.

« Le *kaku* est un mets aristocratique, dont le fruit mûr de l'arbre à pain, cuit sur les charbons, fait la base. On sépare la partie brûlée et on pétrit le reste de la pulpe dans le jus exprimé de la noix de coco râpée. Si l'on conserve la partie charbonneuse du fruit dans la pâte, celle-ci prend alors un goût de noisette, et cette sorte de *popoï* prend le nom de *kaku-vavao*.

« Le *makiko* est le fruit de l'arbre à pain cuit et simplement pétri avec de l'eau, pâte que l'on met ensuite au four dans une feuille de han.

« L'*heïkaï* ne diffère du précédent régal qu'en ce que la pulpe du fruit cuit de l'arbre à pain est délayée dans de l'eau de coco, et que, pour faire cuire cette pâte, on l'enveloppe préalablement dans une feuille de meia.

« La *popoï-akahua*, *popoï-koeï*, *popoï-veïtea* est de la *popoï-mâ* délayée et mélangée à de la pulpe du fruit frais et cuit, dont on délaye la pâte dans du lait de coco. »

CHAPITRE XXVI

Plantes à tout faire.

Un voyageur parcourait les contrées chaudes de l'Amérique, situées sous un ciel brûlant, où la fraîcheur et l'ombre sont excessivement rares, et où l'on ne trouve qu'à des distances considérables quelque habitation où l'on puisse goûter un repos que la fatigue de la route rend vraiment nécessaire. Accablé et haletant, ce pauvre voyageur aperçut enfin une cabane entourée de quelques arbres au tronc droit, élevé et surmonté d'un gros bouquet de feuilles très grandes, dont les unes relevées et les autres pendantes avaient un aspect agréable et élégant. Rien d'ailleurs autour de cette cabane n'annonçait un terrain cultivé. A cette vue qui ranimait ses espérances, le voyageur rassembla ses forces épuisées, et bientôt le voilà reçu sous ce toit hospitalier. Son hôte lui offrit d'abord une boisson aigrelette, qui le désaltéra et le rafraîchit. Lorsque l'étranger eut pris quelque repos, l'Indien l'invita à partager son repas ; il lui servit aussi du vin d'une saveur extrêmement agréable. Vers la fin du repas, il offrit à son hôte des confitures succulentes, et lui fit goûter d'une fort bonne eau-de-vie. Le voyageur étonné demanda à l'Indien qui, dans ce pays désert, lui fournissait toutes ces choses. « Mes cocotiers, lui répondit-il. L'eau que je vous ai offerte à votre arrivée est tirée du fruit avant qu'il soit mûr, et il y a quelquefois des noix qui en contiennent trois ou quatre litres. Cette amande d'un si bon goût est le fruit à sa maturité ; ce lait, que vous trouvez si agréable, est tiré de cette amande ; ce chou si délicat est le sommet d'un cocotier, mais on ne se donne pas souvent ce régal, parce que le cocotier dont on a ainsi coupé le chou meurt bientôt après. Ce vin, dont vous êtes si content, est aussi fourni par le cocotier ; on fait pour cela des incisions aux jeunes tiges des fleurs, il en découle une liqueur blanche, qu'on recueille dans des vases, et qui est connue sous le nom de *vin de palmier*. Exposée au soleil, elle s'aigrit et donne du vinaigre. Par la distillation, on en obtient cette bonne eau-de-vie que vous avez goûtée. Ce même suc m'a encore fourni le sucre pour ces confitures, que j'ai faites avec l'amande. Enfin toute cette vaisselle et ces ustensiles qui nous servent à table ont été faits avec les coques des noix de coco. Ce n'est pas tout : mon habitation elle-même.

je la dois tout entière à ces arbres précieux ; leur bois a servi à construire ma cabane, leurs feuilles sèches et tressées en forment le toit ; arrangées en parasol, elles me garantissent du soleil dans mes promenades ; les vêtements qui me couvrent sont tissés avec les filaments de ces feuilles, ces nattes, qui me servent à tant d'usages différents, en proviennent aussi. Les tamis que voilà, je les trouve tout faits dans la partie du cocotier d'où sort le feuillage ; avec ces mêmes feuilles tressées on fait encore des voiles de navire ; l'espèce de bourre qui enveloppe la noix est bien préférable à l'étoupe pour calfeutrer les vaisseaux ; elle pourrit moins vite et se renfle en s'imbibant d'eau. On en fait aussi de la ficelle, des câbles et toutes sortes de cordages. Enfin, je dois vous dire que l'huile délicate qui a assaisonné plusieurs de nos mets, et qui brûle dans ma lampe, s'obtient par expression de l'amande fraîche. » L'étranger écoutait avec étonnement et admiration comment ce pauvre Indien, n'ayant que des cocotiers, avait néanmoins par eux absolument tout ce qui lui était nécessaire. Lorsque le voyageur se disposait à partir, son hôte lui dit : « Je vais écrire à un ami que j'ai à la ville ; vous vous chargerez, je vous prie, de mon message. — Oui, et sera-ce encore le cocotier qui vous fournira ce qu'il vous faut? — Justement, reprit l'Indien ; avec de la sciure des branches j'ai fait cette encre, et avec les feuilles ce parche-min. »

Le récit qu'on vient de lire, dû à Bonifas-Guizot, quoique imaginé, exprime sous forme piquante les emplois multiples auxquels se prêtent les cocotiers. On en pourrait dire presque autant des autres palmiers, qui sont la providence des pays chauds et, à eux seuls, remplacent, pour l'utilité, toutes les plantes des régions tempérées ; ils méritent bien le nom de *princes du Règne végétal* que leur donnait Linné. Tous les palmiers, d'ailleurs, ne sont pas tous utiles de la même façon ; les uns sont plus riches en cire ; les autres sont prodigues de sève ; d'autres fournissent de la graisse ou même de l'ivoire. Jetons un coup d'œil sur les espèces les plus intéressantes quant à leur usage ; il y a en effet peu de chose à dire de leur forme extérieure, qui est toujours la même et d'une monotonie désespérante. Nous laisserons de côté le dattier trop connu et que nous nous contenterons de représenter (fig. 179) pour le plaisir de ceux qui aiment les dattes.

*
* *

Le jubéa du Chili, de 20 mètres de hauteur, est une providence pour les Chiliens.

« Le fruit est comestible. L'albumen, assez succulent lorsqu'il est frais, a une saveur qui rappelle celle de la noix de coco ; il est très oléagineux, mais pour l'obtenir, il faut, à cause du péricarpe fibreux et de l'endocarpe très dur, faire subir au fruit une décortication parfois pénible.

« Les cultivateurs chiliens ont tourné la difficulté en donnant les fruits à manger à leurs bœufs parqués dans le *corral*. Ces animaux sont friands de sa pulpe et ils savent très bien dépouiller de son péricarpe le noyau, qu'ils rejettent parfaitement nettoyé. On peut alors ramasser ces noyaux et les briser pour en extraire la graisse.

« Les fruits du jubéa, connus sous le nom de *coquitos de Chile*, ont toujours été exportés en grande quantité au Pérou et en Bolivie, où on les mange confits et où l'on en extrait l'huile pour les usages culinaires.

« C'est là une des utilisations du jubéa, mais toutes les parties de cette plante sont employées pour une chose ou pour une autre.

Fig. 179. — Dattier.

« L'exploitation commence chaque année vers le mois d'août et des centaines de palmiers sont abattus. Aussitôt on sectionne le bourgeon terminal, qui est comestible comme celui de beaucoup d'autres palmiers et, par la plaie, coule une abondante sève très sucrée donnant, par condensation au bain-marie, un miel, le *miel de palme*, très estimé des Chiliens et objet d'un commerce important. Certaines personnes boivent ce miel tel quel, d'autres l'étendent d'eau et en font ainsi une boisson rafraîchissante ; enfin il entre dans la composition d'une foule de pâtisseries. Il faut plusieurs mois pour extraire toute la sève d'un tronc ; on enlève presque chaque jour une section de l'extrémité pour raviver la plaie et l'on peut ainsi obtenir souvent plus de 400 litres de sève par arbre.

« Quand toute la sève est extraite, on fend les troncs et on enlève leurs longs faisceaux fibro-vasculaires mélangés à du parenchyme, pour s'en servir comme de textile, ou mieux pour fabriquer du papier.

« Les fibres du tronc servent à faire de gros cordages, des amarres à peu près imputrescibles. Très souvent on se contente d'enlever les faisceaux du tronc, et on obtient ainsi des tubes solides, incorruptibles, constituant d'excellentes conduites d'eau.

« Tandis que la sève s'écoule, on prépare les autres parties de l'arbre : les feuilles, les inflorescences, les fruits. On emploie les feuilles entières pour couvrir les hangars ou *ranchos* et les *casas*, maisons de gens pauvres. Ces couvertures résistent aux pluies et aux vents pendant plusieurs années.

« On peut encore extraire les fibres que contiennent le rachis (milieu de la feuille) et les folioles pour faire des cordes plus fines que celles qui proviennent du tronc. Enfin on enlève parfois toutes les folioles du rachis qui devient ainsi un bâton, *bastone*, servant de canne, ou employé pour une grande variété d'ustensiles dans certains points où le bois est rare.

« On fabrique encore avec les feuilles des paniers, des nattes ; on divise les folioles en fines lanières pour la confection de chapeaux de paille, etc. Les bractées ou écailles qui recouvrent le bourgeon et l'inflorescence, ainsi que les spathes, fournissent d'excellentes fibres et servent à des usages aussi divers que nombreux. Le régime enfin est lui-même utilisé pour ses fibres.

« Nous avons vu plusieurs tissus en fibres de jubéa, des nattes grossières, des sortes d'étoffes plus fines pour les emballages, des cordelettes, des sacs ou cabas, des corbeilles, des pailles à chapeaux et enfin un chapeau de dame entiè-

Fig. 180. — Raphia.

rement orné de fleurs et de dentelles tissues avec les fibres les plus minces et presque aussi délicates que les plus belles pailles d'Italie. » (P. Maury.)

* **

Le raphia (fig. 180), qui croît en Afrique, n'est pas moins utile à plusieurs points de vue. « Son tronc sert à former la carcasse des habitations. Les feuilles, disposées artistement en plusieurs faisceaux, après qu'on a tourné les folioles d'un seul côté, sont placées alternativement et intercalées, comme les bottes dont se

servent les couvreurs de chaume en Europe ; elles composent les côtés et la couverture, qui deviennent très solides par la précaution qu'ont les naturels d'attacher les folioles avec des lianes pour que le vent ne les soulève pas. Ces sortes
de cases sont très solides et forment de bons abris contre les pluies et l'ardeur

Fig. 181. — Palmier donnant la cire de carnauba (copernicier).

du soleil ; mais en même temps elles servent de repaire aux rats — qui sont très
gros — et aux couleuvres qui leur font une chasse continuelle.

« Avant que d'employer les troncs des raphias, les nègres en retirent pendant
plusieurs jours une liqueur blanchâtre, tirant un peu sur le gris de lin, espèce
de vin de palme. Cette boisson n'est pas tout à fait aussi douce que le vin de palme
ordinaire, mais elle est plus vineuse et m'a paru contenir une plus grande quan-

tité d'esprit. Les nègres la préfèrent d'abord pour cette raison et aussi pour la plus grande facilité qu'ils ont de la recueillir sans danger.

« Les cônes de cet arbre précieux leur servent encore à faire une boisson analogue d'une seconde qualité. Ils ramassent chaque mois de l'année de grandes quantités de ces fruits ; après les avoir dépouillés de leur enveloppe écailleuse, ils laissent fermenter les amandes et en retirent une liqueur plus colorée, plus savoureuse, qui se garde plus longtemps et avec laquelle ils se grisent comme avec de l'eau-de-vie. » (Palissot de Beauvais.)

Des feuilles, on tire des fibres très souples d'une solidité remarquable et que leur imputrescibilité fait employer pour lier les plantes dans les jardins. Les dames en font aussi des ouvrages de vannerie fine et de passementerie.

*
* *

Le copernicier (fig. 181), qui croît surtout dans les parties chaudes du Brésil, fournit surtout la cire de carnauba. Voici, d'après M. Bois, quelques détails sur son exploitation.

Le bourgeon terminal, formé par les jeunes feuilles qui commencent à se développer, constitue un chou palmiste *(palmito)*, recherché comme étant un aliment délicat. Il se développe successivement plusieurs couronnes de feuilles, les nouvelles dressées, les anciennes disposées horizontalement ou affaissées sur le tronc. C'est lorsque les feuilles sont jeunes, alors qu'elles présentent une coloration jaune clair, qu'elles sécrètent la cire, de couleur blanc grisâtre, formant des plaques minces sur les lames intérieures. Cette cire se détache au moindre choc au moment où les feuilles s'entr'ouvrent ; lorsque celles-ci sont tout à fait développées en éventail, le vent suffit à la faire tomber.

Les pétioles, d'un mètre et plus de longueur, sont armés de deux rangées d'épines noires, crochues. On les emploie souvent pour faire des clôtures élégantes, très défensives, autour des jardins.

L'inflorescence mesure de $1^m,25$ à $1^m,50$ de longueur ; elle est formée d'une multitude de petites fleurs, auxquelles succèdent des fruits ronds, de la grosseur d'une noisette, d'un bleu presque noir à la maturité. Le noyau et la pulpe sucrée qui l'entoure sont recherchés comme aliment. Cueillis avant leur maturité, torréfiés et broyés, ces fruits donnent une poudre qui est employée parfois pour fabriquer une boisson quelque peu comparable au café.

La cire de carnauba est utilisée à la fabrication de bougies, qui donnent un éclairage très économique parce qu'elles fondent beaucoup moins facilement que la chandelle et ont une durée plus longue. Il en est fait une grande consommation dans les provinces septentrionales du Brésil et surtout dans la province de Rio Grande do Norte : deux municipes seulement de cette province exportent annuellement 300 000 kilogrammes de cire, sans compter celle qui est consommée sur place.

La récolte de la cire se fait pendant six mois de l'année, en coupant les couronnes de feuilles au fur et à mesure qu'elles se développent. Les six mois de repos suffisent au carnauba pour se regarnir.

Les feuilles sont séchées sur place, étendues en files, l'envers placé sur le sol.

Fig. 182. — Palmier d'où on tire des bougies (céroxyle).

Au bout de quatre jours, on les amoncelle, puis des femmes les prennent pour les battre sur un drap, à l'aide d'un bâton, de manière à en détacher la cire, que l'on fait fondre dans des marmites et dont on fait des pains d'un ou deux kilogrammes.

Après avoir été débarrassées de leur enduit, les feuilles fournissent une fibre textile plus ou moins fine qui sert à faire des hamacs, des cordages, etc.

Les feuilles sèches servent à couvrir les chaumières et, dans la province de Ceara, un tiers des maisons sont couvertes de feuilles de carnauba. Ces toitures sont légères, élégantes et de longue durée. Elles sont imperméables. Avec les feuilles de ce précieux palmier, on fabrique une foule d'objets, tels que chapeaux, paniers, balais, paillassons, etc. Dans ce cas, les feuilles sont coupées spécialement pour ces usages et la cire se trouve perdue.

*
* *

FIG. 183. — L'arbre à ivoire végétal *(phytelephas)*.

Le céroxyle des Andes (fig. 182) est également un palmier producteur de cire, mais celle-ci se trouve, non sur les feuilles, mais sur la tige. Mélangée à du suif, elle constitue d'excel'entes bougies. La récolte se fait de deux manières : « La première, aussi barbare qu'expéditive, consiste à jeter bas les arbres et à gratter l'écorce, au risque de dépouiller rapidement la contrée de ce produit. L'autre mode, le seul rationnel et honnête, est de racler la cire, en grimpant sur les arbres, comme le font les sauvages de l'Amazone pour récolter le vin de palmier. Une solide courroie passée à la ceinture d'un grimpeur habile le fixe au tronc sur lequel il appuie ses jambes, et, au moyen d'une raclette aiguisée, il fait, en descendant, tomber la cire dans son tablier. Un *péon* peut ainsi récolter de huit à dix *arrobes* (50 à 60 kilogrammes) de cire dans un mois. Elle se vend pour la fabrication des allumettes bougies à Ibagué, sur le pied de 7 piastres faibles l'arrobe (25 livres espagnoles), soit 2^{fr},45 le kilogramme. » (Éd. André.) Le bois de ce palmier est souple et sert à faire des charpentes.

Citons encore, parmi les palmiers :

L'aréquier, dont l'amande, coupée par tranches, saupoudrée de chaux et enveloppée dans une feuille de poivre bétel, forme le *bétel,* substance que les peuples de l'Inde, des îles de la Sonde et des îles Moluques, ont l'habitude de mâcher sans cesse, ainsi que nous l'avons déjà dit au chapitre XXIII;

L'euterpe huileux, de l'Amérique tropicale, cultivé pour son bourgeon terminal, que l'on mange, comme celui de l'aréquier cité plus haut, sous le nom de *chou palmiste*;

L'œnocarpe bacaba, du Brésil et de la Guyane, de la graine duquel on extrait l'*huile de palme*;

Le palmier à sucre, de l'Asie tropicale, dont la sève, qui s'écoule du spadice quand on le coupe, renferme du sucre susceptible de cristalliser et de fermenter;

Le phytéléphas (fig. 183), du Pérou et de la Nouvelle-Grenade, dont les graines, de la grosseur d'une petite pomme, sont remplies d'une substance aussi dure et aussi blanche que l'ivoire: c'est le *coroso* ou *ivoire végétal,* dont on fait des boutons et divers objets de tabletterie;

Le chamérops humble ou palmier nain, souvent cultivé dans les jardins et dont la tige tout effilochée à la surface lui a fait donner le nom de palmier à chanvre;

Fig. 184. — Rotin.

Les rotangs ou rotins (fig. 184), véritables lianes aux longues tiges, avec les fibres desquelles on fait des câbles;

Le sagoutier, dont la moelle, extraite de la tige, séchée au soleil, puis pétrie en galette, constitue une matière alimentaire, le *sagou,* analogue au tapioca;

L'éléis de la Guinée, dont le fruit est exploité pour l'extraction de l'*huile* et du *beurre de palme*;

Le *borassus* ou palmier à vin (fig 185), dont la sève sucrée, en fermentant, donne le *vin de palme.*

Quand je vous disais qu'on trouve dans cette famille de végétaux tout ce qu'on peut désirer!

*
* *

Il n'y a pas d'ailleurs que chez les palmiers que l'on peut rencontrer des

« plantes à tout faire ». Citons par exemple le sola de l'Inde *(æschynomene aspera)*, petit arbre de 2 à 3 mètres de haut, et dont la tige droite s'amincit graduellement en s'élevant et ne se ramifie que vers le sommet. Commune sur tous les points de la Péninsule indienne, le long des ruisseaux, le bord des lacs, des étangs, dans les mares, cette légumineuse atteint ses plus grandes dimensions sur la côte du Malabar, où elle est aussi extrêmement répandue.

Les habitants de la côte de Coromandel rangent ses feuilles parmi leurs légumes et les mangent, soit assaisonnées, soit tout simplement cuites à l'eau.

Fig. 185. — Palmier à vin *(borassus)*.

Les tiges, formées d'un tissu spongieux, à grain très fin, se laissent tailler et sculpter avec la plus grande facilité. Grâce à leur extrême légèreté, on s'en sert pour remplacer le liège dans les engins de pêche et de chasse. Elles sont également employées par les « camelots » indiens à confectionner de petits ouvrages de fantaisie semblant faits en albâtre, des éventails, des bouchons et surtout des jouets d'enfants, tels que fleurs, statuettes, petites maisons, etc., qui se vendent sur les marchés et les places publiques, principalement les jours de fête. A Trichinopoli, dans le Tanjaour, on excelle à en faire de petites pagodes remarquables par la finesse des détails.

D'après M. Van den Berghe, aujourd'hui cette sorte de matière subéreuse a créé une industrie nouvelle et une branche de commerce qui a pris une certaine extension ; cette industrie consiste dans la fabrication de chapeaux et de casquettes d'une extrême légèreté, d'une forme plus ou moins élégante et d'un prix peu élevé. Ces casquettes, étant recouvertes d'une toile blanche très fine et très serrée, sont d'un effet salutaire dans les pays chauds, pour ceux qui en portent habituellement, parce qu'elles laissent circuler l'air et garantissent bien de la chaleur. Dans l'Inde, ce couvre-chef a détrôné les chapeaux de paille et de Panama et il fait partie nécessaire du costume de tous ceux qui ont à braver les ardeurs du soleil. Les chapeaux Topis-sola se fabriquent en découpant les tiges de la plante en bandes minces que l'on colle ensemble et, avec un moule, on lui donne toutes les formes possibles suivant les divers types de casques adoptés.

On sait que dans l'Inde, aussi bien que dans tous les autres pays chauds, l'une des plus grandes jouissances consiste à boire frais. Aussi ne pouvait-on manquer d'utiliser la non-conductibilité de la chaleur dont jouit le sola, pour conserver aux boissons glacées et aux entremets frappés leur basse température. Le Dr Colas dit qu'on y arrive en fabriquant, avec les tiges de cette plante, des étuis pour les carafes, les bouteilles, les verres, des cloches pour couvrir les crèmes, les fromages glacés, etc. C'est réellement merveille de voir comment, alors que l'atmosphère est embrasée, les boissons et les préparations glacées se maintiennent à une basse température sous ces enveloppes que les dames savent revêtir d'un travail de tapisserie ou de crochet, ce qui les fait contribuer à l'ornementation de la table. Ce mode de conservation de fraîcheur pour les boissons et les aliments a été adopté par plusieurs compagnies pour le service de leurs navires.

CHAPITRE XXVII

Champignons fantasques.

Quand l'automne commence à rougir les arbres, les botanistes et les simples amateurs de fleurs sont dans le marasme. Plus de petits brins de plantes à mettre en collection, plus la moindre fleurette pour orner sa boutonnière ! Heureusement, la nature, bien que fatiguée de son grand travail estival, n'a pas dit son dernier mot ; elle a encore la force de produire quelques végétaux aux formes bizarres et qui nous sembleraient encore bien plus étranges si nous n'avions pas l'habitude de les voir si souvent : ce sont les champignons, à la fois si intéressants et si difficiles à étudier, et dont un grand nombre constituent un mets délicat. Mon intention, dans ce chapitre, n'est pas de donner un aperçu même sommaire des espèces que l'on peut récolter en automne : elles sont trop ! Je voudrais simplement montrer — chose que le grand public ignore généralement — que nombre de champignons s'éloignent beaucoup de la forme classique qu'on leur connaît, c'est-à-dire un pied cylindrique surmonté d'un chapeau, forme qui se trouve notamment dans les agarics et les bolets.

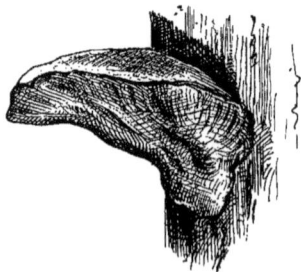

Fig 186. — Champignon « langue de bœuf ».

Parmi ces champignons fantasques, je vous présenterai d'abord la fistuline hépatique (fig. 186), plus connue sous les noms de « langue-de-bœuf » ou encore de « foie-de-bœuf ». Sur les troncs vermoulus des chênes déjà âgés, notamment dans les crevasses qu'ils présentent à leur base, vous rencontrerez très souvent — à Fontainebleau il y en a beaucoup — des masses rougeâtres ressemblant assez bien à des galettes de foie de veau. Si ces masses sont jeunes, elles sont plus arrondies, et leur surface est ornée d'une fine peluche tout à fait analogue aux papilles de la surface de la langue. Si vous coupez cette masse en long, vous y verrez des sortes de fibres musculaires qui viennent s'étaler en pinceau jusqu'à la surface : l'ensemble simule à s'y méprendre la coupe d'une langue, telle qu'on la voit dans les traités d'anatomie. Sectionnée en travers, la même masse montre des marbrures rouge clair et rouge foncé : mais c'est une langue de bœuf fourrée ! ne manque-t-on pas de s'écrier. De fait, parmi les « analogies » que présente la nature, je n'en connais pas de plus réussie. Plus âgé, le champignon ressemble davantage à un morceau de foie, dont il a la mollesse, d'ailleurs, la couleur et un peu le « gluant ».

Jeune ou vieille, la langue-de-bœuf est comestible ; à ce point de vue, je ne saurais trop la recommander, car elle présente l'avantage considérable de ne pouvoir être confondue avec aucun autre champignon vénéneux. On la coupe en tranches et on enlève la partie externe, notamment les petits tubes où se produisent les spores. On peut la manger crue, et elle a alors une saveur aigrelette, mais il est préférable d'en faire cuire les morceaux dans la graisse ou de les ajouter à un plat de lapin ou de poulet, auquel ils donnent presque aussi bon goût que le champignon de couche. A Florence, on vendait couramment la langue-de-bœuf au siècle dernier : en France, on ne la trouve pas sur les marchés et c'est dommage, suivant moi.

*
* *

Une autre production qui ne ressemble guère aux champignons — groupe auquel cependant ils appartiennent — ce sont les clavaires (fig. 187), petits arbuscules charnus, dont la base est renflée et dont les branches bi ou trifurquées s'élèvent verticalement. Il y en a de violacées et de jaunes. Presque toutes les clavaires sont comestibles et constituent même un mets apprécié, que l'on vend sur nombre de marchés. A Fontainebleau, à Bourbonne-les-Bains, à Bourges, à Épinal, on vend la clavaire jaune, connue sous les noms vulgaires de balai, barbe de chèvre, bouchibardo, buisson, erpetta de terra, espignette, galinol, gallinetta, gasparina, gauteline, mainotte,' pied-de-coq, poule, richetta roussa, sponga d'erpetta, tripette.

Fig. 187. — Barbe de chèvre.

La clavaire à pointes pourpres (fig. 188) — ce nom donne bien sa caractéristique — est très appréciée sur les marchés de Nice, de Montpellier, de Bourbonne les Bains, de Fontainebleau, d'Épinal et de Bourges ; les sujets jeunes sont particulièrement à recommander.

D'autres clavaires sont peu ramifiées, ou ne le sont même pas du tout. Ainsi la clavaire pilon (fig. 189) a la forme d'une massue de 4 centimètres de hauteur, et la clavaire fusiforme est un long cylindre aminci à ses deux extrémités : on trouve cette dernière en automne, dans les bois arides et dans les bruyères.

Au même groupe appartient le sparassis crépu (fig. 190), dont les rameaux sont aplatis et tortillés de mille façons, de manière à donner un amas chiffonné

FIG. 188. — Clavaire à pointes pourpres.

FIG. 189. — Clavaire pilon.

FIG. 190. — Sparassis crépu.

de 3 à 4 centimètres de haut. Cette espèce est d'ailleurs très rare. Si vous voulez la trouver, allez en été dans la forêt de Chantilly et cherchez à terre, dans les bois de chênes ou de sapins. Et, si vous ne la trouvez pas, vous aurez fait une excellente promenade..

FIG. 191. — Trompette des morts.

Une forme en pilon se trouve chez la craterelle en massue, qui, jeune, a la forme d'une toupie, et, plus tard, se creuse et se découpe sur les bords ; on la trouve dans les sapinières des montagnes et elle peut atteindre jusqu'à 20 centimètres de diamètre.

Une autre espèce du même genre, la craterelle corne d'abondance (fig. 191), comestible comme la première, a un aspect encore plus étrange et que son nom explique suffisamment ; cette forme singulière a toujours frappé l'esprit des paysans qui l'appellent la « trompette des morts ». On la trouve assez communément en été et en automne dans les forêts et les bois ombragés. Elle a un parfum de truffe.

FIG. 192. — Tulostome.

*
* *

Dans la famille des lycoperdacées, on trouve une série de formes plus extraordinaires les unes que les autres. Ce sont les cyathes, qui ressemblent à de petits creusets contenant de minuscules masses ovoïdes figurant des bonbons dans une bonbonnière ; — les tulostomes (fig. 192), qui ont un pied et une petite tête arrondie percée d'un orifice au sommet ; — les géastres (fig. 193), boules ayant deux enveloppes, dont l'extérieur se fend à la maturité et s'étale en étoile à la surface du

sol ; — enfin les sclérodermes (fig. 194) et les lycoperdons (fig. 195). Ces deux genres affectent la forme d'une sphère ou d'une massue et ne diffèrent qu'en ce que les premiers ont la peau épaisse et des racines nombreuses, tandis que les seconds ont une peau fine et un système radiculaire insignifiant. Les lycoperdons, ou vesses-de-loup, sont très connus partout ; jeunes ils sont formés à l'intérieur

FIG. 193. — Géastre.   FIG. 194. — Sclérodermes.   FIG. 195. — Vesse-de-loup.

d'une masse blanchâtre alors comestible. A maturité, cette masse spongieuse se change en une poussière de spores, analogue, comme aspect, à la poudre à punaises. Les vesses-de-loup varient généralement de la taille d'une noix à celle

FIG. 196. — Clathre grillagé.

du poing. Il n'est pas rare cependant d'en trouver de la grosseur de la tête. Certains pieds prennent des dimensions exceptionnelles, jusqu'à un mètre de diamètre. On en trouve ainsi un ou deux tous les ans ; on en parle dans les journaux et le personnage qui les découvre en est tout fier. Les sclérodermes ne sont pas comestibles.

* *

Mais le plus singulier des champignons est certainement le clathre grillagé (fig. 196), qui a la forme d'une boule ajourée, d'un réseau du rouge le plus vif séparé par des espaces vaguement losangiques. A la base du champignon, il y a un étui qui est le reste d'une enveloppe entourant l'individu quand il est jeune. « C'est, dit Baillon, un poison narcotique, et l'on croit encore, dans les campagnes des Landes, que son contact donne des cancers. Son odeur de charogne attire les mouches en foule. On pense qu'il est dangereux de demeurer quelque temps dans une chambre où séjourne ce champignon. Ayman rapporte qu'une femme en ayant mangé un fragment éprouva une tension hypogastrique douloureuse et fut prise de violentes convulsions, puis qu'elle perdit la parole et demeura

assoupie pendant plus de cinquante-deux heures. Elle ne guérit qu'au bout de
quelques mois. Les paysans cachent ce champignon sous des tas de feuilles
mortes, afin que personne ne le touche et ne s'expose ainsi à contracter la
« gale ». Il y a sans doute beaucoup d'exagération dans tous ces récits et
l'odeur repoussante de cette espèce fait que personne n'est tenté de l'essayer
comme aliment. » Ce clathre en revanche est fort joli et donne vaguement
l'impression de la délicatesse d'un polypier. On le trouve dans le Midi, notamment dans les bois secs et les lieux stériles.

Pas banal non plus le phalle vulgaire. Quand il est jeune, ce champignon
a l'aspect et la grandeur d'un œuf de poule, mais il est sphérique ; il est
presque toujours enterré ou peu saillant à la surface du sol, il porte à la
base un petit cordon ou racine qui se ramifie et est fréquemment en relation avec
plusieurs de ces boules. Bien que la membrane qui l'enveloppe quand il est
jeune, la volve, soit solide, ce champignon présente, à la main, une consistance gélatineuse. Le pied du champignon développé a 8 à 14 centimètres de
hauteur et environ 2 centimètres d'épaisseur ; il est blanc ou blanc crème et
présente une multitude de petits trous. Le chapeau est verdâtre ; il a, lorsque
la matière visqueuse est tombée, la même teinte que le pied ; il est creusé de
grandes alvéoles. Ce champignon répand une odeur infecte qui le fait découvrir
de très loin. Il est très commun dans les forêts ombragées, en été et en automne.
Ascherson et Paulet doutent qu'il soit nuisible. M. Huyot a annoncé, à la Société
mycologique, qu'on le vend à Lagny lorsqu'il est encore à l'état d'œuf. Certains
animaux le mangent à cet âge (chats, sangliers). Personne, d'ailleurs, n'aurait
l'idée de le manger adulte, il a une odeur trop repoussante. (J. Costantin.)

Citons encore comme champignons curieux — mais sans nous y arrêter —
les tremelles, dont les circonvolutions rappellent celles du cerveau ; — les bul-
garies (fig. 197), qui ressemblent à des boutons de guêtres ; — les auriculaires

Fig. 197. — Bulgarie.   Fig. 198. — Auriculaire.

(fig. 198) que l'on prend au premier abord pour une masse de gelée ; — l'hydne
coralloïde (fig. 199), que l'on ne saurait mieux comparer qu'à un chou-fleur, très
rameux, blanc, et aux rameaux garnis de longs aiguillons pendants (comestible
excellent) ; — l'hydne hérisson (fig. 200), sorte de grosse masse tuberculeuse,

jaune ocracé, portant des aiguillons blancs, puis jaunâtres, longs et pendants comme des cheveux (mets exquis) ; — et les pezizes (fig. 201 et 202), délicieux régal, formant de vastes coupes aux brillantes couleurs jaunes ou rouges.

Fig. 199. — Hydne coralloïde.

*
* *

Une mention spéciale doit être faite pour les polypores (fig. 203), ces champignons durs comme du bois, qui sont si fréquents sur les vieux troncs d'arbres : la face inférieure, plus tendre, est criblée de trous ; la face supérieure est lisse et garnie de zones d'accroissement. Ils sont généralement attachés aux arbres par le côté.

L'espèce la plus intéressante est le polypore amadouvier, qui se trouve dans toutes les forêts, où le font remarquer ses grandes dimensions et son aspect général qui est un peu celui d'un pied de cheval. « On emploie surtout cette espèce à la préparation de l'amadou et de l'agaric des chirurgiens. Pour cela, on enlève dessus et dessous la couche superficielle, la plus résistante, et l'on fait tremper le reste dans l'eau, puis on bat fortement afin de rompre les parties dures. Quand le tout est bien séché, on bat de nouveau jusqu'à ce que la masse soit souple et moelleuse au toucher. En cet état, on recherche ce polypore comme hémostatique, principalement pour arrêter le sang qui s'écoule des piqûres de sangsues ou des plaies de peu d'étendue. Il a été aussi proposé comme dilatant des trajets fistuleux. Quand on veut l'employer pour obtenir du feu avec le briquet, on le trempe dans une solution d'azotate de potassium, afin de le rendre plus combustible. Il est probable que de grandes plaques d'amadou, appliquées sur les parties douloureuses du corps, seraient excellentes dans les cas d'affections rhumatismales et comme moyen préventif des douleurs. » (H. Baillon.)

Fig. 200. — Hydne hérisson.

Fig. 201. — Pezize orangée.

*
* *

Le « champignon des maisons » est intéressant à un autre point de vue.

Les solives des maisons sont parfois détruites de fond en comble, depuis la cave jusqu'au grenier, par un champignon qui les émiette, les dissocie et, finalement, les fait écrouler. Quand cet accident se produit, le propriétaire accuse l'architecte, celui-ci, l'entrepreneur et ce dernier, le marchand de bois, lequel tombe à bras raccourcis sur le malheureux paysan qui lui a vendu ses coupes.

Fig. 202. — Pezize ordinaire.

D'où multitude de procès où la justice a toutes les peines du monde à se reconnaître.

Ces dégâts ont été observés de tout temps, mais ils ont augmenté manifestement dans ces dernières années. Ce redoublement de fréquence est évidemment dû en grande partie aux nouveaux errements du commerce des bois et à la façon défectueuse, imprévoyante et trop hâtive dont sont menés, en général, les travaux de construction. On a institué, en 1898, une commission internationale spéciale pour l'étudier, mais elle ne paraît pas avoir donné jusqu'ici beaucoup de résultats. Elle nous a cependant valu un opuscule de M. E. Henry, professeur à l'école forestière de Nancy, où la question est fort bien mise au point ; nous allons la résumer.

Le champignon en question appartient au même groupe que les champignons

Fig. 203. — Amadouvier.

à chapeau, comme l'agaric champêtre et tant d'autres. Mais il est intéressant surtout par son « blanc », son « mycélium », comme disent les botanistes. Là où il se trouve de l'air humide stagnant, dans les caves, par exemple, les filaments sortent du bois, très blancs, peu serrés, formant de grands tapis de laine blanche très molle, qui recouvrent non seulement la surface du bois, mais peuvent aussi s'étendre sur d'autres objets voisins dont ils ne tirent aucun aliment ; ils montent ainsi le long de la maçonnerie, tapissant le sol humide, les dalles de pierre, etc.

Souvent, à la surface, on voit des gouttelettes d'eau, ce qui a fait donner à l'espèce le nom de *merulius lacrymans*, c'est-à-dire champignon « qui verse des larmes ». Bientôt on voit apparaître, sur ce blanc tapis d'ouate, les fructifications étalées le plus souvent en forme d'assiette.

Les filaments se développent dans l'intérieur du bois ; ils sont invisibles à l'œil nu. Ils enlèvent au bois les matières azotées dont ils ont besoin pour s'accroître ; tant que le mycélium végète dans le bois sain, il trouve de la nourriture ; mais une fois cette provision épuisée, le champignon doit périr. Les filaments se dissolvent et disparaissent complètement, si bien qu'il est souvent difficile de trouver des traces de mycélium dans le bois fortement altéré.

Le bois, épuisé par le champignon, s'est transformé en une substance brune consistant en lignine, en tanin et en oxalate de calcium. Tant que le bois contient de l'eau en abondance, il garde son volume primitif, mais quand cette eau a disparu, il prend un tel retrait qu'il se produit des crevasses à angle droit l'une sur l'autre, et que le bois tombe par fragments cubiques réguliers. Cette destruction est accompagnée d'une coloration brune ; le bois est devenu friable et se réduit en une poudre jaune très fine quand on le broie entre les doigts.

Parmi les filaments du champignon, on remarque des cordons très solides qui contiennent des tubes, lesquels transportent évidemment depuis le substratum nourricier, c'est-à-dire la charpente, jusqu'au mycélium qui se développe à l'extérieur, non seulement l'eau, mais encore les aliments nécessaires au développement des tissus, et comme ces cordons atteignent une longueur considérable, qu'ils vont, en profitant des interstices de la maçonnerie, depuis la cave jusqu'aux étages supérieurs, on s'explique comment le champignon, sans rencontrer en chemin aucun aliment, apparaît dans les parties du bâtiment où il ne se trouve point de bois.

Le *merulius* peut même détruire de la boiserie sèche, parce que, grâce à ses cordons, il attire des autres parties humides du bâtiment autant d'eau qu'il lui est nécessaire pour humecter d'abord le bois sec et le rendre ainsi accessible à la destruction. Il est même tellement avide d'eau que s'il ne peut la céder à du bois, il l'élimine, comme nous le disions tout à l'heure, sous forme de larmes.

On a cru longtemps que ce champignon se propageait toujours par contagion d'une maison à l'autre. On sait aujourd'hui qu'il existe dans les arbres eux-mêmes, sur pied. Il y a des forêts plus ou moins contaminées. Ainsi, en Russie, il y en a dont on se garde d'employer les arbres comme bois de construction, parce qu'ils sont envahis à très bref délai par le champignon, malgré les plus grandes précautions.

Il serait donc d'un intérêt de premier ordre de pouvoir reconnaître si les bois que l'on se propose d'utiliser renferment ou non des germes d'infection, soit des spores, soit des champignons. Malheureusement la science est encore muette à cet égard.

En attendant, on peut, à l'aide de quelques précautions, empêcher le champignon de se développer, même s'il existe déjà dans le bois. En n'employant que des bois bien secs, en encastrant les poutres dans des murs également très secs et assez épais pour s'opposer à la pénétration de l'humidité extérieure, en prenant la précaution d'imprégner l'extrémité des poutres d'une substance antiseptique énergique et pénétrante, en ne négligeant pas d'appliquer une bonne couche de peinture, en n'employant que des matériaux de remplissage parfaitement secs n'attirant pas l'humidité, en aérant suffisamment les caves, surtout celles où il y a un calorifère, en évitant tout contact entre le bois et les liquides alcalins (lessives, urines, cendres humides, etc.), on a beaucoup de chances de se mettre à l'abri de l'invasion. Pour montrer l'importance de ces précautions, voici trois exemples pris à Nancy et qui montreront que le *merulius* peut causer des pertes sérieuses.

1° Un négociant en vins fait établir autour des murs d'un grand cellier un contre-mur, distant de 20 centimètres, afin de maintenir une lame d'air isolante contre les variations de température. Cette couche d'air stagnant et humide était un milieu des plus favorables à l'évolution des spores et du mycélium ; on eut en outre l'imprudence de faire porter les poutres sur les deux murs sans les recouvrir hermétiquement au préalable et empêcher ainsi cette couche d'air si dangereuse d'apporter aux poutres des spores et son humidité. Cette précaution était surtout commandée dans un cellier, où il y a de si grandes chances d'infection tenant aux arrivées fréquentes de matériaux et d'ouvriers venant des caves. Aussi, en moins de deux ans, le champignon avait-il envahi toutes ces poutres neuves au niveau de leur encastrement dans le mur ; on dut les sectionner à une certaine distance du mur et les faire reposer sur des piliers de fer. L'architecte et l'entrepreneur supportèrent les dépenses.

2° Le propriétaire d'une maison neuve du quai Claude-le-Lorrain dut, au bout de trois ans, faire remplacer toutes les poutres du troisième étage qu'il habitait. Elles étaient envahies par le merulius et pourries ; celles des autres étages étaient restées saines. L'accident, ici, était certainement dû à la trop faible épaisseur des murs qui, à cette hauteur, n'avaient que 35 centimètres d'épaisseur et étaient construits en pierre de Savonnières, tendre et poreuse. Ces murs si minces, exposés en plein vent de pluie, au vent d'Ouest, laissèrent arriver l'humidité jusqu'aux poutres où purent se développer vigoureusement les spores ou le mycélium qu'elles contenaient primitivement, ou qui leur avait été apporté. L'architecte, étant dans les délais de garantie, dut payer toutes les réparations, sauf recours contre les entrepreneurs.

3° Le même propriétaire eut en même temps maille à partir avec ce champignon dans une autre maison neuve, à destination de Cercle militaire, où, par un vice de construction des cabinets, le bois prenait contact avec l'urine. Sous l'influence du liquide alcalin, toutes les poutres avoisinantes furent bientôt détruites. Des experts furent nommés, l'architecte dut encore payer les frais.

On cite aussi une maison, en Russie, détruite en moins de six mois.

CHAPITRE XXVIII

La truffe, énigme de la terre.

Demandez à dix personnes ce que c'est que la truffe : une seule saura vous dire qu'on doit la considérer comme un champignon, ce qui est exact. Les autres vous affirmeront que c'est une « excrétion des racines », une « galle » produite par la piqûre d'un insecte, ou une « simple production de la terre ». Que ces opinions erronées aient cours dans les villes, cela n'a rien de surprenant ; mais que les mêmes idées archaïques aient cours dans le pays même des truffes, voilà qui semble dépasser les bornes. Cela est cependant, et un paysan m'a même affirmé que les truffes se développaient « à la suite d'un coup de foudre ». L'erreur la plus courante est que les truffes sont causées par des insectes qui pénètrent dans la terre et piquent les racines pour y déposer leurs œufs. « La preuve, me dit un truffier, c'est que l'on reconnaît l'emplacement d'une truffière à ce qu'il y a des quantités de moucherons au-dessus d'elle. » J'ai pu d'ailleurs constater le fait *de visu*. Les mouches voltigeaient dans l'air en colonnes serrées, comme on le voit faire souvent aux moustiques. Elles montaient, descendaient, tourbillonnaient en cadence, formant un véritable nuage, mais sans quitter l'emplacement que mon cicerone m'avait indiqué comme riche en truffes. C'est la fameuse théorie de la « mouche truffigène », pour laquelle entomologistes et cultivateurs rompirent tant de lances et qui, on le voit, persiste encore aujourd'hui.

On sait maintenant que cette théorie ne repose que sur un « trompe-l'œil ». Il y a des mouches parce qu'il y a des truffes et non des truffes parce qu'il y a des mouches. Certains insectes, en effet, soucieux de donner gîte et nourriture succulente à leur progéniture, viennent déposer leurs œufs *dans les truffes*. Les larves en dévorent en partie le contenu et donnent naissance à des êtres ailés qui vont se reproduire dans l'air. Les essaims que nous signalions tout à l'heure planent au-dessus des truffières pour être tout près de l'endroit où ils viendront pondre quelques instants après.

Voilà un point obscur nettement éclairci. Ce n'est, hélas ! pas le cas de bien d'autres. La truffe, tout le démontre, est un champignon souterrain ou plutôt la partie reproductrice d'un champignon souterrain (fig. 204).

Expliquons-nous. La partie fondamentale de ce dernier consiste en filaments blanchâtres, très ténus, analogues à des moisissures serpentant dans le sol.

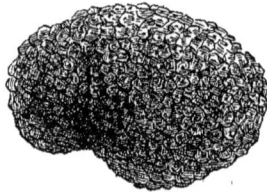

FIG. 204. — Truffe.

Ils se ramifient dans tous les sens et viennent notamment s'enfoncer dans les racines des arbres voisins. Tous ces filaments se nourrissent en absorbant les liquides du sol et aussi les sucs des racines. On suppose que, dans leur jeune âge, ces filaments vivent exclusivement en parasites sur les racines; il leur faut alors, pour se nourrir, des aliments tout élaborés. En grandissant, les filaments s'étendent au loin, et l'on admet qu'ils peuvent perdre toute connexion avec les racines des arbres, et dès lors, se nourrir tout seuls. Ils ne seraient donc *parasites* que dans leur tendre enfance. Quoi qu'il en soit, le champignon, comme c'est son droit, éprouve, à un moment donné, le besoin de se reproduire. En un point, il développe une faible gibbosité qui s'épaissit petit à petit, se divise en de nombreuses cellules au milieu desquelles se forment des agents de dissémination, des *spores* (fig. 205).

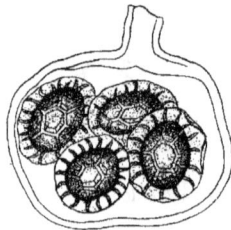

FIG. 205. — Spores de truffes
(vues à un très fort grossissement).

C'est tout cet ensemble qui constitue la truffe. En l'enlevant du sol avec soin et sous un filet d'eau la débarrassant de la terre qui l'encrasse on peut, en effet, mettre à nu les filaments qui lui ont donné naissance et lui apportent encore la nourriture. Tout ce que je viens de dire est « schématique ». En réalité on n'a jamais vu cette succession de phénomènes avec autant de netteté. On ne connaît qu'une série de faits isolés, que l'on a ensuite groupés d'une manière logique. Tout s'accorde cependant à démontrer que notre aperçu est exact.

Autre fait certain : les truffières sont toujours en rapport avec des arbres, et notamment des chênes, autour desquels elles sont disposées en cercle. A mesure que les arbres grandissent, les circonférences truffières s'élargissent et s'éloignent du pied. Il est donc probable que les truffes ne sont parasites que des *jeunes* racines, puisqu'elles les suivent à mesure qu'elles s'écartent du tronc.

Les truffes récoltées en diverses localités n'ont pas toujours le même arôme. Cela tient à ce qu'il y a en réalité plusieurs espèces et même plusieurs variétés de la même espèce. Au point de vue commercial, on distingue deux grandes catégories: les *comestibles* et les *sauvages*. Ces dernières sont rejetées, non parce qu'elles sont vénéneuses, mais parce que leur saveur est nulle, ou désagréable. On distingue, parmi elles, les *musquées* ou *caillettes*, les *jaunes*, les *frisées* et les *nez-de-chien*, ainsi nommées à cause de l'aspect grenu de leur surface qui rappelle assez bien le nez de l'ami de l'homme.

Les *musquées* sont celles que les marchands peu scrupuleux tentent le plus souvent de mélanger avec les bonnes espèces. Leur aspect extérieur est absolument le même et l'odorat seul peut les distinguer. Parfois, cependant, l'odeur de musc n'est pas trop prononcée : pour être fixé, il faut alors faire sauter avec l'ongle un petit morceau de l'écorce. La chair n'a pas, comme elle le devrait, un reflet rougeâtre.

Parmi les variétés comestibles, les commerçants distinguent surtout :

1° Les *truffes noires du Périgord et de Provence*, les *rabasso* des Provençaux, qui se présentent sous deux variétés. la *violette* et la *grise*. Cette reine des truffes a la forme d'un tubercule noir brunâtre, de la grosseur d'une noix à celle du poing, couvert de verrues polygonales à 6 pans marqués de cannelures longitudinales et d'une dépression à leur sommet. La chair, d'abord blanche, devient gris brunâtre et enfin noir violacé avec des veines blanches. On la trouve surtout dans le Vaucluse, les Basses-Alpes, la Drôme, le Lot et la Dordogne, mais elle s'étend bien au delà, jusque près de Paris, en Espagne et en Italie. On la récolte de novembre en avril.

2° Les *truffes blanches d'été*, les *maïen* ou *maïenco* des Provençaux, qui se trouvent surtout en montagne, sous le chêne rouvre. On les récolte de mai en novembre, deux fois par an, en juillet et en octobre. Leur chair est blanchâtre et d'une odeur agréable, quoique rappelant un peu celle des bergeries.

Cette espèce vit tout près de la surface du sol.

3° Les *truffes de Bourgogne*, avec les deux variétés *gros grain* et *petit grain*, de la grosseur d'une noix à celle d'un œuf de poule. Elles se récoltent vers la fin de décembre. On les reçoit avant celles du Périgord et l'on peut dire que ce sont elles seules qui, à Noël, servent à garnir les pâtés et les volailles.

Ces différentes espèces ou variétés vivent toujours dans le voisinage des arbres. Les chênes, et notamment le chêne blanc, ainsi que le chêne vert, sont les arbres où s'établissent le plus fréquemment les truffières. Mais ce ne sont pas les seuls. Ainsi, dans le Sarlatais, beaucoup de truffières se rencontrent dans les bois de noisetiers. Le pin d'Alep, le hêtre, le charme, le châtaignier, le bouleau, le peuplier, le platane sont aptes aussi, quoiqu'à un moindre degré, à la production des truffières.

Il est des truffières naturelles qui existent de temps immémorial. Ce sont elles qui fournissent le plus à la consommation. Les possesseurs de terrain se contentent de récolter tous les ans les truffes, en ayant soin de ne remuer le sol que le moins possible. D'autres fois, les truffières apparaissent spontanément en un endroit où l'on n'en avait jamais vu. Cette apparition, assez fréquente dans les bois de chênes, est d'ailleurs précédée longtemps à l'avance par un phénomène très net : le terrain se dénude complètement des herbes qui le recouvrent ; on le croirait brûlé. Cet étiolement général est dû à ce que les filaments qui donneront plus tard des truffes envahissent les racines des plantes basses et les étouffent.

Les chênes paraissent ne pouvoir devenir truffiers qu'à partir de 10 ans. Passé 30 ans, ils ne produisent plus que par périodes plus ou moins longues, séparées par des années stériles. Se basant sur ce fait, l'administration des Forêts coupe les chênes truffiers vers 25 ou 30 ans, admettant ainsi que, dès lors, leur production est nulle ou aléatoire. Dans un bois de chênes, les truffières n'existent d'ailleurs que par places. En de nombreux points, elles manquent complètement, sans qu'on sache à quoi attribuer ce fait.

Pour devenir truffier, un terrain doit satisfaire à un certain nombre de conditions *sine qua non*. Elles préfèrent les pentes douces des collines exposées au Sud et à l'Ouest. Des arbres dont les racines ne s'enfoncent guère qu'à 15 ou 25 centimètres seulement leur sont très favorables, car les truffes viennent surtout bien à cette profondeur, où elles peuvent encore respirer « le bon air ». Ces tubercules aristocratiques sont très difficiles ; il leur faut de l'humidité mais pas trop, beaucoup de calcaire, de la lumière, des pluies modérées. Le froid leur est nécessaire pour bien mûrir et devenir parfumées, mais là encore il faut un juste milieu. L'altitude est aussi à considérer ; les diverses espèces ne réussissent pas toutes à la même hauteur ; on peut, par exemple, se rendre compte de ces flores superposées sur cette vaste truffière que constitue le mont Ventoux.

Nous donnons (fig. 206) la carte de répartition des truffes en France. On est tout de suite frappé de leur absence en Bretagne et dans le plateau central. Or, ces deux régions sont formées de ce que les géologues appellent des roches anciennes, granites et schistes. Les truffes ne se trouvent guère que dans les terrains crétacés et jurassiques.

*
* *

Depuis que l'on connaît la truffe, on a essayé de la cultiver. La plupart de ceux qui s'en sont occupés, et ils sont légion, cherchaient surtout à semer de petits tubercules ou des gros, coupés en fragments, comme on le fait souvent pour la pomme de terre. — Nous en avons dit assez sur la question pour que l'on comprenne que ces semis, faits ainsi au hasard, ne devaient absolument rien donner. C'est ce que l'on constatait. Il faut bien dire aussi que, alors même que les semis eussent été faits dans le voisinage des arbres et dans les conditions nécessaires aux truffières ils seraient demeurés stériles. *Les spores des truffes ne germent pas,* ou du moins ne le font que dans des conditions très spéciales qui ne sont pas encore bien connues ; en un mot, il faut qu'elles aient mûri pendant longtemps. Il semble cependant que l'on puisse hâter cette maturité par certaines pratiques, notamment par la fermentation préalable des tubercules.

Mais, le procédé de beaucoup le meilleur consiste à récolter de la terre de truffière et à la répandre dans le champ que l'on veut ensemencer. Cette terre contient, en effet, naturellement, des spores de truffes mûres et dans les conditions normales pour bien germer. Ce procédé, dans les mains de M. Kiéfer, inspecteur des Eaux et Forêts, a donné de très beaux résultats, mais n'a pas réussi à tous ceux qui l'ont tenté.

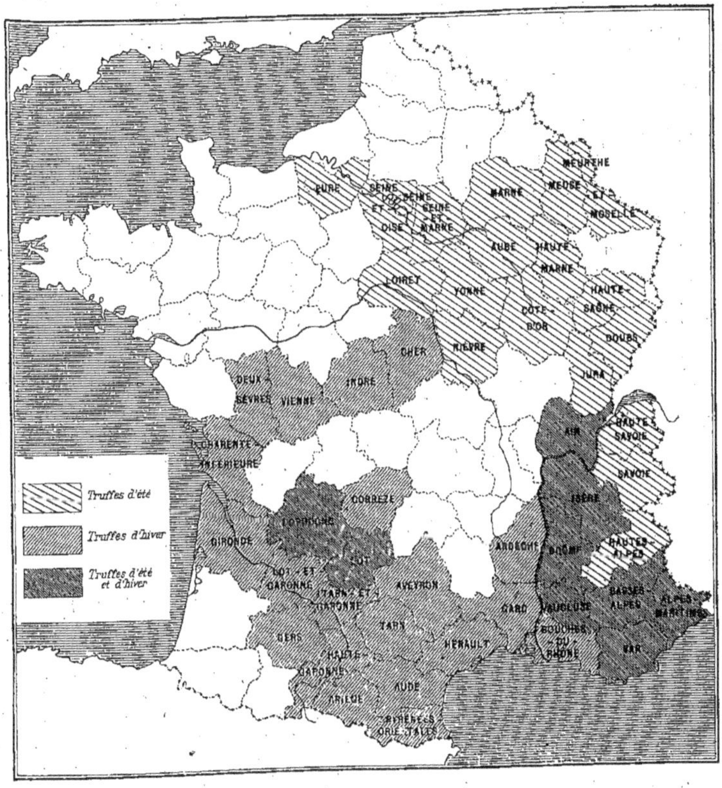

FIG. 206. — Répartition des truffes en France.

C'est là une culture directe, mais je dois ajouter tout de suite, à la courte honte des botanistes, que la culture indirecte, empirique, lui est de beaucoup supérieure. « Si vous voulez des truffes, semez des glands », disait Gasparain, qui a ainsi fort bien résumé cette méthode. A quelle date a-t-elle pris naissance? Voici ce qu'en dit Chatin, très ferré sur ce qui touche à la truffe.

L'an X de la République française, savoir en 1802, suivant quelques-uns, seulement vers 1808 ou 1810 suivant d'autres, Joseph Talon, fils de Pierre, de Saint-Saturnin-les-Apt, sema des glands dans une parcelle rocailleuse de terre avoisinant sa maison. Quelques années plus tard, il récoltait des truffes sous ses petits chênes : le rusé paysan avait reconnu la valeur de sa découverte, qu'il résolut d'exploiter secrètement en la dissimulant. Ayant acheté des terres sans valeur, de son entourage, il y fit des peuplements avec les glands qu'il récoltait, en se cachant, sur tous les chênes ayant truffière à leur pied, et bientôt il put faire d'abondantes récoltes de truffes. Mais le fils de Pierre avait un cousin, Joseph Talon, fils d'Antoine, non moins madré, qui surprit son secret, acheta aussi des rocailles à bon marché, planta des glands et eut beaucoup de truffes; ainsi firent dès lors tous ses voisins. Bientôt on ne comptait plus les truffières ainsi obtenues dans les départements de Vaucluse et des Basses-Alpes.

Aujourd'hui, la trufficulture a envahi la Provence et le Poitou. Le Périgord commence aussi à s'y mettre.

Tout d'abord, quand on veut créer une truffière, il faut se mettre dans les conditions, rappelées plus haut, où elle puisse se développer. C'est là une vérité de la Palice, mais qu'il est bien difficile de mettre à exécution et, souvent un terrain qui, *a priori*, paraissait très favorable, ne donne aucun produit. Il faut ensuite ne semer que des glands récoltés dans une région truffière. Il est en effet démontré que ces glands sont beaucoup plus favorables que les autres au développement des truffières. Ce n'est pas à dire que ces glands ont une qualité *héréditaire*, mais parce que, en prenant des glands de chênes truffiers, on a l'assurance de posséder des sujets issus de parents à aptitude truffière certaine. D'autre part, c'est là le point capital (et cependant souvent méconnu), on doit faire la récolte des glands, non sur les arbres, mais *à terre*. De cette façon, ils emmènent avec eux quelques parcelles du sol et en même temps des spores mûres de truffes. Cette précaution, remarque avec juste raison Chatin, inutile pour les reboisements en régions truffières où les vents ont apporté de toute part et déposé des spores, n'est pas à dédaigner dans les essais de création de truffières en pays où la truffe noire (bien meilleure que la blanche) est inconnue, comme en Bourgogne et en Champagne. Toutefois il ne faut pas se dissimuler en ce dernier cas les aléas : les glands peuvent ne rien emporter du tout ou perdre dans le trajet les rares spores qu'ils avaient d'abord attachées à leurs flancs. Aussi Chatin estimerait-il que dans tout essai de création de truffière, quant à l'espèce de truffe emportée, on devra emplir quelques sacs de terre de truffières, terre qu'on disposera autour des glands au moment de leur mise en terre.

Ce que nous venons de dire est relatif à la culture empirique de la truffe. Mais celle-ci ne va pas tarder à devenir essentiellement scientifique, grâce aux remarquables recherches de M. Matruchot, maître de conférences à l'École normale supérieure. En effet, en appliquant à la truffe la technique microbiologique, d'un emploi si sûr et si précis, il est parvenu à faire germer des spores de ce champignon dans des cultures absolument pures de tout organisme. Les spores ont donné un abondant mycélium. Celui-ci a été enterré au voisinage de chênes et va probablement donner des truffes. L'expérience n'est pas encore terminée, mais de son côté, M. E. Boulanger, opérant à peu près de même, mais d'une manière peut-être moins précise, assure en avoir obtenu de grandes quantités.

*
* *

La recherche et la récolte se pratiquent suivant trois modes divers :

1° *Récolte à l'aide du porc* (fig. 207). — C'est la méthode la plus parfaite et la plus suivie. Rien ne vaut le porc, si ce n'est la truie, pour flairer même à 5o mètres la plus petite truffe et la faire sauter d'un coup de groin aux pieds de celui qui le dirige. Cet animal, tant calomnié pour le peu de délicatesse qu'il apporte dans la recherche de sa nourriture, est très friand du mets au sujet duquel Juvénal fait dire à Alledius : « Lybie, garde ton blé pourvu que tu nous envoies des truffes ! »

Si le porc les recherche et les met à nu, ce n'est généralement pas qu'il ait été dressé à cet exercice ; il se propose simplement de les manger et il le ferait si son maître n'intervenait pas.

L'homme qui s'occupe de la récolte des truffes s'appelle *rabassier*. Il est ordinairement muni d'un sac, placé sur le dos, dans lequel il met les truffes, d'une musette renfermant des glands, des fèves, du maïs, destinés à récompenser le porc, et d'un épieu ferré, pour éloigner ce dernier au moment psychologique, ou compléter son travail. Pour diminuer autant que possible les tentations du compagnon de saint Antoine, on a soin de lui faire faire d'abord un bon repas.

Amené sur le lieu de la récolte, il flaire les truffes et, de suite, les fait sortir, soit en *arasant* le tubercule, soit en introduisant son groin *au-dessous*. Le rabassier l'éloigne d'un coup d'épieu, ramasse la truffe et donne au porc quelques glands. Plus tard, le porc s'habitue tellement à cette tactique qu'il ne songe plus à manger la truffe ; il la met à nu et, aussitôt, regarde son guide pour demander son salaire. Mais, par exemple, il ne faut pas lésiner sur ce dernier. Le porc est très entêté et rancunier : si on lui refuse le gland auquel il a droit, il ne veut plus travailler, ou pour se venger mange rapidement la première truffe qu'il rencontre. Ah mais !

2° *Récolte à l'aide du chien.* — On n'emploie guère le chien que dans les régions où la production est médiocre et où, par conséquent, il faut parcourir de vastes espaces. Ce sont en général des roquets de petite taille que les rabassiers, surtout les maraudeurs, utilisent, en choisissant bien entendu les petits de parents bons truffiers. On les dresse en cachant de petites truffes accompagnées d'un morceau de lard qu'on leur donne quand ils les ont découvertes et que l'on remplace ensuite par un morceau de pain. Le chien ne déterre pas la truffe avec

le museau comme le porc, mais en grattant le sol avec les deux pattes de
devant. Le rabassier achève son travail avec l'épieu ferré. On récompense le
chien avec de petits morceaux de pain.

3° *Récolte par l'homme.* — Ce mode de récolte est utilisé, encore plus que le
précédent, par les maraudeurs et les rabassiers pauvres. N'ayant pas eu l'occasion de nous en rendre compte *de visu,* nous en donnons la description d'après
M. Ferry de la Bellone.

Fig. 207. — Récolte des truffes à l'aide du porc.

Au nombre des indications sûres mais qui laissent, au point de vue de la pratique, beaucoup à désirer, sont celles fournies par le développement de la truffe
elle-même et par les modifications qu'elle imprime à la surface plastique du sol.
La présence des insectes tubérivores est également un signe fort précieux et
l'on peut, en s'aidant de ces divers indices, chercher les truffes *à la marque* ou
à la mouche. Quand une truffe se développe et s'accroît à une petite profondeur
au-dessous du sol, elle le soulève légèrement en produisant à la surface une

fente, une fissure, une gerçure, une « écarte » qu'on appelle vulgairement « la marque ». Le moment le plus favorable à la recherche à la marque suit les dernières pluies de l'été. Les truffes récoltées à ce moment ne sont en général pas mûres.

Le procédé *à la mouche* est tout aussi sûr que celui *à la marque* tout en étant plus pratique. Il est applicable pendant une période plus longue et il permet de récolter la truffe à sa maturité. Il est basé sur ce fait, déjà signalé, que certains insectes recherchent la truffe pour y déposer leurs larves et que ces larves s'en échappent à leur tour lorsque leur dernière métamorphose les a amenées à l'état d'insectes parfaits. La recherche de la truffe à la mouche demande une grande habitude et il faut longtemps pour familiariser l'œil à l'observation de ces insectes qu'il faut saisir à un moment donné de leur vol rapide. Cette chasse est du reste fort longue et elle n'est pas rémunératrice, car elle exige beaucoup de temps en regard de la récolte qu'elle permet de réaliser. Tous les jours ne sont pas bons à la sortie des insectes, et c'est la sortie qui est l'accident le plus utilisable; puis la vue est bornée par un horizon fort étroit et bien des mouches y échappent qui s'envolent loin de l'endroit d'où le truffier les observe et les guette.

*

La truffe recherchée partout est une source importante de la fortune agricole de la France, aussi le haut prix qu'atteignent ces précieux tubercules a-t-il, cela va sans dire, excité l'ingéniosité des fraudeurs.

En Provence et en Périgord « trompeur » et « marchand de truffes » sont presque synonymes : « *Tès in trifier, tès un truffairé!* » Le rabassier commence d'abord par humecter légèrement la truffe et la roule dans la terre, ce qui augmente sensiblement son poids. Quand les truffes ont des formes tourmentées, il remplit les trous avec de l'argile, ce qui leur donne un aspect arrondi et accroît leur valeur marchande, en raison du moindre déchet qu'elles semblent devoir donner à l'épluchage.

Quant au mélange de bonnes truffes avec des espèces sans valeur, c'est pour ainsi dire l'enfance de l'art. Les truffes musquées et les truffes blanches d'hiver sont celles que l'on ajoute le plus souvent à celles du Périgord, auxquelles elles ressemblent beaucoup. Le petit bourgeois qui va faire ses emplettes au marché est sûr de son affaire : heureux si le quart de son lot est de bon aloi.

Mais le cynisme des fraudeurs va encore plus loin. Ils donnent comme truffes du Périgord des truffes blanches d'été, colorées par le tanate de fer et parfumées artificiellement. Il y a même des fabriques spéciales pour fabriquer des truffes avec des morceaux de carottes ou de pommes de terre colorées au tanate de fer et trempées dans une essence de goudron de houille !

CHAPITRE XXIX

Les algues, fleurs de la mer.

Au bord de la mer les fleurs sont rares ; leur délicatesse ne s'accorde pas avec l'âpreté du climat. Aussi les villégiateurs qui aiment de brillantes colorations sont-ils un peu désappointés lorsqu'ils arrivent auprès de la « grande tasse ». Qu'ils se rassurent ; ils pourront quand même satisfaire leurs goûts esthétiques en collectionnant des algues, véritables fleurs de la mer. Certaines atteignent même à une finesse auprès de laquelle les fleurs des jardins semblent véritablement « mastocs » ; quant à leurs couleurs, certaines sont très voyantes et assez variées puisqu'il y en a de rouges, de violettes, de bleues, de brunes et de vertes.

Fɪɢ. 208. -- Une algue calcaire, la coralline.

Pour récolter des algues, rien n'est plus facile : il suffit de se promener sur la plage, notamment aux endroits où la mer, en se retirant, a abandonné divers détritus. On aperçoit alors les algues plus ou moins pelotonnées, plus ou moins enchevêtrées et il faut avouer qu'ainsi elles ne payent pas de mine. Ne vous laissez pas influencer par cette première impression : emportez-les à la maison, par exemple dans un mouchoir mouillé, et, en les plongeant dans l'eau, vous les verrez s'épanouir — telle une rose de Jéricho — en montrant leurs formes graciles et délicates. Ce que je viens de dire s'adresse surtout à ceux qui ne cherchent dans la récolte des algues qu'un amusement : les espèces ainsi recueillies sont en effet en assez petit nombre et de plus sont quelquefois détériorées par le flot qui les a arrachées aux rochers sous-marins. Toutefois les exemplaires ramassés de cette manière sont loin d'être négligeables ; après une tempête on peut même trouver des espèces assez rares que l'on n'aurait pas pu se procurer autrement car elles viennent de profondeurs que la mer ne découvre jamais,

Les plus jolies algues sont celles dont la teinte est rouge. En séchant, elles conservent leurs belles couleurs. La plupart sont divisées en rameaux très découpés, fins comme des fils et agréablement ramifiés : ce sont les *ceramium*, les *plocamium*, etc. Certaines, comme les *delesseria*, ressemblent à des feuilles

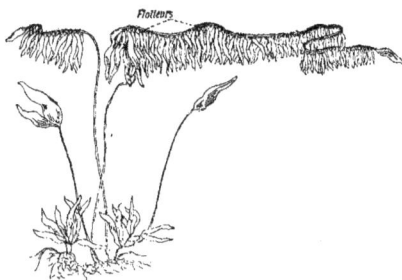

Fig. 209. — Laminaire.   Fig. 210. — Une algue de 300 mètres de longueur *(macrocystis)*.

rouges, avec des nervures plus foncées. Il en est enfin qui, encroûtées de calcaire, ressemblent à de véritables polypiers (coralline, etc.) (fig. 208).

Les algues vertes sont moins variées. L'une des plus connues est une large lame verte, irrégulière, plate, l'ulve, très abondante sur toutes les plages.

Les algues bleues sont toujours très petites et assez insignifiantes ; on les rencontre plutôt tout à fait sur le bord de la mer, par exemple sur les rochers rendus simplement humides par les éclaboussures des vagues.

Enfin les algues brunes sont à la fois les plus charnues et les plus volumineuses. C'est parmi elles que doivent se placer les fucus, plus connus sous le nom de varechs, de raisins de mer, qui pendent aux rochers

Fig. 211. — Sargasse.

et les rendent si glissants. A leur surface on remarque des vésicules creuses qui servent de flotteurs. Tout à l'extrémité des rameaux, il y a d'autres vésicules, mais celles-ci, charnues, servent à la reproduction. C'est aussi dans les algues brunes que se trouvent les laminaires (fig. 209), tantôt simples, tantôt divisées, souvent agréablement plissées à la surface, qui atteignent fréquemment plusieurs mètres de longueur ; — le curieux *macrocystis pilifera* (fig. 210) qui vit entre

200 ou 300 mètres de profondeur — et les sargasses (fig. 211) qui, arrachées du fond, viennent, grâce à leurs vessies natatoires, nager dans la « mer des sargasses ».

*
* *

Rien n'est plus amusant ni plus gracieux que de se servir d'algues qu'on a

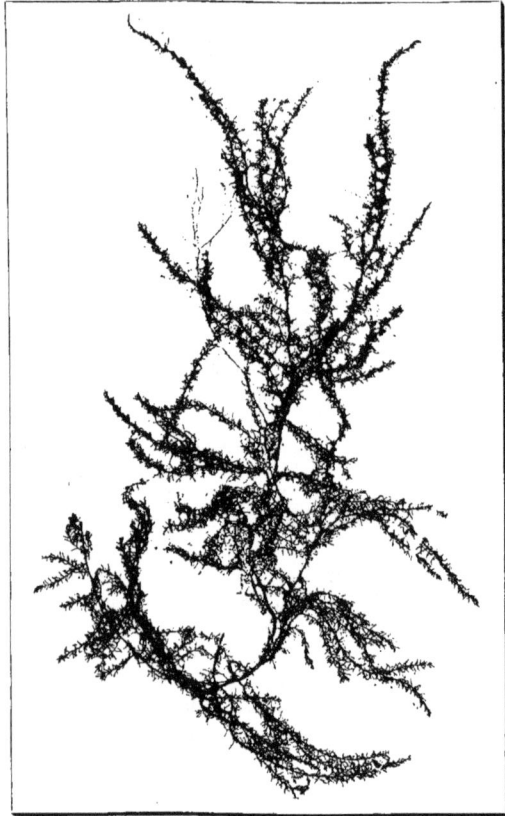

Fig. 212. — Carte postale illustrée à l'aide d'une algue.

récoltées pour illustrer soi-même du papier à lettres, des menus ou des cartes postales (fig. 212). Pour cela, on plonge l'algue dans une cuvette d'eau douce et, lorsqu'elle est bien épanouie, on glisse par dessous — dans l'eau, bien entendu — la feuille ou la carte à illustrer. Celle-ci étant disposée horizontalement, on la soulève petit à petit de manière que l'algue vienne toucher sa surface : pendant cette ascension on a soin de donner à l'algue, à l'aide d'une épingle ou d'un bout d'allumette, un contour gracieux. On continue à soulever la carte et finalement on la sort de l'eau : à ce moment les filaments sont bien étalés et l'on ne risque plus de les voir s'enchevêtrer. On égoutte l'eau en partie en inclinant la carte, puis on place celle-ci entre deux feuilles de papier buvard, mais — c'est là le point important — en recouvrant la surface qui porte l'algue d'une fine mousseline. Sur le tout, on dispose un corps lourd et plat, un livre par exemple. Deux jours après, on enlève successivement le livre, le papier buvard supérieur, la mousseline et... c'est fini. L'algue, loin de se coller à la mousseline, comme on a généralement tendance à le redouter, s'est ancrée en quelque sorte dans la carte ; elle fait corps avec elle, si bien qu'on la prendrait pour un simple dessin fait par une plume délicate. Laissez sécher encore à l'air un ou deux jours, puis envoyez la carte à des amis ; ils en seront enchantés..

Au demeurant, les usages des algues sont assez restreints. Les fucus, sous le nom de goémon, servent d'engrais. On les incinère aussi pour en extraire la soude. De certaines algues rouges, les chondrus particulièrement, on extrait une sorte de gélatine, l'agar-agar, utilisé pour la culture des microbes. Nul doute qu'en cherchant un peu on ne les trouve susceptibles de fournir bien d'autres produits ; de mauvaises langues prétendent que l'on utilise certaines d'entre elles à faire des confitures : la chose n'est pas impossible.

CHAPITRE XXX

De la feuille à la feuille.

———

La parenté entre certains végétaux (symbolisés par leur feuille) et la feuille de papier est trop proche, et leurs apparences respectives trop dissemblables pour que nous ne fassions pas mention dans cet ouvrage de l'originale transformation — transformation indirecte, il est vrai — de l'une en l'autre, en disant quelques mots du papier et en passant en revue les végétaux qui servent à sa fabrication.

Le papier, qui joue dans la civilisation un rôle de plus en plus important, a eu des fluctuations nombreuses, des origines premières très différentes. Pendant longtemps dérivé du règne animal (parchemin) il est maintenant presque exclusivement tiré du règne végétal. Suivre l'évolution du papier, c'est suivre celle de l'écriture et de l'imprimerie ; jetons-y un coup d'œil.

« Semblables à l'enfant qui parle avant d'écrire, écrit le vicomte G. d'Avenel, les hommes primitifs inventèrent le langage avant l'écriture. Après avoir réussi à communiquer leurs idées par ces sons compliqués que nous appelons des « mots », ils conçurent l'art merveilleux de peindre ces sons eux-mêmes avec des signes. Et comme ils étaient loin d'avoir « tout ce qu'il faut pour écrire », les Anciens, à la mode des gamins d'aujourd'hui qui gravent avec un canif leurs impressions sur nos murs, se servirent de clous en guise de plumes et de briques en guise de papier. Il fallait, avec ce système, beaucoup de temps pour rédiger une phrase, beaucoup d'espace surtout — la matière d'une page in-octavo couvrait environ vingt-cinq mètres de muraille, — mais les bibliothèques étaient solides ; retrouvés au bout de quatre mille ans, les ouvrages sont encore lisibles.

« Ce fut la période cunéiforme ; elle dura jusqu'à la découverte, aux bords du Nil, du procédé de compression et de feutrage des pellicules d'une plante locale, le papyrus. Le papyrus subsista jusque dans les premiers siècles de notre ère, coûtant très cher — cinq cents fois plus, a-t-on dit, que notre papier actuel — et, pour ce motif même, ayant à soutenir la concurrence des tablettes de cire et des peaux de mouton savamment préparées. Ces dernières finirent par l'emporter tout à fait. Il y avait des centaines d'années qu'en France on écrivait exclusivement sur du parchemin, lorsque vers le règne de saint Louis apparut le papier de chiffon.

« Il venait de Chine, ayant marché fort lentement, avec une vitesse moyenne de cent lieues par siècle peut-être. Les peuplades de l'Asie centrale, puis les Arabes, puis les Égyptiens l'avaient de proche en proche apporté jusqu'à nous. En 650, on le voit à Samarcande ; en 800, on le rencontre à Bagdad ; en 1100, il est installé au Caire. Il longe alors le rivage africain, traverse ensuite la Méditerranée, et pendant longtemps ne dépasse pas le Languedoc. La plus vieille papeterie française, celle d'Essonnes, fondée en 1340, se trouve être aussi la plus importante de toutes celles qui existent aujourd'hui sur notre sol.

« Au cours de son voyage, le papier s'était transformé : aux écorces de mûrier, aux fibres de bambou que les Chinois employaient, les Turcs avaient substitué le linge usé et les vieux cordages. Le changement de matière première ne modifiait d'ailleurs pas beaucoup la fabrication, la méthode originale qui, dans ses grandes lignes, n'a guère varié : réduire les éléments du futur papier en pâte, en bouillie, en une purée si noyée d'eau qu'il semble, à la voir couler sous ses yeux, qu'on en boirait une tasse aussi facilement qu'une tasse de lait ; puis recueillir ce liquide sur un tamis, où les parcelles en suspension se déposent, s'agglutinent, tandis que la partie fluide s'échappe en filtrant à travers les mailles et ne laisse qu'une mince couche blanchâtre qui se solidifie, se dessèche et forme une feuille de papier, tel est le principe que l'on appliqua jusqu'au xviiie siècle au chiffon, et que depuis quatre-vingt-dix ans on a successivement adopté pour la paille, l'alfa et les diverses essences de bois. La consommation et la production ont, comme il arrive, grandi de concert, l'une portant, ou mieux poussant l'autre. Elles n'ont point cependant marché toujours du même pas, et, selon que la première ou la seconde s'attardait, des crises survenaient provoquées, tantôt par la cherté extrême, tantôt par l'extrême abondance du papier.

« Lorsque celui-ci commença à se répandre, vers le milieu du xive siècle, la feuille se vendit, suivant le format, depuis 12 jusqu'à 60 centimes *de notre monnaie*, en tenant compte de la valeur relative de l'argent. Le parchemin, qui coûtait alors de 1fr,20 à 2 francs la feuille, qui valait même 2fr,40 pour les qualités supérieures provenant de veaux ou de chevreaux — parchemins « vélins » ou « chevrotins », — semblait condamné à disparaître, puisqu'il était quatre fois au moins et, dans certains cas, *dix fois plus cher* que le nouveau papier. Il n'en fut rien, les deux marchandises vécurent côte à côte : quoique le papier ait singulièrement diminué de prix aux époques suivantes, jusqu'à ne plus valoir, dès le xve siècle, que 30 francs au maximum, et le plus souvent 8 et 9 francs les cent feuilles, la valeur du parchemin ne baissa pas, sans doute parce que sa fabrication s'était restreinte d'elle-même, en proportion du petit nombre d'emplois où il demeurait sans rival.

« Pour les manuscrits de luxe, pour les copies enluminées et historiées, les frais de main-d'œuvre dépassaient de beaucoup ceux de la matière ; l'achat du parchemin était peu important. Un Évangile établi en 1419, à Paris, pour l'hôpital Saint-Jacques, revient à 1 600 francs de nos jours, dont 100 francs seulement pour le parchemin, 220 francs pour la copie, 56 francs pour la couverture en drap et 1 224 francs pour la dorure. La reine d'Espagne se commande en 1532 un psautier de 440 francs ; le parchemin n'entre dans le total que pour 80 francs tandis que la peinture seule des lettres majuscules y figure pour 160 francs, et les autres peintures pour 120 francs. Pour les livres courants au contraire, registres de compte, ouvrages d'éducation, pour la correspondance, le papier devint presque seul en usage. Il servait aussi pour les fenêtres : un morceau de grand format, faisant l'office de vitre, revenait au double des carreaux actuels en verre de même dimension. Lorsque les progrès de l'industrie eurent vulgarisé et embourgeoisé le verre, longtemps réservé aux vitraux des églises et des façades de palais, le papier, évincé peu à peu de ce terrain, vit son propre domaine démesurément accru par l'invention de l'imprimerie. Un volume de 400 pages in-quarto représentait, au temps de Gutenberg, un débours de 150 francs en parchemin et de 10 francs seulement en papier.

« Le papier, toujours matière précieuse et « noble », qui fournissait à la même époque la matière des cartes à jouer, de création récente, sert déjà aux emballages. A mesure que l'instruction élémentaire se répand, sa consommation se développe : l'affiche remplace le crieur aux carrefours ; les courriers et messagers partant à date fixe invitent à écrire et à recevoir des lettres.

« Au xvii° siècle naissent les gazettes ; au xviii°, les papiers de tenture pour appartements.

A tous ces rôles que lui faisaient jouer nos pères et qu'il joue encore, mais sur quel théâtre différent — au lieu d'une douzaine de journaux tirant chacun quelques centaines d'exemplaires, nous en avons des milliers dont un seul imprime un million de numéros par jour ! — à tous ces rôles dont le papier était chargé, nos contemporains en ont ajouté beaucoup d'autres : il doit fournir aux fumeurs l'enveloppe de leurs cigarettes, aux gouvernements leurs billets de banque, aux commerçants leurs prospectus, aux fleuristes les pétales de leurs roses artificielles. Que d'espèces et de familles depuis les « minces »: papier photographique, papier dentelle, papier de soie, papier doré, buvard, à calquer, à filtrer, à copier, jusqu'aux « épais »: papier-goudron, papier-carte, papier à dessin, papier-linge, dont on fait en certains pays, outre les cols et les manchettes que nous connaissons, des nappes et des serviettes, des chemises aussi, des jupons de femme, des caleçons et des chaussettes (l'infanterie japonaise en est généralement pourvue) ! Le papier se métamorphose encore, par la compression, en semelles de chaussures, que les fabricants garantissent imperméables, en tonneaux, tuyaux, roues, vases de toutes sortes, en simili-stuc pour l'ornementation des édifices, en couvertures, plus légères et plus résistantes, dit-on, que l'ardoise. Avec lui on construit des cheminées d'usine, voire des maisons entières... incombustibles, et des canots de six mètres de longueur, ni plus ni moins sujets à chavirer que les embarcations ordinaires.

« Ce papier, que l'on appelait avec un mépris décidément injuste du « papier mâché », tandis qu'il peut apprendre ainsi à braver et l'eau et le feu, se transforme indifféremment, sous l'aspect rudimentaire de cellulose ou de bois, en charpie pour panser ou en coton-poudre pour détruire. Bref, l'homme de ce temps, susceptible d'être vêtu et logé dans du papier, possédant une fortune en papier dans ses tiroirs et de la monnaie de papier dans sa bourse, ne sachant plus à quoi employer son papier, en introduit l'usage jusqu'en ses plaisirs : confetti, serpentins sont l'âme de notre carnaval régénéré. Pour manifester leur joie, les Parisiens d'aujourd'hui se lancent à la tête les uns des autres, en un seul jour, 50 000 kilogrammes de ces poignées de paillettes multicolores. Ce jeu suffit à établir quelque cordialité d'une heure entre inconnus adultes, passagèrement ramenés à l'enfance. De Paris, serpentins et confetti ont gagné les villes de province, et dans le fond des campagnes, aux foires, aux « assemblées » rurales, paysans et paysannes sèment consciencieusement à leur tour quelques livres de ces miettes de papier exhubérant. Pour répondre à ce besoin nouveau, des machines spéciales dépècent sans relâche les feuilles qui vont se faire cribler par des emporte-pièce perfectionnés. »

Ce que nous venons de dire de l'histoire du papier sera, croyons-nous, avantageusement complété par ce qu'en dit J. Girardin :

« C'est avec des chiffons de coton, de lin, de chanvre, de linge usé, les lambeaux de nos vieux vêtements, qu'on prépare cette substance précieuse, sans laquelle, bien certainement, la découverte de l'art de l'imprimerie n'eût pas eu l'influence qu'elle a exercée sur nos sociétés modernes.

« Dans l'origine, c'étaient des feuilles et des écorces d'arbre, des plaquettes de bois dressées ou enduites de cire, des tables d'ivoire ou de plomb, de pierre polie qui recevaient les caractères de l'écriture. Les Babyloniens traçaient leurs observations astronomiques sur des briques, et les livres sacrés des Hébreux étaient gravés sur de l'or, au dire de l'historien Josèphe. Plus tard, quand on eut préparer les peaux des animaux, on s'en servit comme moyen matériel de recevoir et de conserver la pensée ; alors les peaux de poissons, de couleuvres, de serpents, puis celles de chèvres et de moutons furent disposées pour cet usage, qu'Hérodote fait remonter à une haute antiquité. C'est surtout à Pergame, dans la Mysie, sous le roi Eumène, vers l'an 200 av. J.-C., qu'on perfectionna et qu'on fabriqua sur une grande échelle ces membranes si minces qui prirent les noms de *pergamenum*, de *pergama charta*, et que chez nous on appelle du parchemin et du vélin. En Grèce, on écrivit pendant longtemps sur des écailles de tortue, sur des coquilles d'huître *(ostrea)*, d'où vient le mo ostracisme

« Ce sont les Chinois, les Japonais, les Coréens qui fabriquèrent les premiers le papier en appliquant à cet usage le coton, l'ouate, la peau de cocon du ver à soie, les jeunes pousses ou la partie fibreuse de l'écorce intérieure des bambous, du mûrier ordinaire, de l'arbre *ku-tschæ* des provinces septentrionales, qui n'est autre chose que le mûrier à papier *(broussonetia papirifera)*, la moelle d'une grande ombellifère, le *toung-tsao* (*aralia papirifera* des botanistes modernes), les fibres textiles d'une espèce d'ortie, l'*urtica japonica*, etc.

« A une époque postérieure, mais indéterminée, les Égyptiens se servirent également, pour le même usage, des feuillets minces de la partie la plus interne de l'écorce des arbres à bois tendre (tilleul, peuplier, saule, etc.), couche corticale que les Grecs nommèrent *biblos*, les Latins, *liber*, d'où sont venus, chez eux comme chez nous, les mots bible et livre.

« Quant au mot papier, il vient de *papyrus*, nom que les Latins donnèrent à une plante aquatique, espèce de roseau de la famille des cypéracées (*cyperus papyrus* de Linné), qui croissait en abondance sur les bords du Nil. Ils crurent, à tort, que c'était cette plante qui fournissait la matière première des feuilles sur lesquelles on écrivait, feuilles ou rouleaux qui prirent dès lors la fausse dénomination de *papyrus*.

« Quoi qu'il en soit, la fabrication du papier égyptien est fort ancienne, puisqu'on a des fragments de papyrus qui remontent à plus de 4000 ans. Il s'ensuit donc que l'usage de l'écriture sur papier était très commun en Égypte lorsque les Grecs commencèrent à avoir des relations avec ce pays. Tout porte à croire que cet usage fut introduit en Grèce dès le xviiᵉ siècle av. J.-C.

« Peu de temps après la conquête de l'Égypte par les Romains, le papier de cette nation fut presque exclusivement adopté en Italie et y devint un objet de première nécessité. Son emploi subsista jusqu'au viiiᵉ siècle de notre ère, époque à laquelle les Arabes, maîtres de l'Égypte, y introduisirent le papier de coton, dont ils avaient appris la fabrication à Samarcande, capitale de la Bucharie. L'usage et la préparation de ce nouveau papier passèrent d'Afrique en Espagne vers le xiᵉ siècle. On le nommait alors *pergamino di pagno*.

« C'est alors que les Maures d'Espagne, établis à Valence, imaginèrent de remplacer le coton par le chanvre et le lin ; les premiers essais furent si heureux qu'en peu d'années l'usage du papier de coton fut abandonné dans tout l'Occident. Les premières papeteries de chiffon s'établirent en France, à Troyes et à Essonnes, vers 1312 ; presque à la même époque il s'en fonda à Padoue, à Fabriano (Piémont), à Colle (Toscane), longtemps après, en 1390, à Nuremberg. Ce n'est que dans le xvᵉ siècle que l'Angleterre en posséda ; jusque-là, c'est de France qu'elle tirait le papier dont elle avait besoin.

« La rareté toujours croissante des chiffons de lin a fait reprendre, depuis un demi-siècle, l'emploi du coton pour cette industrie, bien qu'il fournisse un papier mou et sans corps, en raison de la moindre ténacité de sa fibre ligneuse ; en revanche, la pâte est plus blanche et plus propre à recevoir les empreintes de la gravure. Généralement, pour le papier ordinaire, on mélange actuellement les chiffons de diverses natures végétales. »

*
* *

Les plantes susceptibles de donner du papier n'ont rien de bien « original » comme aspect général. La seule qui ait quelque chose d'un peu particulier à ce point de vue est le papyrus, qui se présente sous la forme d'une longue tige,

souvent un peu penchée, et terminée par une abondante chevelure faisant penser
à la tête d'un habitant de la Papouasie. Le papyrus était autrefois très abondant
dans la haute et surtout dans la basse Égypte; aujourd'hui il n'y existe plus
qu'à l'état de pieds isolés, constituant des raretés d'herbier et, si l'on en croit
les voyageurs, à l'heure actuelle on n'en trouverait même plus trace. Regret-
tons cette disparition d'une plante sympathique qui a permis, félicitons-nous
en, aux anciens Égyptiens de nous transmettre une multitude de documents
concernant leur vie et leur religion. La partie extérieure de la tige du papyrus

est formée de plusieurs pellicules
concentriques assez comparables,
quant à leur consistance, à des
pelures d'oignon. Les Égyptiens
isolaient ces pellicules en battant
les tiges, puis ils les découpaient
en bandes de 20 à 30 centimètres
de long sur 5 à 6 centimètres de
large, qu'ils collaient ensuite côte
à côte par le pied de manière à
obtenir de grandes feuilles. Ce
n'est pas tout; avant d'utiliser
ces feuilles comme papiers, il
fallait au préalable, pour leur
donner de la solidité, en coller
quelques-unes les unes sur les
autres, de manière à ce que les
fibres de chaque feuille fussent
perpendiculaires à celles qui leur
étaient immédiatement accolées.
Finalement, pour rendre le « papyrus » incorruptible, on le trem-
pait dans de l'huile de cèdre.

D'autres végétaux ne sont pas
habituellement traités directement pour faire du papier. On en

FIG. 213. — Papyrus.

confectionne des étoffes et, quand celles-ci sont usées, hors d'usage, à l'état
de chiffon, on les recueille et l'on en fait une pâte susceptible d'être transformée
en feuilles de papier.

Aujourd'hui le chiffon n'est plus guère employé que pour les papiers chers,
les papiers de luxe; ceux-ci représentent au plus le dixième de la production
totale. Ils sont d'ailleurs de composition très variable suivant que les chiffons
sont faits avec des fils de lin (fig. 214), de chanvre, de coton, etc.

La difficulté que l'on a à se procurer des chiffons en quantités suffisantes a,
de tout temps, fait chercher à les remplacer par des productions purement végé-

tales. Dès 1801, on utilisait à ce point de vue la paille, mais le papier obtenu servait — et sert encore — à confectionner des objets grossiers, tels que les sacs d'épicerie.

Fig. 214. — Lin.

Les Anglais et les Américains ont fait appel à une graminée, l'alfa (fig. 215), qui, en Espagne et en Algérie, forme de vastes prairies s'étendant à perte de vue — d'où le nom de « mer d'alfa » que l'on donne souvent aux vastes solitudes qu'elles occupent. Le papier que donne cette plante est fort beau ; il est très recherché pour les papiers d'impression, parce que — c'est le mot technique — il est « amoureux » de l'encre ; en Angleterre, il est très répandu.

Mais le végétal le plus « producteur » de papier est certainement le sapin ; c'est à son emploi que l'on doit la grande diffusion du papier et cette nuée de journaux quotidiens et de revues à des prix très modiques qui nous inonde aujourd'hui. C'est qu'en effet le sapin est extrêmement répandu, aussi bien dans les pays de montagnes des régions tempérées que dans les plaines des pays froids. Nous ne pouvons entrer dans le détail de la fabrication de ce papier de bois. Disons seulement que sa production est quelque chose de prodigieux par la vitesse et par la quantité. Tel journal, par exemple, qui paraît le lundi à Paris était peut-être encore une forêt de sapins en Norwège le lundi précédent. L'expérience a été d'ailleurs faite directement : une forêt a été transformée en des journaux *imprimés* en 145 minutes ! C'était il y a une dizaine d'années ; j'ignore si ce record a été battu. C'est probable, car dans notre vie « intensive », comme l'appelle M. Roosevelt, les records tombent chaque jour et meurent comme des mouches.

Fig. 215. — Alfa.

*
* *

Pour faire du papier, on peut utiliser un bien plus grand nombre d'espèces végétales que celles que nous venons de citer. C'est ainsi qu'en Chine, on se sert beaucoup de diverses fibres et notamment de celles du bambou, plante qui, tout autant que celles décrites au chapitre xxvi, est une vraie providence pour les pays chauds par la multiplicité de ses applications. Nous n'en voulons pour preuve que les extraits suivants d'un ouvrage rare qui, bien que datant de 1815, n'en est pas moins intéressant au premier chef. Il est dû à deux missionnaires, les R. P. d'Entrecolle et Cibot.

« Très anciennement les Chinois n'avaient point de papier. Ils écrivaient sur des planches de bois et sur des tablettes de bambou. Au lieu de plume ou de pinceau, ils se servaient d'un style ou d'un poinçon de fer. Ils écrivaient aussi sur le métal, et les curieux de cette nation en conservent d'anciennes plaques.

« Avant J.-C., on écrivit longtemps à la Chine *(sic)* sur des pièces de soie et de toile : c'est pour cela que la lettre *tchi* est composée tantôt du caractère *se,* qui veut dire soie, et tantôt du caractère *kin,* qui signifie toile.

« L'usage d'écrire sur la soie paraît s'être conservé pour les grandes occasions.

« En l'année 95 de l'ère chrétienne, sous les *Han,* un grand mandarin du palais, nommé *Tsai-Lun,* inventa une meilleure forme de papier qui porta son nom. Ce mandarin mit en œuvre l'écorce de différents arbres et de vieux morceaux de pièces de soie et de chanvre déjà usés : à force de faire bouillir cette matière, il lui donna une consistance liquide, et la réduisit en une espèce de bouillie dont il forma différentes sortes de papier. Il fit du papier de la bourre même de soie, qu'on nomme papier de filasse. Peu après, l'industrie chinoise perfectionna ces découvertes et trouva le secret de polir le papier et de lui donner de l'éclat.

FIG. 246. — Sapin.

« La consommation de papier est si grande à la Chine, qu'il n'est pas étonnant qu'on en produise de toutes sortes d'espèces. Les Chinois en ont fabriqué et en fabriquent une incroyable variété, tirée de l'écorce de divers arbres, surtout de ceux qui abondent le plus en sève. Les mûriers, les ormes, les arbousiers, le corps de l'arbrisseau qui produit le coton, le chanvre et plusieurs autres espèces d'arbres dont les noms sont inconnus en Europe servent à la confection de divers papiers.

« Un auteur chinois dit que dans la province de Sé-Tchouen le papier se fait

de chanvre ; que Kao-Tsong, 3ᵉ empereur de la grande dynastie des Tang, fit
faire un excellent papier de chanvre où il faisait écrire ses ordres secrets ; que
dans les provinces du Nord on y emploie l'écorce des mûriers ; que dans la province de Tché-Kiang on se sert de la paille de blé ou de riz ; que dans la province de Kiang-Nan il se tire du parchemin des cocons de soie, et se nomme
louen-tchi ; qu'il est fin, uni et propre pour des inscriptions et des cartouches ;
que dans la province de Hong-Kuang c'est l'arbre *tchu* ou *kao-tchu* qui fournit
la matière du papier.

« On y emploie l'écorce, ou même des parties de l'écorce : d'abord on ratisse
légèrement la mince superficie de l'arbre qui est verdâtre ; ensuite on détache
l'écorce intérieure en forme de longues aiguillettes très déliées, qu'on blanchit à
l'eau et au soleil. Après quoi on les prépare de la même manière que nous le
verrons pour le bambou.

« Mais le papier qui est le plus en usage est celui qui se fait de l'écorce intérieure de l'arbre nommé *kou-tchu* et c'est pourquoi ce papier s'appelle *kou-tchi.*
Quand on rompt ses branches, l'écorce se détache en forme de long ruban ; à
en juger par ses feuilles on croirait que c'est un mûrier sauvage, mais par son
fruit il ressemble plus au figuier. Ce fruit tient aux branches sans qu'on y aper-
çoive de queue : quand on l'arrache avant sa parfaite maturité il rend du lait de
même que les figues par l'endroit qui le tenait attaché aux branches. Cent traits
de ressemblance avec le figuier et le mûrier feraient croire que c'est une espèce
de sycomore. Il semble néanmoins avoir plus de rapport avec l'espèce d'arbousier
nommé adrachne, qui est d'une grandeur médiocre, dont l'écorce unie, blanche
et luisante, se fend en été par la sécheresse. L'arbre *kou-tchu* de même que
l'arbousier croît sur les montagnes et dans les endroits pierreux.

« Enfin dans les régions où le bambou croît abondamment, dans la province
de Fokien notamment, on en fait aussi du papier.

. . . .

« Il est hors de doute que le bambou est connu en Chine dès les temps les
plus reculés et, par conséquent, qu'il y croît naturellement. Les arts de la
Chine et des Indes en tirent un parti surprenant dans tous les ouvrages qu'ils
produisent.

« Jussieu a établi ce genre sous le nom de *nastus,* ce n'est que depuis très peu
de temps qu'on a reconnu qu'il devait en former un particulier dont les caractères consistent à avoir les fleurs renfermées entre les écailles et composées chacune d'une balle, de deux valves, six étamines, d'un ovaire supérieur terminé
par un style bifide.

« Il est certain que le bambou sort de terre comme l'asperge, avec toute la
grosseur qu'il aura, à quelque hauteur qu'il monte, et que les rejetons ne sont
jamais plus gros que le maître-pied. Sur quoi il faut observer que cette règle
générale ne regarde que les plantations et bosquets de bambou : car, quand un
bambou est isolé, planté à la manière des autres arbres et continuellement débarrassé de ses rejetons, il croît en grosseur peu à peu, surtout si on le laisse se

ramifier. Il est difficile de déterminer avec précision quelles sont la hauteur et la grosseur des plus grandes espèces de bambou. Quant à la grosseur, on a vu des porte-pinceaux qui avaient plus de 5 pouces de diamètre de dedans en dehors. Il y en a certainement de beaucoup plus gros, et qui vont jusqu'à 1 pied et demi de diamètre. Dans le Yunnan et le Kouang-Si, il y en a eu qui étaient assez gros pour servir de boisseaux à mesurer le riz, mais on convient que c'étaient des curiosités ; et s'il y en a eu quelquefois d'assez gros pour faire de petites barques d'une seule pièce, on a passé plusieurs siècles sans en revoir. La hauteur ordinaire des grands bambous est de 30 à 40 pieds : ceux qui vont jusqu'à 50 sont rares, et quand ils atteignent 70 à 80 pieds, ils sont regardés comme des miracles de la nature.

Fig. 217. — Le bambou.

« Tout bambou a un vernis naturel, qui est fort beau ; mais on fait une espèce à part de celui dont les entre-nœuds paraissent couverts d'un vernis transparent et qui approche de l'ambre jaune.

« Un auteur chinois dit qu'il y a dans sa patrie une si prodigieuse variété de bambous, qu'il se voit forcé de n'entreprendre la description que de soixante-trois.

« Un bambou diffère d'un autre : 1° par la grosseur et la hauteur ; 2° par la distance des nœuds ; 3° par leur forme ; 4° par la couleur du bois ; 5° par la superficie et la forme des entre-nœuds ; 6° par la substance et l'épaisseur du bois ; 7° par les branches ; 8° par les feuilles ; 9° par des singularités qui se perpétuent.

« Il y a des espèces dont les nœuds sont toujours à la distance de 4 pouces, quelque hauteur et grosseur qu'acquière le bambou, et d'autres, au contraire, où cette distance est de 9 à 10 pieds, quelque jeune et quelque effilé qu'il soit. C'est de cette dernière espèce dont on fait des nattes, et même de la toile.

« Il y a une espèce dont le bois est tendre et ne semble qu'une moelle filamenteuse et durcie. Le bois d'une autre espèce est d'une dureté extraordinaire et a une force prodigieuse en quelque sens qu'on l'emploie. Il rend un son approchant de celui du fer quand on le frappe.

« Il y a des bambous qui, quoique fort gros et fort hauts, ont toujours un bois très mince, et d'autres qui ne sont pas très évidés en dedans, et finissent par être pleins et massifs comme d'autres arbres.

« Il y a des bambous qui ne ramifient jamais, et ne donnent qu'une tige isolée ; d'autres, au contraire, qui se fourchent et qui poussent des branches dès qu'ils sortent de terre.

« On voit des branches à feuilles bleuâtres, rougeâtres et cendrées, panachées et de cinq couleurs, à feuilles d'hirondelle, à cent feuilles, à feuilles larges, dures et fermes comme celles du palmier, de manière qu'on se fait de jolis éventails.

« Des bambous ont des feuilles en tuyau, et d'autres des feuilles adhérentes. Les premières enveloppent le bambou depuis le nœud où elles commencent jusqu'au suivant, et ne commencent à s'en détacher et à s'étendre que lorsqu'elles sont arrivées à la naissance de la suivante. Les secondes ont de plus qu'elles sont adhérentes au bois, et y tiennent de manière que les artistes chinois s'en servent pour former dessus des dessins en les évidant.

« Tout bambou en général a une racine noueuse, tortueuse et rampante, mais il y en a une espèce dont la racine pique en terre, et n'est qu'une grosse touffe de filets et de cheveux dont la force passe de beaucoup la grosseur.

« Le bambou demande une terre molle, spongieuse, mêlée de craie et de vase. La meilleure est celle des levées qu'on fait à travers les marais, dans les prairies enfoncées et dans le voisinage des étangs et des rivières. Le bambou périt cependant si sa racine touche à l'eau ; elle semble l'éviter puisqu'elle ne pique pas en bas, mais serpente horizontalement sous terre à une assez médiocre profondeur.

« A parler en général, les bambous fleurissent très rarement. Leurs fleurs sont verdâtres et disposées en forme d'épis. Aux fleurs succèdent des graines qui approchent de la forme du froment, mais sont plus gros et noirâtres.

« Aucun auteur ne dit qu'on fasse des semis de bambous. Est-ce à cause qu'il graine rarement ? Est-ce parce que cela serait trop long ? Ce pourrait être les deux raisons à la fois Quoi qu'il en soit, c'est par les rejetons qu'on propage ordinairement les bambous de toutes les espèces. Plus ceux qu'on choisit sont gros, plus ceux qui poussent le sont aussi. On transplante les rejetons au commencement du printemps ou à la fin de l'automne. Quelque saison que l'on choisisse, il faut couper 2 ou 3 mois auparavant l'endroit du rejeton qui tient à la racine-mère, et délivrer le rejeton de ceux qui proviennent de lui.

« Les fosses destinées à recevoir des plants de bambous peuvent avoir été creusées plusieurs mois d'avance, et n'avoir qu'un pied et demi ou deux de profondeur, et être distantes l'une de l'autre environ d'un pas et demi. Il est toujours bon de conserver les mottes à ces plants. Quand on vise au revenu, on coupe les plants à la hauteur de 7 à 8 pieds pour hâter l'extension des racines et la pousse des rejetons. Voici une manière de donner au rejeton une grosseur plus forte que celle de la tige transplantée, et dont tous les auteurs garantissent le succès. On choisit un pied de bambou bien venant et d'un bois fort, bien nourri et mûr. En le transplantant on ne lui laisse que 4 à 5 pouces au-dessus du nœud qui est le plus près de terre, puis on remplit de terre grasse et de soufre tout ce qui reste du tuyau. Plus la racine est forte, plus elle pousse de rejetons, mais on les pince dès qu'ils commencent à poindre durant 3 années entières : à la 4ᵉ, si l'on a bien choisi le sol et l'exposition, pour peu qu'on ait soigné son plant, les rejetons dont il sera environné seront beaucoup plus gros que lui et en donneront sans cesse qui lui ressembleront.

« Toute la culture que demandent les bambous se réduit à bêcher la terre et à en mettre un peu de nouvelle chaque année, parce que leur racine s'allonge en rampant, et grossit en s'élevant.

. . . .

« Voici quelques-unes des manipulations et des métamorphoses que subit ce précieux roseau pour être transformé en papier.

« Le bambou a cela de particulier, de même que l'arbrisseau qui porte le coton, qu'on se sert, pour en fabriquer du papier, non de son écorce, mais de toute sa substance ligneuse.

« Dans une forêt des plus gros bambous, on fait choix des jets d'un an qui ont acquis la grosseur du gros de la jambe d'un homme puissant. On les dépouille de leur première pellicule verte, puis on les fend, et on les divise en plusieurs bandes étroites de 6 à 7 pieds de longueur. Il est à remarquer que le tronc de bambou étant composé de fibres longues et droites, il est très aisé de le fendre de haut en bas, au lieu qu'en travers il résiste extrêmement à la coupe.

« On ensevelit dans une mare d'eau bourbeuse ces bandes étroites qu'on a fendues et réunies en faisceaux, afin qu'elles y pourrissent en quelque sorte, et que cette macération produise la solution des parties compactes et tenaces. Au bout d'environ 15 jours, on retire les bambous de la mare.

« Lorsque les bambous sont retirés de la mare, on les lave dans une eau pure, on les étend dans un large fossé, et on les couvre abondamment de chaux. Après quelques jours on les retire ; et les ayant lavés une seconde fois, on les coupe en très petits morceaux prêts à être mis sous le pilon.

« Lorsqu'au moyen du pilon et de la meule on a réduit le bambou en une espèce de pâtée mêlée encore de beaucoup de filaments, on jette cette pâte dans une vaste cuve offrant l'image d'un large cône tronqué. Cette cuve pose sur une grande bassine de cuivre qui la préserve de l'action du feu. La pâte de bambou cuite ainsi au bain-marie, et par une longue cuisson, se réduit en une espèce de bouillie.

« La bouillie de bambou est retirée des cuves au bain-marie pour être mise dans d'autres cuves plus petites et y être agitée longtemps avec les bras ou avec des bâtons. Elle est ensuite jetée dans une citerne maçonnée en briques et abritée. Lorsque la citerne en est pleine, on recouvre la pâte de nattes et on la laisse fermenter pendant quelques jours. On la remet ensuite dans des paniers d'osier que l'on porte dans un étang voisin et que l'on y tient à moitié enfoncés.

On lave alors cette pâte filamenteuse de la même manière que font les apprêteurs dans les lavages de laine.

« Ces soins sont nécessaires pour faire passer le bambou de son état à celui de papier, tandis qu'il serait déplacé dans nos manufactures européennes, qui n'opèrent ordinairement que sur des chiffons de toile de lin, de chanvre, de coton ou de soie, déjà triturés par un long usage et ensuite par un pilon. Cette fermentation que doit éprouver la pâte du bambou dans la citerne est d'autant plus active que ses parties malgré leur macération ne sont point encore dépouillées du suc végétal.

« Pour former une matière propre à être levée en feuilles de papier, la pâte de bambou doit être liée par une espèce d'eau gommée, que l'on tire d'une plante sarmenteuse qui croît sur les montagnes et dans les lieux incultes, et qu'on appelle *Ko-teng*.

« Nous observerons que les morceaux de bambou qu'on a fait bouillir dans de l'eau de chaux reçoivent aisément à la presse différentes empreintes et les conservent, ainsi que les morceaux de buis dont nous faisons en France des tabatières.

« Quelques écrivains ont prétendu que le papier de la Chine n'est pas de durée, et qu'il se coupe aisément, surtout celui fabriqué avec les bambous. Ils ont attribué cela aux différents lavages d'eau de chaux que l'on fait subir à ces roseaux. Il est vrai dans un sens que le papier de bambou est sujet à se couper, mais c'est lorsqu'on lui a donné une teinture d'alun pour le rendre propre à être employé par les Européens ; sans cette même teinture d'alun il boirait notre encre.

. . . .

« De tout ce qui croît dans la vaste étendue de l'empire de la Chine, il n'est rien, sans contredit, dont l'utilité surpasse celle du bambou, qu'on emploie à tout, même comme nourriture.

« C'est un usage de Chine qu'on ne connaît peut-être pas dans les îles de l'Amérique où il a été transporté. Lorsqu'il commence à sortir de terre, on en coupe une quantité de gros jets jusqu'à une certaine profondeur en terre comme on coupe chez nous les asperges. Ces jets encore tendres sont mangés non seulement par les gens du peuple mais par les personnes qui se nourrissent le plus délicatement. Au moyen d'une certaine préparation on les conserve assez longtemps, et on peut les transporter fort loin. On en mange toute l'année à Pékin où l'on en apporte des provinces méridionales.

« Cet usage du bambou est pour certains cantons une ressource et un objet de commerce considérable. Les Chinois font aussi macérer les morceaux de bambou tendre dans le sel ; et c'est une de leurs préparations d'herbes salées qu'ils mangent souvent avec le riz.

« On ne connaît presque rien à la Chine de ce qui a quelque usage, soit sur terre, soit sur l'eau, dans la composition duquel le bambou ne soit pas associé. Depuis les choses les plus estimées, qui servent à orner les appartements du prince jusqu'au moindre outil que manie le pauvre artisan, le bambou trouve sa place partout.

« Il n'y a point d'exagération à dire que les mines de ce grand empire lui valent moins que ses bambous, et qu'après le riz et les soies il n'y a rien qui soit d'un aussi grand revenu.

« Les usages auxquels ils l'emploient sont si variés, si innombrables et d'une utilité si générale qu'on ne conçoit pas comment la Chine pourrait se passer aujourd'hui de ce roseau précieux.

« On en construit des maisons entières et tous les meubles qui la garnissent. Dans la navigation, c'est le bambou qui fournit depuis la cordelle qui tire le frêle esquif jusqu'au câble qui, lié à l'ancre, fait la sécurité du plus gros vaisseau.

« Les cordes et les câbles faits de bambou ont en effet l'avantage prodigieux de réunir la légèreté et la solidité. D'autres cordages manqueraient de la première, et même de la seconde qualité, quand il faudrait, par exemple, maintenir une barque dans le fil du courant d'un fleuve ou d'une rivière. La corde par laquelle on tire le navire est faite de l'écorce du bambou ; elle n'a souvent que l'épaisseur du petit doigt, et cependant elle est très forte en même temps qu'elle est très légère.

« Cet arbre, dit Van-Braam, qui se propage avec une étonnante abondance et qui croît avec une rapidité remarquable, mérite d'être considéré comme un des plus grands bienfaits que la nature ait accordés au sol de la Chine : aussi les Chinois en marquent-ils une vraie reconnaissance en en multipliant sans cesse le précieux usage. Il est douteux qu'aucun point du globe offre, dans le règne végétal, une substance qui ait une utilité aussi générale que celle du bambou. »

CHAPITRE XXXI

Ce que font les végétaux en hiver.

Avant d'examiner ce que deviennent les végétaux pendant l'hiver, il est nécessaire de jeter un coup d'œil sur la manière dont le froid agit sur eux. C'est là d'ailleurs un point difficile à préciser, car une même espèce de plante peut résister plus ou moins bien, suivant qu'elle est adaptée à vivre dans une région plus ou moins froide. Chez nous, beaucoup de plantes meurent lorsque la température s'abaisse au-dessous de 0° : d'une manière générale on peut dire que, quelle que soit la région considérée, la plupart des végétaux périssent entre 0° et — 30°.

Quand on fait agir d'aussi basses températures, on observe divers phénomènes, les uns d'ordre physique, les autres d'ordre mécanique, d'autres enfin d'ordre physiologique. Les premiers sont connus de tout le monde. Les plantes herbacées gelées sont cassantes et deviennent transparentes ou plutôt translucides. Les arbres se fendillent, leur écorce éclate et se couvre de gélivures. On se rend compte de la formation de ces crevasses en remarquant que, comme l'a montré Gaspary, le bois est très mauvais conducteur de la chaleur dans le sens transversal. Quand arrive un froid brusque, la région périphérique de l'arbre se refroidit plus vite que la région interne. Il en résulte que l'écorce pour se contracter est forcée d'éclater. Enfin, dans les tissus gelés examinés au microscope, on observe des cristaux de glace plus ou moins volumineux : on est tout d'abord tenté de croire, et c'est là l'opinion ancienne, que c'est l'eau de la cellule qui se congèle à l'intérieur de celle-ci. En réalité, il n'en est rien : on a reconnu que les glaçons n'existent que dans les méats intercellulaires, c'est-à-dire que l'eau, pour se congeler, doit sortir de la cellule.

Qu'est-ce qui fait périr une plante en hiver? D'après les modifications physiques dont nous venons de parler, il semblerait que c'est la congélation. Point, c'est le dégel brusque ainsi, et surtout, que les gels et les dégels successifs. On peut le démontrer de la façon suivante. On fait congeler deux plantes à un certain nombre de degrés au-dessous de 0°. Ceci fait, on dégèle lentement l'une d'elles : elle revient à la vie. Quant à l'autre, on la réchauffe brusquement : on voit alors sa teinte se modifier considérablement ; elle est morte. Dans le premier cas, l'eau intracellulaire en fondant petit à petit a eu le temps de rentrer dans la cellule ; tandis que, dans le second, elle a été forcée de s'échapper au dehors, laissant ainsi les cellules anhydres.

Certaines espèces, avons-nous dit, résistent assez bien au froid. Mais leurs fonctions s'exercent-elles de la même façon que pendant l'été ? Non, car elles sont alors à l'état de vie latente ou plutôt de vie ralentie. M. Henri Jumelle, qui a fort bien étudié les phénomènes physiologiques en question, est arrivé aux conclusions suivantes : « A mesure que la température s'abaisse, les végétaux, de plus en plus rares, qui sont susceptibles de résister, passent pour la plupart en cet état de mort apparente où les fonctions sont presque complètement suspendues, et qu'on définit sous le nom de vie latente. Mais cet état est dû, moins à l'abaissement de température qu'à la dessiccation, qui, chez les cryptogames en particulier, accompagne le plus souvent le refroidissement. Que, par suite, des circonstances particulières se présentent qui empêchent cette dessiccation ; que la plante se trouve bien abritée, par exemple ; la vie, tout en se ralentissant, pourra rester manifeste. Si la température est supérieure à — 10 degrés, le végétal, en ce cas, continuera à respirer et à assimiler ; si elle devient inférieure, la respiration cessera, mais l'assimilation persistera, souvent sensible encore par des froids intenses de 40 degrés au-dessous de zéro. » Ces phénomènes s'observent surtout chez les lichens et les gymnospermes.

Ces faits étant établis, voyons ce que font les végétaux pendant la saison froide.

Fig. 219. — Patate.

Tout d'abord les plantes annuelles disparaissent complètement : ce sont leurs graines qui, répandues à la surface de la terre ou au fond des eaux, passent l'hiver à l'état de vie latente. Les graines résistent extrêmement bien au froid, et cela est dû, à n'en pas douter, au peu d'eau qu'elles renferment et aux membranes protectrices diverses qui les enveloppent. En outre, grâce à leur petite taille, elles se glissent entre les moindres aspérités des terrains, ou même s'enfoncent plus ou moins profondément. Elles sont ainsi protégées par les couches du sol et par la neige.

Les plantes herbacées vivaces, en outre des graines qu'elles peuvent donner, ne périssent pas tout entières. Les fleurs et l'appareil végétatif aérien disparaissent généralement ; mais auparavant, les feuilles ont utilisé les derniers rayons du soleil pour fabriquer divers hydrates de carbone qui

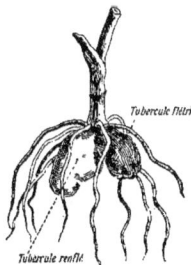

Tubercule flétri

Tubercule renflé

Fig. 220. — Tubercules d'une orchidée.

ont été se mettre en réserve dans les parties souterraines, sous la forme d'amidon, de saccharose, de glucose, d'inuline, etc. Ces réservoirs de nourriture souterrains se localisent dans des régions fort variables et revêtent des aspects très divers : tels sont les tubercules des pommes de terre et de la patate (fig. 219), la racine pivotante de la carotte, les bulbes de colchiques, le rhizome du carex et du sceau de Salomon, les tubercules des dahlias et des orchidées (fig. 220), etc. Tous ces organes sont en partie desséchés et à l'état de vie ralentie.

FIG. 221. — Rose de Noël, fleurissant dans la neige.

Comme les insectes qui vivent non loin d'eux, ils sont à l'abri du froid, protégés qu'ils sont par la terre et la neige, qui jouent toutes deux le rôle de couverture et d'écran.

Pour la plupart, à l'automne, les arbres perdent leurs feuilles, qui jaunissent et tombent à terre, en laissant une cicatrice à leur base d'implantation. Il ne reste que les racines, les troncs, et les branches, dont les extrémités les plus minces, celles qui ne dépassent pas un centimètre de diamètre, sont bourrées d'amidon. Dans certains arbres même, on observe déjà des bourgeons, mais presque complètement desséchés et entourés par des écailles fort résistantes, dont l'intérieur est même souvent tapissé de poils soyeux qui constituent un véritable maillot aux jeunes feuilles et aux jeunes fleurs. Toutes ces parties ont une vie extrêmement ralentie, et ne résistent au froid que grâce à leur dessèchement relatif.

Enfin, pour terminer cet aperçu, il faut dire que quelques végétaux passent l'hiver sans subir de modifications bien sensibles. Parmi les plantes herbacées, citons la pâquerette, le perce-neige, la renoncule des neiges, quelques saxifrages, l'ellébore d'hiver ou rose de Noël (fig. 221), plusieurs graminées, etc.

Tout le monde connaît la teinte rouge sang que présente parfois la neige, dans les Alpes : cette couleur, qui a donné lieu à tant de légendes, est produite par une des rares algues d'hiver, l'*hæmatococcus pluvialis*. Faut-il aussi rappeler que les pins, les sapins, les mélèzes et la plupart des autres gymnospermes restent verts pendant toute la saison froide et que, grâce à eux, on peut obtenir des parcs n'ayant pas en hiver un aspect désolé. Mais ce sont surtout les mousses et les lichens (fig. 222), individus d'une

FIG. 222. — Un lichen : l'usnée barbue.

grande simplicité organique, qui supportent les froids les plus intenses : c'est même à ce moment qu'ils se reproduisent.

C'est ainsi, par exemple, que chez les mousses (fig. 223) on voit se former, tantôt sur un même pied, tantôt sur des pieds différents, et au sommet des rameaux, deux sortes d'organes. Ce sont d'abord des sortes de bouteilles à col long et ouvert : la partie renflée de ces outres renferme une grosse cellule. Chaque bouteille s'appelle un archégone et son contenu est l'oosphère. Les autres organes sont des masses ovoïdes, les anthéridies, qui, lorsqu'elles sont mûres, s'ouvrent et mettent en liberté des anthérozoïdes, petits corps contournés en spirale et munis de cils vibratiles. Quand il vient à pleuvoir, ces anthérozoïdes nagent, vont rencontrer les archégones, pénètrent à leur intérieur et vont se fusionner avec les oosphères : l'*œuf* est ainsi formé. Il germe sur la plante elle-même et donne un filament terminé par une capsule ou sporange remplie de spores. On dit alors, mais à tort, que la mousse est « fructifiée ». Ces spores sont emportées par le vent et disséminent la plante au loin.

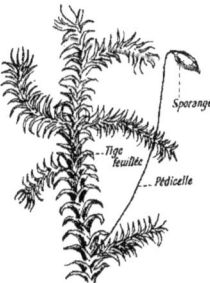

FIG. 223. — Un mousse *(hypnum)*.

Citons enfin comme plante résistante à la neige, la sarcode sanguine, que les Californiens appellent la « plante des neiges ». Elle est tout entière d'un rouge sang et fleurit au milieu de la neige la plus froide. Brrr !

CHAPITRE XXXII

Les plantes funéraires.

En France, sinon partout, le culte des morts implique l'emploi traditionnel de certains végétaux. Nous allons les passer en revue.

Les deux plantes funéraires par excellence sont : l'immortelle pour les couronnes, le cyprès pour les cimetières. A côté d'elles viennent s'en ranger d'autres de moindre importance, le lierre, le houx, l'if, le cinéraire, le petit-houx, les chrysanthèmes, etc.

Bien que le commerce des immortelles ne chôme jamais, hélas ! à aucune autre époque de l'année on ne les achète en aussi grande quantité qu'au moment de la Toussaint. En une seule journée, il s'en vend autant, sinon plus, que pendant les 364 autres jours réunis.

L'immortelle jaune (fig. 224), dite aussi *immortelle d'Orient...* parce qu'elle est originaire de Malte, n'a pas toujours eu la même vogue qu'aujourd'hui. Ce n'est que depuis 1815 qu'on la cultive en France sur une vaste échelle pour la confection des couronnes et autres objets mortuaires.

Fig. 224. — Immortelle.

Au simple aspect, l'immortelle ne présente pas grand'chose de remarquable. Le pied est composé de trois ou quatre tiges feuillées et cotonneuses comme l'*edelweiss*. C'est au sommet de ces tiges grêles que se trouvent les fleurs, ou, plus exactement, les capitules réunis en corymbes. Elles dégagent un parfum assez agréable, mais qui disparaît sur les échantillons secs, ou plutôt qui est caché par une odeur de foin n'ayant rien de suave.

La plante mortuaire par excellence est très frileuse. Une température de 5° —

la tue, ou du moins l'empêche de fleurir. Il lui faut surtout un climat tempéré et stable, une bonne exposition au Midi et un sol calcaire et friable. Aussi ne la cultive-t-on guère que dans les terrains secs et caillouteux d'Ollioules, de Bandol et de Saint-Nazaire-du-Var, près de Toulon, terrains abrités contre les vents froids du Nord. La valeur de ces fleurs diffère avec la nature du sol : une terre compacte et profonde ne donne que des capitules de mauvaise qualité.

Il ne faudrait pas s'imaginer, comme on est enclin à le croire, que les immortelles poussent sans soins. Il faut, en juillet, séparer les jeunes pousses des vieux pieds et les mettre en pépinière sur des carrés bien ameublis, que l'on arrose très peu le soir et que l'on doit couvrir dans la journée avec des branchages, sous peine de voir ces tendres rejetons se dessécher misérablement. On repique en plein champ en septembre, ou seulement au printemps, en espaçant les pieds de 4o centimètres. Deux labours par an ne sont pas de trop : le premier en octobre, le second en mars.

Les fleurs ne se récoltent que la seconde année, en juin. Un pied peut fournir annuellement 15o à 200 tiges florales pendant une période de 8 à 1o ans.

Les immortelles sont en butte aux atteintes de nombreux ennemis : limaces, escargots et pucerons ; un maudit ver blanc surtout s'acharne à leurs racines. De plus une maladie cryptogamique les attaque fréquemment au moment de la floraison et met ainsi au désespoir le malheureux horticulteur qui s'attend à une magnifique récolte.

La culture des immortelles, malgré ces soins et ces aléas, est très rémunératrice. Dans le Var même, presque tout le monde s'en occupe. C'est surtout en juin, plus rarement en juillet, qu'a lieu la cueillette des immortelles. Les jeunes filles parcourent les champs de culture et ne récoltent que les fleurs non encore arrivées à maturité, ce qu'on reconnaît à ce que leur centre est marqué d'un point rouge, et que les bractées sont encore appliquées les unes sur les autres ; plus mûres, elles n'auraient aucune valeur marchande. De retour à la maison, on attache les tiges par paquets d'environ 25o grammes (1oo bottes valent de 55 à 6o francs) et on les suspend, la tête en bas, à la devanture des maisons, en plein soleil. Quand la dessiccation est complète, on enlève aux tiges leurs feuilles et leur revêtement cotonneux, qui les alourdissent inutilement. Les tiges ainsi dénudées sont ensuite réunies en paquets, et mises dans des endroits secs, bien aérés et à l'abri des rats, ou bien expédiées dans les villes où l'on se livre à la confection des couronnes. Cette expédition se fait en caisses de 25 à 31 kilogrammes de fleurs, en bottes séparées les unes des autres par du papier de soie. Le produit net d'un hectare est aujourd'hui d'environ 25o à 3oo francs.

M. Ed. Monge a donné une bien jolie description de la récolte des immortelles dans le Var. Nous croyons intéressant de donner ici cette page très littéraire et ensoleillée.

« Bandol, un nom où il y a de l'huile qui roule aux dents comme une olive molle, un coin de golfe presque italien, bleu et rouge, avec sa côte en terre cuite, sa mer lourde comme un bain de teinture, ses voiles tannées, ses maisons peintes dans les palmiers et les eucalyptus et, sur les pentes, la cohue dense de ses oliviers étagés ; Bandol et ses roses, son vin brillant et ses filles provençales du bord de l'eau, brunes et fuselées, aux yeux câlins, aux dents aiguës, rieuses et coquettes en leurs indiennes, sous leurs chapeaux noirs à la grand'mère, pays de joie, trempé de soleil, éventé de grand mistral bleu...

Le décor pourtant, un mois dans l'an, s'endeuille ; une ombre passe sur tout ce soleil. Ironie des choses, c'est en effet en juin, le mois vivant, le mois radieux, qu'a lieu dans le pays la cueillette d'une fleur spéciale, l'immortelle, la triste immortelle des morts, née en pleine fête d'été, fille du gai soleil et de la terre heureuse. Alors, la petite plante grise et poussiéreuse, parsemée ci et là en petits tas de cendres, a grandi, a mûri, a poussé ses tiges rêches, enfin comme toutes choses a poussé sa fleur, étrange fleur née comme les autres meurent, séchée d'avance au grand four du soleil, fleur de métal au toucher de clinquant, au parfum brûlé, en or faux sur feuillage de poussière, semblant de joie sur de la cendre, toute la vie sur une tige. Alors les filles grimpent aux pentes, coupaillent et cisaillent en pleine dorure, et, la cueillette faite, le village s'emplit, charrettes, brouettes, de toute cette tristesse ensoleillée. Dans toutes les rues, dans toutes les ruelles, en bordure à chaque porte, en festons aux fenêtres, dans toutes les mains, petites et grandes, agiles et lentes, partout la fleur de mort, rayonnante et poignante. Les femmes, par tas au bord des rues, bavardes et rieuses, doigts légers et langues prestes, en gaieté, travaillent. La façon est simple, une pelote de fil et un tore de paille pressée à la machine et ficelée, où les fleurs une à une sont rangées, petites en dedans, grosses en dehors pour que les rangs ne penchent pas et cela suffit pour faire mourir. Elles n'y pensent guère, elles n'y pensent pas, les Bandolaises aux yeux joyeux, qui, l'immortelle aux dents, fredonnent la jeunesse immortelle ; tout cela finit par des chansons, car ce sont les couronnes des morts qui achètent les belles toilettes qui dansent et *calignent*, les rubans venus de la ville, les gants de dames et les chapeaux bleu du ciel. C'est pour cela que les doigts travaillent du petit jour jusqu'à minuit, et c'est étrange, ces veillées blotties autour des falots follets dans les ruelles tendues de nuit, sous les étoiles d'argent, ce travail de deuil fait en chantant, en ce coin de village, pour tant de morts à venir, avec d'avance un nom sur chacune, couronnes de tous prix et de toutes tailles pour grandes et petites têtes, couronnes pour berceaux, couronnes pour grand'mères, pour boucles blondes, pour cheveux blancs.

« Bandol n'est pas seul à travailler pour les morts. La Cadière aussi, en haut des grimpettes où les chèvres s'accrochent, en morticole, devant le soleil. C'est ainsi qu'à voir aligner jour et nuit des immortelles, un enfant du pays, nouveau Vaucanson, M. Estienne, rêva d'établir une machine capable de fabriquer une couronne. Et le plus étrange, c'est qu'il y parvint.

« La machine en question, fruit de longues années de tâtonnement et de recherches, existe et fonctionne comme une pure merveille. Elle est faite de *dix-*

huit mille pièces ; on lui donne un tore de paille comme à une ouvrière, quelques poignées de fleurs, et en moins de temps qu'il n'en faudrait pour badigeonner le tore, elle vous rend une couronne parfaite, petites en dedans, grosses en dehors, avec saut d'un rang tous les sept rangs pour que cela ne penche pas. Carnot, qui la vit lors de sa visite au musée des arts et métiers d'Aix, ne voulut pas croire qu'elle fût la première du genre, sans précédente, sortie ainsi complète d'un cerveau. N'importe dix-huit mille pièces, il n'y a que le Midi pour avoir des machines comme ça !

« Mais toutes les machines merveilleuses ne valent pas dix doigts habiles de femme. Aussi les mains ne chôment pas, car on meurt toujours. Ce travail de mort est la vie de ce pays et la chose sera longtemps ainsi, jusqu'au jour où la couronne d'immortelles aura décidément fait place à la couronne de perles plus pratique, plus durable, plus immortelle, plus triste aussi, avec ses larmes figées, ses fleurs aux tons défunts. C'est à prévoir. Jusqu'à l'immortelle qui se meurt ! Qu'en pense-t-on sous la coupole ?

« Étrange chose, malgré tout, que cette pénitence des yeux dans ce pays de clarté, quelque chose comme le *quia pulvis es* en plein carnaval de lumière, chuchoté par des fleurs en ce pays de fleurs, qui répète à celui qui demeure, à celui qui passe et s'émerveille : « Si tu aimes ce ciel bleu, dis-toi que c'est de la nuit ensoleillée ; si tu aimes cette mer, dis-toi que c'est une amertume bleue ; ici plus qu'ailleurs le soleil est fait d'ombre, le bord est mouvant, le port, fragile. » Mais cela dure peu, qu'on se le dise, un mois par an, et une fois toute cette tristesse rentrée, la gaieté ressort en robe fleurie. Une bénédiction de soleil tombe du ciel doré, une quiétude monte de la mer endormie, la terre bourdonne, les filles dansent, les marteaux des tonneliers chantonnent, et alors qu'ailleurs tout n'est que neige et que brume, le vent du soir soulève des pentes comme un parfum de Fête-Dieu ; ce sont des roses... »

Les immortelles se colorent et se décolorent avec la plus grande facilité. Leur couleur naturelle est le jaune ; toutes les autres sont teintes avec des produits chimiques jusques et y compris les immortelles rouges chères au cœur des révolutionnaires. En France, on n'emploie guère les immortelles que dans les cérémonies funéraires ; en Russie et en Suisse elles sont utilisées pour l'ornementation de l'intérieur des maisons, mais presque toujours après les avoir teintes. Les jaunes elles-mêmes n'échappent pas à la manie du coloriage artificiel ; on en ravive la teinte à l'aide de vapeurs d'acide azotique.

* *

Passons maintenant de l'immortelle au cyprès, de l'humble fleur à l'arbuste sombre.

Dès la plus haute antiquité, le cyprès (fig. 224), à cause de sa sombre verdure, a été considéré comme une plante tout indiquée pour garnir les cimetières. Chez

les Grecs et les Romains, non seulement on plantait le cyprès dans les lieux funè-
bres, mais encore on en cueillait des rameaux pour orner les maisons en signe de
deuil et l'on enfermait les restes des personnes riches dans une caisse en bois du
même arbre. Ce bois passait d'ailleurs à cette époque pour incorruptible et bien
fait pour tout ce qui touche à la mort et à la religion ; aussi s'en servait-on,
sous le nom de *bois de cèdre,* dans la construction des temples et des édifices
importants. C'est avec lui que l'on construisit les portes de Saint-Pierre de Rome,
portes qui durèrent depuis le règne de Constantin jusqu'au temps d'Eugène IV,
époque où on les remplaça par des portes de bronze. On conservait aussi les
objets précieux dans du bois de cyprès, et Pline parle d'une statue de Jupiter,
faite en ce bois et qui durait depuis 661 ans.

On connaît deux espèces principales de cyprès mais celui en forme de pyramide que l'on trouve dans les cimetières ne paraît être qu'une simple variété
de l'autre, qui étale largement sa cou-
ronne à l'instar du genévrier. Lorsque
l'habitant du Nord a traversé la ceinture
des forêts de châtaigniers, le bocage de
cyprès est une des premières impressions
qu'il reçoit. S'il continue son voyage il le
rencontre presque d'une manière certaine
jusqu'à l'Italie et jusqu'à l'Extrême-Orient.
En réalité, la forme du cyprès des cimetières n'est pas pyramidal comme on a l'habitude de le dire. Comme le remarque Gri-
sebach, il rappelle plutôt l'architecture de
l'obélisque, ou bien ressemble à un cône
élancé, et c'est précisément cette forme,
ayant peut-être exercé une influence sur la
construction du minaret oriental, qui donne

Fig. 224. — Fragment de cyprès.

tant d'attraits à cet arbre vu du lointain, lorsque sa teinte verte noirâtre se
détache vivement du fond bleu foncé du ciel.

Chose curieuse, le cyprès dont l'aspect seul évoque la mort et, par suite, fait
penser à l' « éphémérité » des choses humaines, pourrait aussi bien être choisi
comme symbole de l'immortalité. Peu d'arbres en effet atteignent autant que
lui un âge aussi avancé. Même ceux que l'on voit dans les cimetières et dont la
taille n'est guère plus grande que celle d'un homme ont parfois une cinquantaine d'années. Le cyprès est en effet d'une croissance extrêmement lente : son
tronc ne s'accroît pas de plus d'un millimètre chaque année. On en connaît qui
sont dix et vingt fois centenaires.

Le cyprès reste vert hiver comme été. Il fleurit au printemps, mais ses fleurs
sont tellement modestes qu'elles sont pour ainsi dire invisibles ; il ne donne de
fruits qu'à l'entrée de l'hiver : ce sont des cônes globuleux verts qui s'ouvrent en
un certain nombre d'écailles. Dans le temps où la pharmacopée faisait de larges

emprunts aux plantes, ces fruits jouissaient d'une assez grande faveur comme astringents ; aujourd'hui ils ne servent plus à rien.

**

Dans nombre de cimetières, les cyprès sont remplacés par des ifs, dont l'aspect n'est pas plus gai. Cette habitude remonte au viii⁰ ou au ix⁰ siècle. A cette époque, on plantait l'if dans les lieux mortuaires parce qu'il passait pour avoir la propriété de chasser les mauvaises odeurs provenant de la décomposition des corps. C'est même sous ces arbres, dit M. P. Constantin, que, pendant plusieurs siècles, on rendit la justice en plein air et le nom de *baillif* donné au juge qui prononçait les sentences s'expliquerait en ce que celui-ci, la cause étant entendue, *donnait* au gagnant une branche de l'if qui l'ombrageait.

D'ailleurs, presque de tous temps, les ifs ont été considérés comme sacrés. On raconte, à ce propos, la légende suivante :

Dans le cloître de Vertus en Bretagne, il y avait un if qui n'était autre que le propre bâton de saint Martin, qui avait poussé et produit un grand arbre. Les princes bretons avaient coutume, avant de pénétrer dans l'église, de prier sous son ombrage. Personne, dit la tradition, n'osait en toucher une branche ou une feuille, et les oiseaux mêmes respectaient son feuillage et ses baies douces et fraîches. Les pirates normands, ayant conquis le pays, se montrèrent moins respectueux, et deux d'entre eux poussèrent l'insolence jusqu'à grimper dans l'arbre pour en couper quelques branches, afin d'en faire des arcs. La punition de leur impiété ne se fit pas attendre : l'un et l'autre tombèrent et se rompirent le cou dans leur chute. (Dallet).

En Normandie, les ifs de grande taille sont fréquents dans les cimetières. L'un des plus curieux est celui de La Haye-de-Routot (Eure), qui contient une chapelle dans son tronc. Voici ce qu'en dit M. Gadeau de Kerville, l'auteur déjà cité des *Vieux arbres de Normandie* : « Cet arbre est vigoureux et son tronc est complètement creux. A un mètre du sol, sa circonférence est de 9ᵐ,45 et la hauteur totale de l'arbre est d'environ 17ᵐ,5o. A gauche de la porte de la chapelle, en entrant, est fixée une plaque en fonte où se lisent quelques vers, trop mauvais d'ailleurs pour être cités. Près de cette plaque est un tronc destiné à l'entretien de la chapelle. On voit encore, à l'extérieur, des plaques en zinc et une gouttière empêchant l'eau d'entrer dans l'intérieur de l'arbre, et des tiges en fer qui relient les grosses branches. Cet if-chapelle est entouré d'une balustrade en bois. On accède par une marche dans l'intérieur de la chapelle, dont la porte est en bois, avec des parties vitrées, et surmontée d'une croix, et dont les dimensions sont : en largeur de 1ᵐ,75, et en longueur de 2ᵐ,06. L'intérieur de cette chapelle possède une coupole en zinc peinte en bleu ; la hauteur du plancher au sommet de cette coupole est de 3ᵐ,08. On y remarque un petit autel où l'on dit la messe, orné d'un groupe en bois sculpté, représentant sainte Anne des ifs et la Vierge. »

En Normandie, il y a encore un autre if-chapelle : on le trouve dans le cimetière des Trois-Pierres (Seine-Inférieure). Cet if (fig. 220) est encore plein de vigueur et dans son tronc, qui est complètement creux, on a installé, en 1856, une petite chapelle, dédiée à Notre-Dame-des-Malades, à saint Louis et à saint Marcoul. Du ciment et des plaques de zinc bouchent l'orifice des cavités

FIG. 225. — If-chapelle des Trois-Pierres.

du tronc et des branches, afin d'empêcher l'eau d'y pénétrer. En outre, des tiges de fer relient entre elles les grosses branches, et augmentent ainsi notablement la résistance de l'arbre. On accède par quatre marches dans la chapelle, dont la porte vitrée est en chêne et qui a une forme arrondie. Pour l'édifier on a mis dans l'intérieur du tronc des briques et du bois, que l'on a recouverts de plâtre peint en blanc jaunâtre et en bleu ciel, ce qui donne un aspect gai à cet édicule, orné, sur son petit autel, d'une statuette de Notre-Dame-des-Malades.

Cette chapelle est l'objet d'un pèlerinage, qui a lieu le 4 mai. M. Henri Gadeau de Kerville attribue à cet arbre un âge d'environ 1 000 ans.

Signalons aussi en passant deux autres ifs des cimetières normands. L'un, celui de Boisney, contient dans son tronc creux une statue en plâtre de saint Pierre (âge : 1 120 ans). L'autre, l'un des plus gros de Normandie, a environ 10 mètres de circonférence (âge : 1 414 ans).

*
* *

Citons encore comme plantes funéraires, le saule pleureur (celui de la tombe d'Alfred de Musset est bien connu) ; le lierre (l'emblème de l'attachement), qui grimpe d'une manière très pittoresque le long des tombes ; — les cinéraires, plantes en pot que l'on place souvent sur les tombes à cause de leurs fleurs sévères ; — les asters ; — les chrysanthèmes, très employés, parce qu'ils sont communs au moment de la Toussaint ; — et enfin, le buis, le petit-houx, et le houx, dont on fait de belles couronnes vertes.

A Paris, toutes ces plantes se vendent surtout à l'occasion du « Jour des Morts », du 26 octobre au 4 novembre : la Ville de Paris dispose, en faveur des commerçants en fleurs et en couronnes, de cent vingt-deux places à Montparnasse, cent vingt au Père-Lachaise, quatre-vingts à Montmartre : la location coûte environ quatre francs pour les dix jours. C'est pour rien et cependant toutes les places ne sont pas louées : la raison en est qu'il n'y a en réalité que deux bons jours de vente : la Toussaint et le lendemain, le triste jour des bien aimés disparus.

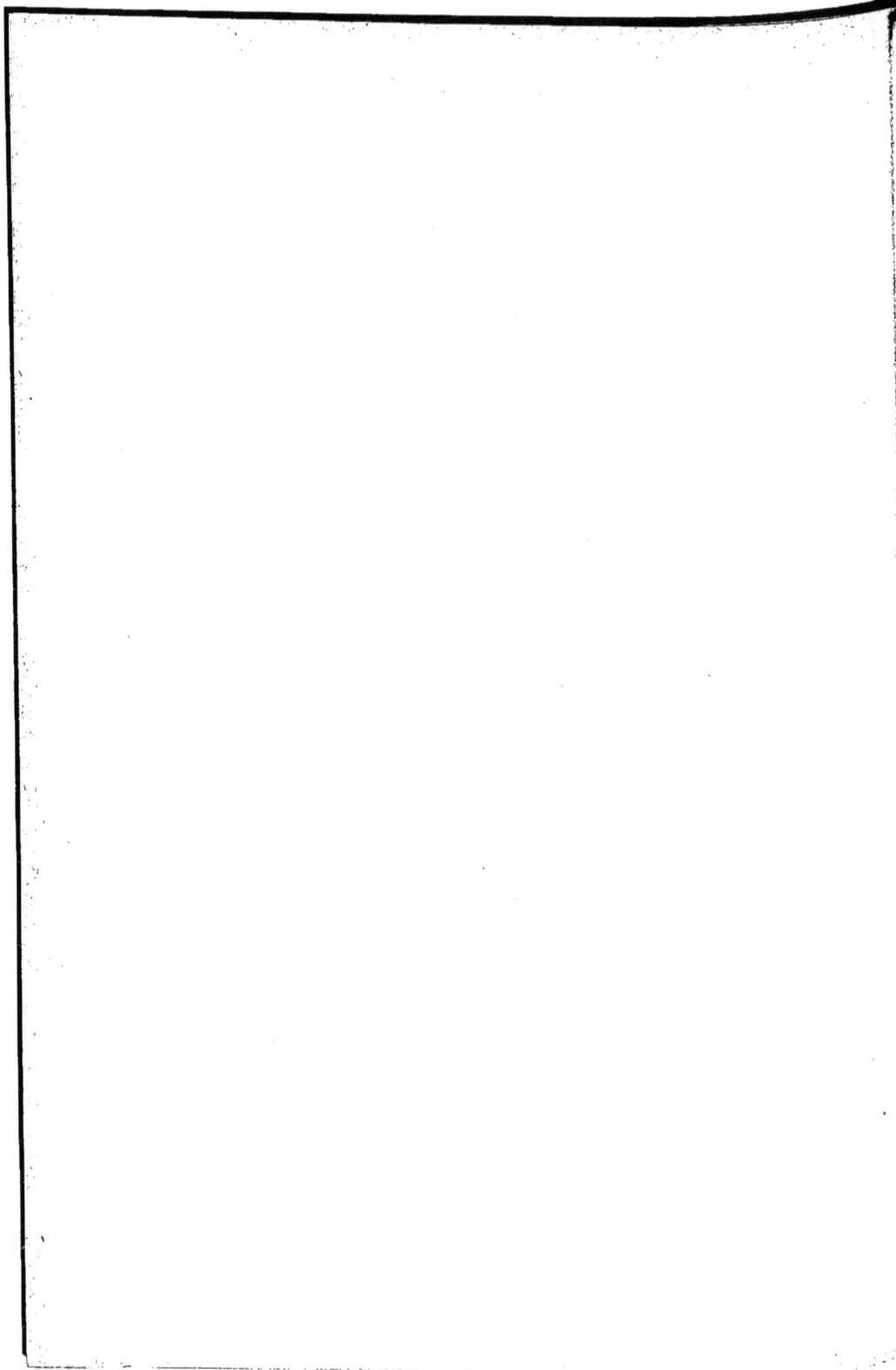

Index alphabétique.

Aubergine, 31, 149
Aulne, 241.
Auriculaire, 268.
Aurore, 124.
Avoine, 93.
Azalée des Alpes, 149,
181.
Azalée nain, 182.

B

Bachenin, 37.
Balanophora, 27.
Balanophora Hildebrandtii,
22.
Balsamine, 149, 161.
Bambou, 40, 287, 292.
Baobab, 51.
Bardane, 167.
Bauhinia, 66.
— *blumenhaviana*, 68.
Baume de Tolu, 233.
— du Pérou, 124,
233.
Begonia Baumanni, 120,
149.
Begonia fulgens, 120.
Belle-de-nuit, 111, 113,
118, 141, 144, 149.
Benjoin, 124, 126, 233.
Benoîte rampante, 184.
Berberis, 88.
Bergamotte, 124, 127.
Bétel, 242, 261.
Beurre de Bambara, 247.
— de Bambocou, 247.
— de caryocar, 249.
— de Foura, 248.
— de Galam, 247.
— de Kanya, 249.
— de Karité, 247.
— de palme, 261.
— végétal, 247.
Biaro, 36.
Biscuit de Para fin, 220.
Bisale, 221.
Biznacha, 72.
Blé, 93, 149, 207.
Bluet, 90, 112, 117, 143,
238.

Bois puant, 208.
Bombacées, 62.
Borassus, 261.
Borraginées, 142.
Boswellia Carterii, 232.
Bouillon blanc, 240.
Boule d'or, 180, 183.
Bouleau, 165, 275.
— nain, 182.
Bourrache, 89, 149.
Bourse à pasteur, 146.
Bouton d'or, 238.
Bouvardia, 120.
Brassia cinnamomea, 120.
Brizes, 149, 241.
Broken-mixed (Thé), 201.
Broken-pekoe (Thé), 200.
Bromes, 241
Brosimum galactodendrum,
216.
Brousonetia papyrifera,
289.
Brunella vulgaris, 164.
Bruyère, 238.
— incarnate, 181.
Bryone, 110.
Buis, 149, 208, 311.
Bulgarie, 268.
Buplèvre étoilé, 180.

C

Cabaret des oiseaux, 90.
Cabosse, 211.
Cacalia septentrionalis, 118.
Cacao, 211.
Cacaoyer, 210.
Cachou, 244.
Cactées, 70, 149.
Cacura de carnero, 210.
Café, 201.
Caille-lait, 149, 167.
Calalou, 209.
Calamus, 66.
Calendrier de Flore, 112.
Calebasse, 81.
Caltha des marais, 238.
Camélines, 113.
Campanule, 142, 144,
149, 181.

Campanule barbue, 146.
— blanche, 142.
— de Raines,
184.
Campanule thyrse, 184.
Camphre, 120, 124, 127.
Cannelle, 124.
Caoutchouc, 217.
Capucine, 145, 149
Carambolier, 106.
Cardamine des prés, 161.
Carex, 239, 302.
Cargas, 210.
Carie du blé, 16.
Carotte, 92, 155, 207.
Caryocar, 249.
Cassia occidentalis, 124,
208.
Castilloa elastica, 220, 223.
Castoreum, 124.
Catalpa, 112.
Catasetum callosum, 138.
— *saccatum*, 138.
— *tridentatum*,
138.
Cattleya mossiæ, 120.
Caulotretus, 25.
Cécropia, 35.
Cédrat, 124.
Cèdre blanc, 46, 149.
— (bois de), 308.
— du Liban, 59.
Centaurée, 240.
Cephalotus follicularis, 14.
Ceramium, 283.
Céréales, 207.
Cereus, 72, 74, 111, 113.
— *giganteus*, 72, 75.
— *grandiflorus*, 113,
118.
Cereus nycticalus, 118.
— *serpentinus*, 118.
— *Thurberi*, 72, 78.
Cerfeuil, 95.
Ceroxyle, 260.
Cestrum diurnum, 118.
Chamérops humble, 261.
Champignon, 90, 149,
264, 274.
Champignon de Malte,
23.

Table des matières.

CHARTRES. — IMPRIMERIE DURAND, RUE FULBERT.

Dans la même collection que
La Navigation aérienne,
Les Entrailles de la terre,
L'Or,
A travers l'Électricité :

Paul DOUMER

DÉPUTÉ

ANCIEN GOUVERNEUR GÉNÉRAL DE L'INDO-CHINE

L'Indo-Chine française
SOUVENIRS

Un superbe volume 31ᶜᵐ×21ᶜᵐ, orné de 170 illustrations (dont 12 hors texte), par G. Fraipont, d'après des croquis qu'il est allé prendre sur place ; complété par différentes cartes, dont une en couleurs de l'Indo-Chine, et enrichi d'un portrait de l'auteur en héliogravure Dujardin.

Broché : **10** fr. — Relié toile, fers spéciaux : **14** fr. — Relié dos maroquin : **18** fr.

Pendant ses cinq années de gouvernement, M. Doumer a parcouru l'Indo-Chine en tous sens, faisant parfois presque seul, sans escorte, de longues expéditions à cheval qui effrayaient son entourage. Il voulait voir par lui-même. Aussi connaît-il bien le pays. Le récit vécu qu'il nous en fait se substituera à bien des légendes dans l'esprit de ceux qui rêvent d'aller en Indo-Chine, et il ravivera en foule les souvenirs des militaires, des marins, des fonctionnaires, des colons qui ont été mêlés, de 1897 à 1902, aux événements d'Indo-Chine et de Chine. Partout l'anecdote se mêle aux vues profondes et vient doubler l'intérêt du récit.

Comme le dit l'auteur dans son Avant-propos, le livre est écrit surtout pour la jeunesse. Nous pouvons affirmer qu'il sera pour elle une école de virilité. M. Doumer, cet homme intrépide, si dur à lui-même, a toujours inspiré l'admiration et le respect à ceux qui l'approchaient. Dans ces conditions, il pouvait obtenir beaucoup de ses collaborateurs, et c'est ce qui lui a permis de faire de grandes choses en Indo-Chine. La belle page d'histoire coloniale qu'il a écrite sur la terre d'Asie montre que de brillantes destinées sont encore réservées à un pays comme la France qui possède de tels hommes.

Librairie **VUIBERT et NONY**, 63, boulevard Saint-Germain, Paris, 5°

NOUVEAUTÉ :

Les Bizarreries

des

Races humaines

Par **Henri COUPIN**, docteur ès sciences, lauréat de l'Institut. — *Un beau volume* 28^{cm} × 19^{cm} *illustré, couverture en couleur. broché.* . . . . . **4** fr.
Relié percaline, titres or, tête dorée. . . . . **6** fr.
Relié, dos et coins maroquin, tête dorée. . . . . **10** fr.

Où s'arrête la fiction, où commence la réalité ? se dit le jeune lecteur en fermant un des innombrables livres de voyages parus jusqu'ici, où trop souvent aux récits exacts s'entremêlent adroitement les aventures imaginées… « A beau mentir qui vient de loin ! »

C'est en toute tranquillité, au contraire, que pourra se lire cet attrayant ouvrage. La sûreté de documentation de l'auteur nous en est un gage. C'est aux sources authentiques qu'il a puisé, comme toujours. Et de même que, dans les précédents volumes de cette précieuse collection, il nous initiait tour à tour, de si aimable façon, aux industries remarquables et aux excentricités des animaux, aux originalités des plantes, il nous promène aujourd'hui principalement parmi les races sauvages ou à demi civilisées, nous montrant avec l'humour qui lui est si particulier, mille traits de mœurs singulières, mille faits étranges, dont le premier mérite est d'être vrais.

L'occasion était belle d'accompagner le texte de séduisantes et curieuses gravures. On n'y a pas manqué, et celles-ci très abondantes, ajoutent à l'intérêt de cet instructif et amusant volume.

Sommaire :

Les mangeurs de terre. — Les gourmands d'insectes et autres bestioles peu sympathiques. — Les voraces. — Les anthropophages. — Le feu sans allumettes. — Au pays de Lilliput. — Les sports chez les sauvages. — Téléphones rustiques. — Cheveux de toute sorte. — Musique nègre. — Fêtes joyeuses et fêtes sanglantes. — Amateurs de combats de bêtes. — Mariage et cérémonies nuptiales. — Ces chers petits. — Comment comptent les sauvages. — Corps déformés artificiellement. — Le tatouage. — La coquetterie ne perd jamais ses droits. — Armes pour se défendre et armes pour attaquer. — Croyances singulières. — De la belle étoile à la maison de 30 étages. — Bonjour ! Bonsoir ! — Les fantaisies de la dernière heure.

Les Animaux excentriques

Par **Henri COUPIN**, docteur ès sciences, lauréat de l'Institut. — *Un beau volume*
28ᶜᵐ × 19ᶜᵐ, *illustré, couverture en couleur, broché.* . . . . **4 fr.**
Relié percaline, titres or, tête dorée. . . . . **6 fr.**
Relié, dos et coins maroquin, tête dorée. . . . . **10 fr.**

A côté des êtres en quelque sorte normaux décrits dans tous les ouvrages d'histoire naturelle, il en existe une multitude d'autres qui, sortant du commun, nous paraissent extraordinaires par l'aspect, étranges par les mœurs, excentriques par la forme. Ceux-là, tout particulièrement intéressants, étaient assez mal connus du grand public. Aussi, un livre les décrivant était-il à faire. La lacune est comblée par cet intéressant ouvrage, où l'aridité a été soigneusement évitée. L'auteur a réussi à présenter avec talent les animaux excentriques par groupes pittoresques, d'après leurs formes singulières ou leurs habitudes étranges en une série de 36 chapitres, d'où sont bannis les termes et les explications techniques, mais où abondent en revanche les illustrations les plus variées.

Sommaire :

Les animaux pique-assiette. — Les excentricités de l'appendice caudal. — Les bêtes à l'attitude bizarre. — Chauves-souris, reines des nuits. — Les monstres marins. — La faune d'une goutte d'eau de mer. — Les êtres étranges du fond des mers. — Les chanteurs en plein air. — Les musiciens ambulants — La toilette chez les animaux. — Poissons singuliers. — Les électriciens. — La vengeance chez les bêtes. — La verdure animale. — Une bête dont on fait tout ce que l'on veut. — Les comédiens de la nature. — Les animaux qui se travestissent. — Lézards curieux. — Les bêtes bien camouflées. — Grenouilles fantasques. — Les bêtes gélatineuses. — Les joujoux des bêtes. — Les pieuvres, terreur des matelots. — Les serpents de mer. — Chevaliers du moyen âge. — Concombres qui marchent. — Des bêtes qui ont mille bouches. — Les oiseaux qui mangent des serpents. — Leur galerie de portraits. — Les bêtes amies des tempêtes. — Les mammifères à la physionomie bizarre. — Les bêtes qui pleurent. — Les bêtes qui ont la vie dure. — Les bêtes qui ont conscience de la mort. — Les monstres disparus.

Les Arts et Métiers
chez les Animaux

Par **Henri COUPIN**, docteur ès sciences, lauréat de l'Institut. — *Un volume* 28ᶜᵐ × 19ᶜᵐ,
illustré de 226 jolies gravures et d'une aquarelle, 2ᵉ édition, broché. . . . . . **4 fr.**
Relié percaline, titres or, tête dorée. . . . . **6 fr.**
Relié dos et coins maroquin, tête dorée . . . . **10 fr.**

Sommaire :

Les maçons.	Les confectionneurs de bourriches.	Les fabricants de cigares.
Les potiers.	Les incrusteurs.	Les architectes de maisons de plaisance.
Les tisserands.	Les architectes de maisons sphériques.	Les charpentiers.
Les fabricants de papier et de carton.	Les fabricants de hamacs.	Les fabricants de huttes.
Les manufactures en coton.	Les fabricants de pièges.	Les constructeurs de digues.
Les constructeurs de tumuli.	Les exploiteurs de leur salive.	Les taraudeurs de pierres.
Les couturiers.	Les fabricants d'habits.	Les phalanstériens.
Les ingénieurs des ponts et chaussées.	fabricants de filets.	Les bousiers.
Les mouleurs de cire.	la cloche à plongeur.	Les approvisionneurs.
Les résiniers.	araignées aéronautes.	Les paresseux.
Les tapissiers.	fabricants de ceintures.	Les charcutiers.
Les terrassiers et les mineurs.	fabricants d'appareil de gymnastique.	Les fabricants de conserves alimentaires.
Les vanniers.	fabricants de tentes.	Les fossoyeurs.
Les constructeurs de radeaux.		

(colonne centrale accolade : *Les fileurs*)

On a décrit dans ce curieux ouvrage les principales industries des animaux ; elles sont classées sous des rubriques qui rappellent nos métiers.

C'est donc une exposition universelle des travaux des animaux, travaux qui diffèrent étonnamment, tant par la variété des matériaux employés que par les multiples buts que se sont proposés ces industrieux ouvriers.

Pour mieux guider le lecteur dans ce dédale de curieux ateliers, de nombreuses citations ont été empruntées aux auteurs mêmes des observations ou à des autorités très compétentes. De là un style extrêmement varié et une vivante documentation, relevée et éclairée par une abondante illustration qui suit de très près le texte et en décuple l'intérêt.

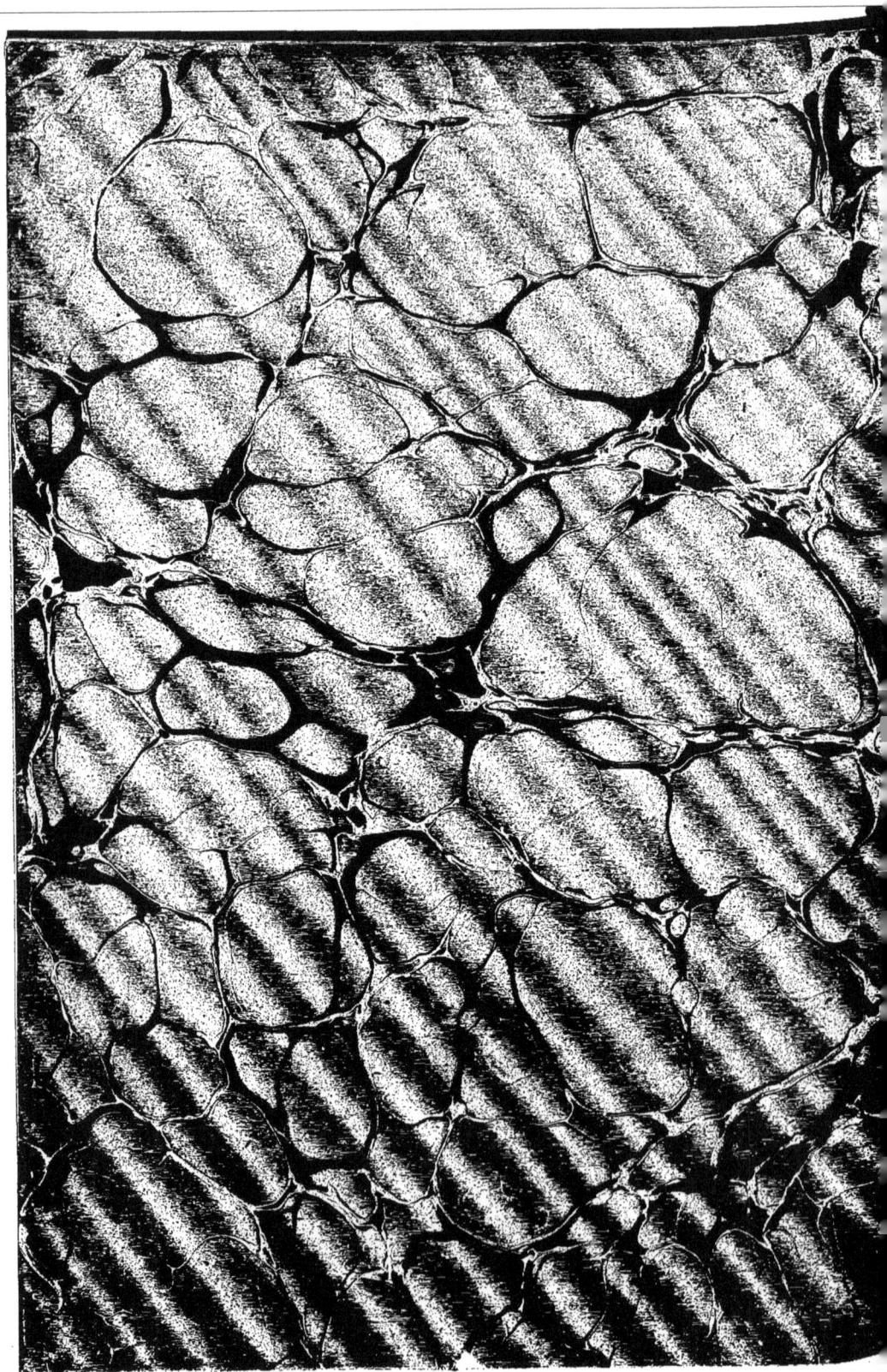

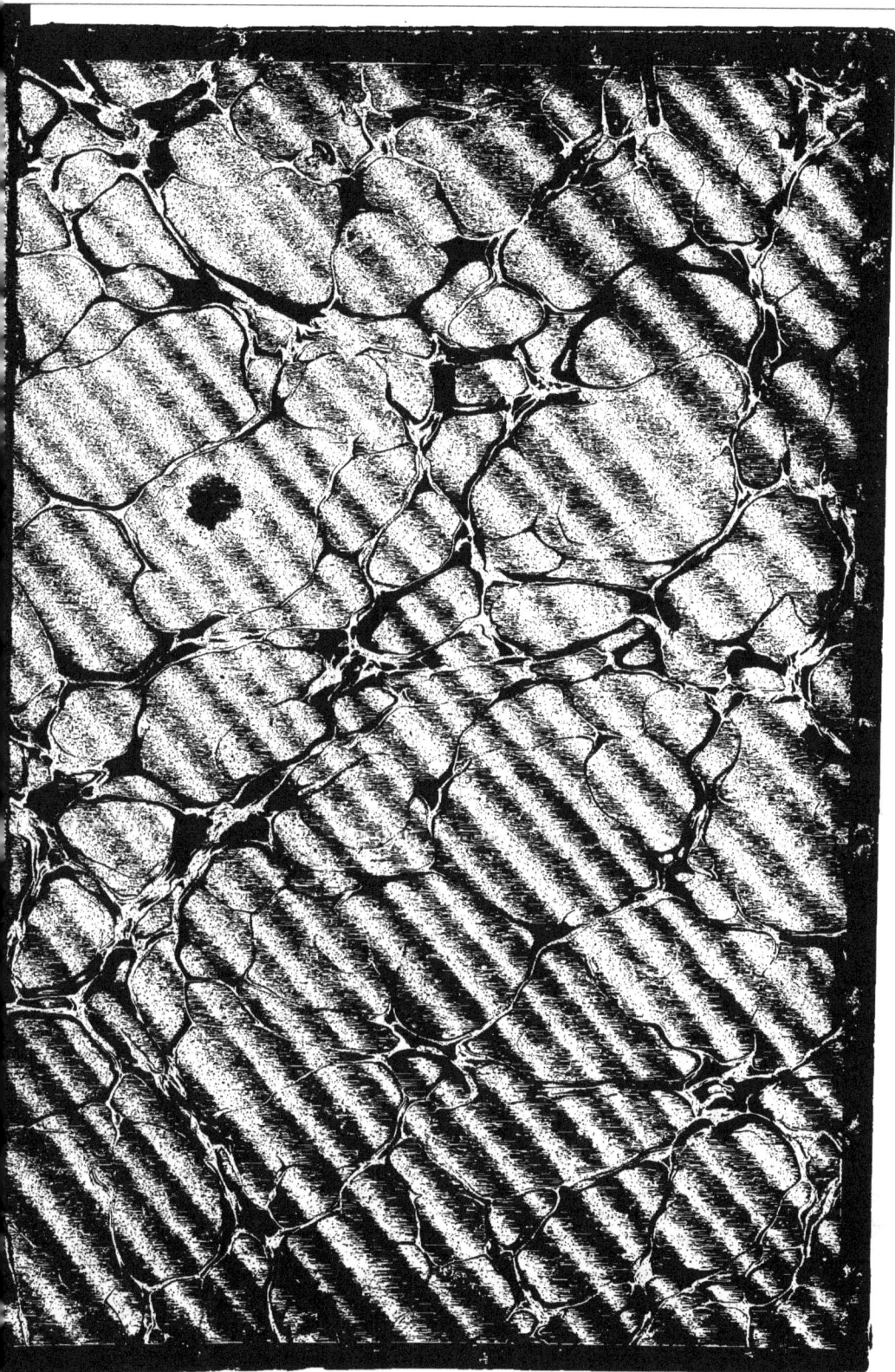